中等职业教育农业部规划教材

动物药理

第二版

宋冶萍　主编

中国农业出版社

内容简介

本教材为中等职业教育农业部规划教材，共分12个模块，主要介绍动物药理基础、抗微生物药物、抗寄生虫药物、作用于消化系统药物、作用于呼吸系统药物、作用于血液循环系统药物、作用于泌尿生殖系统药物、作用于中枢神经系统药物、作用于外周神经系统药物、调节新陈代谢药物、抗组胺药与解热镇痛抗炎药及解毒药物。为了配合学生自主学习，各模块后附有实验指导、复习思考题，有关模块增加了知识拓展，书后附有实训指导、基本技能考核项目、常用药物配伍禁忌表、不同动物用药量换算表等内容。本教材可作为中等农业职业院校畜牧兽医类专业及相关专业的教材，也可作为畜牧兽医技术人员及广大养殖户的重要参考书。

DIERBAN BIANSHEN RENYUAN

第二版编审人员

主　编　宋冶萍（山东畜牧兽医职业学院）

副主编　邱　军（内蒙古扎兰屯农牧学校）

　　　　　康程周（甘肃畜牧工程职业技术学院）

参　编（以姓名笔画为序）

　　　　　段　鹏（山东畜牧兽医职业学院）

　　　　　唐传辉（安徽省阜阳农业学校）

主　审　解跃雄（山西省畜牧兽医学校）

　　　　　王　锐（云南农业职业技术学院）

DIYIBAN BIANSHEN RENYUAN

第一版编审人员

主　编　宋冶萍（山东畜牧兽医职业学院）

副主编　李进德（河南省南阳农业学校）

　　　　　邱　军（内蒙古扎兰屯农牧学校）

参　编（以姓名笔画为序）

　　　　　杨继生（山西晋中职业技术学院）

　　　　　宋志勇（山西省畜牧兽医学校）

　　　　　赵骏新（广西柳州畜牧兽医学校）

　　　　　董汉英（河北邢台农业学校）

主　审　曾振灵（华南农业大学）

　　　　　宋传生（山东省农业管理干部学院）

第二版前言

DONGWU YAOLI

《动物药理》第一版是2009年7月出版的，经过几年使用，深得读者肯定。但随着新兽药及新技术的发展，有些内容已陈旧，为了满足培养新时期中等职业技术人才的需求，重新组织了编写队伍；第二版教材在内容及编排上，根据理论与实践一体化教学的需求做了较大的调整和补充，力求更好地适应我国畜牧兽医职业教育发展的需要。

本教材以培养造就高素质劳动者和技能型人才为指导思想，注重其科学性、先进性、实用性，收集国内外新兽药、新制剂、新用法及新技术等资料，并融入相应模块。各模块后附有实验指导、复习思考题，有关模块增加了知识拓展，便于学生自学。复习思考题在题型设计上参照国家执业兽医资格考试的形式，结合临床案例，将理论内容和实践形式相结合。全书各系统药物尤其是在抗微生物药、抗寄生虫药等方面增加了较多的新药。另外在药物作用、应用的对象方面，扩充到犬、猫等宠物，附表中增加了水产养殖常用药物。

本教材具体编写分工如下：康程周编写模块一、模块三及实验；宋冶萍编写模块二、模块十一及实验和附录；唐传辉编写模块四、模块五及实验；段鹏编写模块六、模块七、模块十及实验；邱军编写模块八、模块九、模块十二及实验和实训。全书由宋冶萍、邱军统稿，解跃雄、王锐审稿。

由于编者水平有限，书中难免有不当之处，恳请广大师生和读者批评指正。

编　者

2015年2月

第一版前言

本教材是根据教育部《关于加快发展中等职业教育的意见》、《关于制定中等职业学校教学计划的原则性意见》等文件精神，紧紧围绕中等职业教育的培养目标，结合畜牧兽医专业的教学大纲而编写。

在编写过程中，从畜牧生产的实际情况出发，以辩证唯物主义为指导思想，突出其实用性、实践性，加强理论与实际结合，注重学生能力的培养。文字语言力求通俗易懂，附有复习思考题、实验实训指导、基本技能考核项目等内容，便于学生自学。本书收集兽药品种较多，并将近年来的新兽药、新制剂、兽药管理规定及实践教学内容融入相应章节。每类药物中，重点叙述疗效好、具有代表性的药物，达到举一反三、触类旁通的目的。为了便于临床用药时参考，编有药物的英文名、常用的制剂与用法（包括用量），使本教材在一定程度上体现了学科的新水平，有较强的适用性。本书可作为中等农业职业院校畜牧兽医类专业的教材，也可作为畜牧兽医技术人员及广大养殖户的参考书。

本教材包括理论、实验实训指导两部分，共12章，具体编写分工如下：李进德编写绪论、第一章及实验指导；宋冶萍编写第二章及实验指导和附录；董汉英编写第三章及实验指导和实训指导；杨继生编写第四章、第五章、第六章及实验指导；宋志勇编写第七章、第十一章及实验指导；邱军编写第八章、第九章及实验指导；赵骏新编写第十章、第十二章及实验指导。全书统稿及校对由宋冶萍、邱军、李进德完成。全书由曾振灵、宋传生审稿。

由于编者水平有限，书中难免存在不当之处，恳请广大师生和读者批评指正。

编　者

目 录

DONGWU YAOLI

第二版前言
第一版前言

绪论 …… 1

一、动物药理的概念及其主要内容 …… 1
二、学习动物药理的目的与任务 …… 1
三、学习动物药理的方法 …… 1
四、动物药理在本专业中的地位以及与其他课程的关系 …… 1
五、动物药理发展简史 …… 1

模块一 动物药理基础 …… 3

单元一 药物的基本知识 …… 3
一、药物的基本概念 …… 3
二、药物的来源 …… 3
三、药物的制剂与剂型 …… 4
四、药物的保管与储存 …… 5
单元二 药物对机体的作用 …… 5
一、药物的基本作用 …… 5
二、药物作用的机理 …… 7
三、药物的构效关系与量效关系 …… 7
单元三 机体对药物的作用 …… 8
一、药物的转运 …… 9
二、药物的吸收 …… 9
三、药物的分布 …… 10
四、药物的转化 …… 10
五、药物的排泄 …… 11
六、药物动力学的基本概念 …… 11
单元四 影响药物作用的因素 …… 13
一、药物方面 …… 13

二、动物方面 …… 14
三、饲养管理和环境因素 …… 14
实验一 剂量、给药途径对药物作用的影响 …… 14
实验二 药物的颉颃作用 …… 15
单元五 处方 …… 16
一、处方的格式与开写方法 …… 16
二、处方的类型及举例 …… 17
三、开写处方注意事项 …… 18
知识拓展 药政管理标准与基本知识 …… 18
一、中华人民共和国兽药典 …… 18
二、兽药 GMP 与兽药 GSP …… 18
三、兽药标签的基本要求 …… 19
四、兽药说明书的基本要求 …… 19
五、兽用处方药与非处方药 …… 19
六、假、劣兽药的区别 …… 19
复习思考题 …… 20
模块二 抗微生物药物 …… 22
单元一 防腐消毒药 …… 22
一、防腐消毒药的作用机理与影响因素 …… 22
二、防腐消毒药的分类与应用 …… 23
实验 防腐消毒药的作用 …… 27
单元二 抗生素 …… 28
一、概述 …… 28
二、主要作用于革兰氏阳性菌的抗生素 …… 30
三、主要作用于革兰氏阴性菌的抗生素 …… 39
四、广谱抗生素 …… 43
五、抗真菌抗生素 …… 46
六、其他类抗生素 …… 48
实验一 链霉素、磺胺嘧啶的毒性作用 …… 48
实验二 抗菌药的药敏实验 …… 49
单元三 化学合成抗菌药 …… 49
一、磺胺类药物 …… 49
二、抗菌增效剂 …… 52
三、喹诺酮类药物 …… 54
四、其他抗菌药 …… 57
单元四 抗微生物药的合理应用 …… 58
一、正确诊断、准确选药 …… 59
二、制订合理的给药方案 …… 60
三、防止产生耐药性 …… 60
四、正确地联合用药 …… 60

五、采取综合治疗措施 …… 61
知识拓展 …… 61
一、抗病毒药物 …… 61
二、防腐消毒药常用的消毒措施 …… 62
复习思考题 …… 63

模块三　抗寄生虫药物 …… 66

单元一　抗蠕虫药 …… 66
一、驱线虫药 …… 66
二、驱绦虫药 …… 71
三、驱吸虫药 …… 72
四、抗血吸虫药 …… 72
实验　左旋咪唑的驱虫作用 …… 74
单元二　抗原虫药 …… 74
一、抗球虫药 …… 74
二、抗锥虫药 …… 78
三、抗梨形虫药 …… 79
单元三　杀虫药 …… 80
一、有机磷类杀虫药 …… 81
二、拟除虫菊酯类杀虫药 …… 82
三、其他类杀虫药 …… 83
知识拓展 …… 84
一、抗蠕虫药的合理选用 …… 84
二、抗球虫药的合理应用 …… 85
复习思考题 …… 85

模块四　作用于消化系统的药物 …… 87

单元一　健胃药与助消化药 …… 87
一、健胃药 …… 87
二、助消化药 …… 90
单元二　抗酸药 …… 92
单元三　制酵药与消沫药 …… 93
一、制酵药 …… 93
二、消沫药 …… 94
实验　消沫药的作用 …… 94
单元四　止吐药和催吐药 …… 95
一、止吐药 …… 95
二、催吐药 …… 96
单元五　瘤胃兴奋药 …… 96
单元六　泻药与止泻药 …… 97
一、泻药 …… 97

二、止泻药 …… 99
实验一　泻药的作用 …… 100
实验二　药用炭的吸附作用 …… 101
知识拓展 …… 101
一、健胃药与助消化药的合理选用 …… 101
二、制酵药与消沫药的合理选用 …… 102
三、泻药的合理选用 …… 102
四、止泻药的合理选用 …… 102
复习思考题 …… 103

模块五　作用于呼吸系统的药物 …… 106

单元一　祛痰药 …… 106
实验　祛痰药对纤毛上皮细胞运动的影响 …… 107
单元二　镇咳药 …… 108
单元三　平喘药 …… 109
知识拓展　祛痰、镇咳、平喘药的合理选用 …… 110
复习思考题 …… 111

模块六　作用于血液循环系统的药物 …… 112

单元一　强心苷 …… 112
单元二　止血药 …… 114
一、局部止血药 …… 114
二、全身止血药 …… 115
单元三　抗凝血药 …… 117
实验一　止血药及抗凝血药的作用 …… 118
实验二　不同浓度枸橼酸钠对凝血的作用 …… 120
单元四　抗贫血药 …… 120
单元五　血容量扩充药 …… 122
知识拓展 …… 124
一、临床常用强心药的合理选用 …… 124
二、止血药的合理选用 …… 124
复习思考题 …… 125

模块七　作用于泌尿生殖系统的药物 …… 127

单元一　利尿药与脱水药 …… 127
一、利尿药 …… 127
二、脱水药 …… 129
实验　利尿药与脱水药的作用 …… 129
单元二　性激素和促性腺激素 …… 130
一、性激素 …… 130

二、促性腺激素和促性腺激素释放激素 …… 132
三、前列腺素 …… 134
单元三　子宫收缩药 …… 134
知识拓展 …… 136
一、利尿药与脱水药的合理选用 …… 136
二、子宫收缩药的合理选用 …… 136
复习思考题 …… 136

模块八　作用于中枢神经系统的药物 …… 138

单元一　全身麻醉药与化学保定药 …… 138
一、全身麻醉药 …… 138
二、化学保定药 …… 143
单元二　镇静药和抗惊厥药 …… 144
一、镇静药 …… 144
二、抗惊厥药 …… 145
实验　水合氯醛的全身麻醉作用及氯丙嗪的增强麻醉作用 …… 146
单元三　中枢兴奋药 …… 148
实验　家兔士的宁中毒及其解救 …… 151
知识拓展 …… 151
一、麻醉分期 …… 151
二、使用全身麻醉药的注意事项 …… 152
复习思考题 …… 153

模块九　作用于外周神经系统的药物 …… 155

单元一　局部麻醉药 …… 155
一、概述 …… 155
二、常用药物 …… 156
单元二　作用于传出神经末梢的药物 …… 158
一、拟胆碱药 …… 158
二、抗胆碱药 …… 159
三、拟肾上腺素药 …… 162
四、抗肾上腺素药 …… 164
实验一　普鲁卡因的传导麻醉作用 …… 165
实验二　毛果芸香碱和阿托品的全身作用实验 …… 166
实验三　肾上腺素对普鲁卡因局部麻醉作用的影响 …… 166
知识拓展 …… 167
一、传出神经按解剖学分类 …… 167
二、传出神经的突触及化学传递 …… 167
三、传出神经按递质分类 …… 169
四、传出神经的受体 …… 169
五、传出神经递质的作用 …… 169

六、传出神经系统药物的作用方式与分类 …… 169
复习思考题 …… 170

模块十　调节新陈代谢的药物 …… 172

单元一　肾上腺皮质激素 …… 172
单元二　调节水、电解质的药物 …… 176
单元三　调节酸碱平衡的药物 …… 177
单元四　维生素 …… 178
单元五　钙、磷及微量元素 …… 182
一、钙与磷 …… 182
二、微量元素 …… 184
复习思考题 …… 186

模块十一　抗过敏药与解热镇痛抗炎药物 …… 188

单元一　抗过敏药 …… 188
单元二　解热镇痛抗炎药物 …… 189
复习思考题 …… 194

模块十二　解毒药物 …… 196

单元一　非特异性解毒药 …… 196
一、物理性解毒药 …… 196
二、化学性解毒药 …… 196
三、药理性解毒药 …… 197
四、对症治疗药 …… 197
单元二　特异性解毒药 …… 197
一、有机磷酸酯类中毒的解毒药 …… 197
二、亚硝酸盐中毒的解毒药 …… 198
三、氰化物中毒的解毒药 …… 199
四、金属及类金属中毒的解毒药 …… 201
五、有机氟中毒的解毒药 …… 202
实验一　敌百虫中毒及解毒 …… 203
实验二　亚硝酸盐中毒及解毒 …… 204
复习思考题 …… 204

实训 …… 207

一、实验动物的捉拿与固定及给药方法 …… 207
二、药物的保管与储存 …… 211
三、处方的开写 …… 212
四、药物的物理性、化学性配伍禁忌 …… 212
五、常用剂型的配制 …… 214

附录 ······ 216

附录一　动物药理基本技能考核项目 ······ 216
附录二　常用药物的配伍禁忌 ······ 216
附录三　不同动物用药量换算 ······ 221
附录四　食品动物禁用的兽药及其化合物清单 ······ 222
附录五　水产养殖常用药物 ······ 223

主要参考文献 ······ 225

绪　论

一、动物药理的概念及其主要内容

动物药理是研究药物与动物机体（包括病原体）之间相互作用及其规律的一门科学，是一门为临床合理用药、防治疾病提供理论依据的兽医基础学科。

动物药理的主要内容：一是研究药物对机体作用的规律，阐明药物防治疾病的机理，称为药物效应动力学，简称药效学。二是研究机体对药物的处置（吸收、分布、转化和排泄）过程中药物浓度随时间变化的规律，称为药物代谢动力学，简称药动学。药物对机体的作用和机体对药物的处置过程在体内同时进行，并且相互联系，是药物进入机体后一个过程的两个方面。

二、学习动物药理的目的与任务

学习动物药理的目的，是在全面掌握动物药理内容的基础上，为兽医临床合理用药提供理论依据，并能较熟练地合理应用药物。

动物药理的任务主要是培养未来的兽医师和助理兽医师学会正确选药、合理用药、提高药效、减少不良反应；并为进行临床前药理实验研究、开发新药及新制剂创造条件。新兽药开发与研究的过程包括临床前研究、临床研究和上市后兽药监测三个阶段。

三、学习动物药理的方法

学习动物药理应以辩证唯物主义为指导思想，认识和掌握药物与机体的相互关系，正确评价药物在防治疾病中的作用；熟悉和掌握药物的基本作用规律，分析同类药物的共性和特点；对重点药物要掌握其作用、作用机理、应用、不良反应与注意事项，并与其他药物进行比较和鉴别；要注重掌握常用的实验方法和基本操作，仔细观察、记录实验结果，通过实验研究逐步锻炼实事求是的科学作风和分析与解决问题的能力。

四、动物药理在本专业中的地位以及与其他课程的关系

动物药理运用生理学、生物化学、病理学、微生物学和免疫学等基础理论知识，阐明药物的作用机理、主要适应证和禁忌证，为兽医临床合理用药提供理论依据。它与动物食品中的药物残留、动物疾病模型的实验治疗、毒物鉴定与毒理研究等有着密切的联系，为学习专业临床课奠定基础。因此，动物药理是畜牧兽医专业及兽医专业、动物防疫检疫专业、兽药生产与营销专业的一门重要专业基础课程。

五、动物药理发展简史

动物药理是药理学的组成部分，即以动物为研究对象的药理学范畴的扩大和发展，现代

药理学的研究大多以动物实验为基础，动物药理的发展与药理学的发展是密切联系的。

我国最早的本草学是1世纪前后的《神农本草经》，收载有动物、植物、矿物药共365种。659年唐代政府在此基础上进行修订，正式颁布《新修本草》，载有药物884种，并附有图谱，是我国和世界最早的一部药典，比西方最早的《纽伦堡药典》早883年。以后宋代政府又修订了数次。到了明代，李时珍经30年努力，编成药物学巨著《本草纲目》，收载药物共1 892种，插图1 160幅，药方11 000条，促进了我国医药的发展，并受到世界医药界的推崇，被译成日、朝、德、法、英、俄、拉丁等7种文字，成为世界上重要的药物学文献之一。历代的本草书中都包含兽用本草的内容，明代喻本元和喻本亨编著的《元亨疗马集》是我国最早的兽医著作，收载药物400多种，药方400余条。

药理学作为一门独立的现代学科建立于19世纪中期。18世纪以前，凡研究药物知识的科学总称为药物学，自19世纪以来，由于化学的发展，先后从阿片中提取出了吗啡用于麻醉；用青蛙实验确立了士的宁的作用部位在中枢神经系统的脊髓；在研究百浪多息的作用中，发现了磺胺药，开创了化学治疗的新纪元；20世纪40年代从霉菌的培养液中提取了青霉素等，开创了抗生素时代。此后，药理学飞速发展，出现了前所未有的新领域及分支学科，如生化药理学、分子药理学、免疫药理学、临床药理学、遗传药理学等。

我国动物药理学的建立是在新中国成立后，20世纪50年代初我国高等院校调整成立了独立的农业院校，多数院校设立了兽医专业并开设兽医药理学课程，先后出版了多种著作；开展了抗菌药物、抗寄生虫药的动力学研究。新兽药的研制开发取得了突出成就，经农业部批准注册的一、二、三类新兽药与新制剂（含生物制品）已达700多种，对保障我国畜牧业生产发展起到了重要的作用。

模块一　动物药理基础

单元一　药物的基本知识

一、药物的基本概念

1. 药物　是指用于预防、治疗、诊断疾病的化学物质。从理论上说，凡能通过化学反应影响生命活动过程的化学物质都属于药物范畴。

2. 毒物　是指对动物机体产生损害作用的化学物质。药物用量过大或用法不当，会对动物机体产生毒害作用。因此，药物与毒物之间没有绝对界限，如维生素类，过量使用也可引起中毒。

3. 兽药　是指用于预防、治疗、诊断动物疾病或者有目的地调节动物生理机能的物质（含药物饲料添加剂），主要包括：血清制品、疫苗、诊断制品、微生态制品、中药材、中成药、化学药品、抗生素、生化药品、放射性药品及外用杀虫剂、消毒剂等。

4. 普通药　是指在治疗量时一般不产生明显毒性的药物，如青霉素、氯化钠等。

5. 毒药　是指毒性极大，极量与致死量极为接近，使用剂量稍大即可引起动物中毒甚至死亡的药物，如硝酸士的宁、毛果芸香碱等。

6. 剧药　是指毒性较大，极量与致死量较接近，超过极量时亦可引起中毒或死亡的药物。国家对某些毒性较强的药物，要求必须经有关部门批准才能生产、销售，限制使用条件的剧药，又称为限剧药，如安钠咖、巴比妥类等。

7. 麻醉品　是指易成瘾的毒、剧药品，如阿片、吗啡、哌替啶等。其与麻醉药不同，麻醉药不具成瘾性。

二、药物的来源

药物的种类很多，根据其来源，大体可分为三大类：

1. 天然药物　是指存在于自然界中，经过加工而作为药用者。包括植物药，如黄连、麻黄；动物药，如牛黄、胃蛋白酶；矿物药，如硫酸钠、硫酸镁；抗生素及生物制品，如青霉素、疫苗、抗毒素等。

2. 人工合成和半合成药物　人工合成药是指用化学方法合成的药物，如磺胺类、喹诺酮类，或根据天然药物的化学结构，用化学方法制备的药物，如肾上腺素、麻黄碱等。半合成药是指在原有天然药物化学结构的基础上引入不同的化学基团制得的药物，如氨苄西林、地塞米松等。人工合成和半合成药物的应用非常广泛，是药物生产和获得新药的主要途径。

3. 生物技术药物　是指通过细胞工程、基因工程和酶工程等分子生物学技术生产的药物，如生长激素、酶制剂等。

三、药物的制剂与剂型

为了使用安全、有效和便于保管、运输，将原料药加工制成一定形态和规格的药品，称为制剂，如安乃近片、安乃近注射液。

剂型是指药物制剂的形态。如注射剂、片剂、软膏剂等。常用剂型有以下几种。

（一）液体剂型

1. 溶液剂 一般指非挥发性药物的澄明溶液。主要供内服或外用，如恩诺沙星溶液。

2. 注射剂 指药物与适宜的溶剂或分散介质制成的灭菌澄清液、混悬液、乳状液或粉末（粉针剂）。供注射用，如葡萄糖注射液、注射用阿莫西林钠。

3. 酊剂 指用不同浓度的酒精浸泡药材或溶解化学药物而制成的液体剂型。供内服或外用，如陈皮酊、碘酊。

4. 合剂 指两种以上药物的澄明溶液或均匀混悬液。主要供内服，如复方甘草合剂。

5. 乳剂 指两种以上不相溶解的液体，经乳化剂（如阿拉伯胶）乳化后制成的不均匀分散系液体的制剂。主要供内服、外用，如鱼肝油乳剂、松节油乳剂。

6. 醑剂 指挥发性药物的酒精溶液。可供内服或外用，如芳香氨醑、樟脑醑。

7. 搽剂 指由刺激性药物制成的油性或醇性液体制剂，有溶液型、混悬型及乳化型。专供外用，如松节油搽剂、四三一搽剂（樟脑酒精、氨搽剂、松节油比例为4∶3∶1）。

8. 煎剂和浸剂 指将中草药在陶瓷容器内加水煎或浸一定时间，去渣使用的液体剂型。如槟榔煎剂、鱼藤浸剂。

9. 透皮剂 指将药物溶于透皮吸收系统中的澄明溶液，可被皮肤吸收而发挥药效。专供外涂，如左旋咪唑透皮剂。

（二）半固体剂型

1. 软膏剂 指药物与基质均匀混合而制成的具有适当稠度的膏状制剂。供外用，如红霉素软膏、鱼石脂软膏。

2. 浸膏剂 指将中草药浸出液经浓缩后，以适量固体稀释剂调整至规定标准所制成的膏状半固体或粉状固体制剂。除另有规定外，每克浸膏剂相当于原药2～5 g，如甘草浸膏。

3. 舔剂 指由一种或多种药物与赋形药（如淀粉）混合，制成的糊状或粥状制剂。供病畜自由舔食或涂抹在病畜舌根部任其吞食。多为诊疗后现用现配，且无刺激性及不良气味。常用的辅料有甘草粉、淀粉、米粥、糖浆等。

（三）固体剂型

1. 可溶性粉剂 指药物或与适宜的辅料经粉碎、均匀混合制成的可溶于水的干燥粉末状制剂。主要供饮水，如盐酸环丙沙星可溶性粉。

2. 预混剂 指药物与适宜的基质均匀混合制成的粉末状或颗粒状制剂。专供混饲，如盐霉素钠预混剂。

3. 散剂 指药材或药材提取物经粉碎、均匀混合制成的粉末状制剂。一般特指天然药物，分为内服散剂和外用散剂，如健胃散、冰硼散。

4. 片剂 指药物与适宜的辅料混匀压制而成的片状固体制剂。片剂以内服普通片为主，如大黄苏打片。另有咀嚼片、泡腾片、阴道片、缓释片、肠溶片等。

5. 丸剂 指药材细粉或药材提取物加适宜的黏合辅料制成的球形或类球片形制剂。包括蜜丸、水丸、水蜜丸、糊丸、浓缩丸等。供内服，如牛黄解毒丸、银翘解毒丸。

6. 胶囊剂　指将药物盛于空心胶囊中制成的一种制剂。供内服，如氨苄西林胶囊。

7. 微囊剂　利用天然的或合成的高分子材料将固体或液体药物包裹而成的微型胶囊。一般直径为 5～400 μm。如大蒜素微囊。

新的固体制剂还有埋植小丸、含有驱虫药的耳号夹及项圈、脂质体制剂等。

（四）气雾剂型

是将药物与抛射剂（液化气或压缩气）共同装封于具有阀门系统的耐压容器中，应用时揿按阀门系统，借助抛射剂的压力将药物喷出的一种制剂。供呼吸道吸入给药、皮肤黏膜给药或空间消毒，如利多卡因氯己定气雾剂、杀虫药气雾剂。

四、药物的保管与储存

1. 药物的保管　应按国家颁布的药品管理办法，建立严格的保管制度，实行专人、专账、专柜（室）保管，账目与药品必须相符。根据药物的临床应用、药物的理化性质等分类放置，排列要整齐有序、定位，便于拿取。药品库应保持清洁卫生，并防止发霉、虫蛀和鼠咬现象发生。加强防火等安全措施，确保人员与药品的安全。对毒、剧药品及麻醉品，更应按国家法令、条例严格管理与储存。

2. 药物的储存　药物应按照药品说明书的要求科学合理地储存，《中华人民共和国兽药典》（以下简称《中国兽药典》）对各种药品的储存都有具体的要求。总的原则是避光、密闭、密封、熔封或严封，在阴凉处、凉暗处、冷处等储存。各类药物应归类存放，如内服药、外用药、毒剧药及麻醉品、易燃易爆药等，均应分别储放，严格管理，定期检查，以防发生事故。

单元二　药物对机体的作用

一、药物的基本作用

（一）药物作用的表现形式

药物作用十分复杂，但都是通过影响机体原有的生理机能或生化反应过程产生的。如凡能使机体生理、生化反应加强的药物作用称为兴奋，主要引起兴奋的药物称为兴奋药，如咖啡因；凡能使机体生理、生化反应减弱的药物作用称为抑制，主要引起抑制的药物称为抑制药，如氯丙嗪。

（二）药物作用的方式

1. 局部作用和吸收作用　药物在用药局部产生的作用称为局部作用。如利多卡因的表面麻醉作用。药物经吸收进入血液循环后所产生的作用称为吸收作用或全身作用，如内服阿司匹林后所产生的解热作用。

2. 直接作用和间接作用　药物被吸收后，直接到达某一组织、器官产生的作用，称为直接作用或原发作用。通过直接作用的结果而引起其他组织、器官产生的作用，称为间接作用或继发作用。如洋地黄对心脏产生原发作用，增强心肌收缩力，改善全身血液循环为直接作用；由于血液循环的改善，间接增加肾的血流量，尿量增多，使心性水肿得以减轻或消除为间接作用。

（三）药物作用的选择性

大多数药物在适当剂量时，只对某些组织和器官产生比较明显的作用，而对其他组织和器官作用较弱或无作用，这种现象称为药物作用的选择性。如治疗量的洋地黄，对心脏有高度的选择性，使心脏收缩加强；缩宫素对子宫平滑肌具有高度选择性，可用于催产。药物的选择作用一般是相对的，它与剂量有关，如治疗量的咖啡因对大脑皮质表现明显的兴奋作用，但随着剂量的增加，也能兴奋延髓乃至脊髓。

与选择作用相反，有些药物对所有的组织和器官都产生类似的作用，称为普遍细胞毒作用或原生质毒作用。如消毒药可影响一切活组织中的原生质，用于体表或环境、器具的消毒。

药物作用的选择性是治疗作用的基础，选择性高的药物针对性强，能产生很好的治疗效果，很少或没有副作用；反之，选择性低，针对性不强，副作用也较多。

（四）药物的治疗作用与不良反应

1. 治疗作用 药物作用于机体后，其结果符合用药的目的，达到了治疗动物疾病的作用，称为治疗作用。

治疗作用又分为对因治疗和对症治疗。前者针对病因，目的是消除疾病的原发致病因子，或称治本，如用青霉素治疗猪丹毒（杀灭猪丹毒杆菌）；后者针对症状，目的是改善疾病症状，或称治标，如镇痛药可消除疼痛。

对因治疗与对症治疗是相辅相成的，临床应视病情的轻重灵活运用，遵循“急则治其标，缓则治其本，标本兼顾”的治疗原则。

2. 不良反应 是指药物作用于机体后，产生的与用药目的无关，甚至对机体不利的作用。临床用药时，应注意充分发挥药物的治疗作用，尽量减少药物的不良反应。不良反应包括：

（1）*副作用*：指药物在治疗量时，出现与治疗无关的作用。如阿托品具有抑制平滑肌收缩和抑制腺体分泌的作用。当用其解除平滑肌痉挛缓解或消除疼痛时，抑制腺体分泌为副作用；当用其作麻醉前给药时，抑制胃肠平滑肌的作用便成了副作用。由此可知，某一药物的副作用可因用药目的不同而转化，副作用一般是可预见的。

（2）*毒性反应*：指用药剂量过大，或使用时间过长，超过机体的耐受能力，以致对机体造成明显损害的作用。用药后立即发生的称为急性毒性，多因给药剂量过大引起，常表现为心血管、呼吸功能的损害；用药时间较长逐渐蓄积后产生的称为慢性毒性，多数表现肝、肾、骨髓的损害；少数药物还能产生特殊毒性，即致癌、致畸、致突变反应（简称“三致”作用）。毒性反应一般是可预知的，因此，用药时要注意用药的剂量和疗程，避免毒性反应产生。

（3）*过敏反应*：又称变态反应。是机体受到药物刺激后发生的一种异常的免疫反应。常见的过敏反应，轻者表现为皮疹、支气管哮喘、肠平滑肌痉挛、血管扩张等；重者表现为过敏性休克，动物呼吸困难、缺氧、昏迷、抽搐甚至死亡。这种反应与剂量无关，且不同的药物可能出现相似的反应，很难预料。轻者可给予苯海拉明等抗过敏药物；对过敏性休克则应及时使用肾上腺素或高效糖皮质激素进行抢救。

（4）*继发性反应*：是由药物治疗作用引起的不良后果。如成年反刍动物胃肠道有许多微生物寄生，菌群之间维持着平衡的共生状态，当长期应用四环素类广谱抗生素时，对药物敏感的菌株受到抑制，而不敏感的微生物如真菌、厌氧菌、耐药菌等大量繁殖，菌群间的平衡状态遭到破坏，从而造成中毒性胃肠炎或全身感染。这种继发性感染称为二重感染。

（5）后遗效应：是停药后血药浓度降至阈值以下时的残存药理效应。后遗效应可能对机体产生不良反应，如长期应用皮质激素，由于负反馈作用，垂体前叶或下丘脑受到抑制，即使肾上腺皮质功能恢复至正常水平，但应激反应在停药半年以上可能尚未恢复，可导致药源性疾病；有些药物也能对机体产生有利的后遗效应，如抗生素可提高吞噬细胞的吞噬能力，使抗生素的给药间隔时间延长，如氟喹诺酮类药物。

二、药物作用的机理

药物作用的机理是指药物为什么会起作用以及如何发挥作用的原理。由于药物的种类繁多、性质各异，且机体的生化过程和生理机能十分复杂，虽然人们的认识已从细胞水平、亚细胞水平深入到分子水平，但其学说也不完全相同。目前公认的药物作用机理有以下几种：

1. 通过受体产生作用　受体是指存在于细胞膜或细胞内的生物大分子物质（蛋白质、脂蛋白、核酸），具有高度的特异性。当某一药物与受体结合后，能激活该受体，产生强大的效应，这一药物就是该受体的激动剂或兴奋剂，如乙酰胆碱为胆碱受体激动剂或兴奋剂。如果药物与受体结合后，不能使受体激活产生效应，而有阻断激动剂的作用，这种药物称为阻断剂或颉颃药，如阿托品为胆碱受体阻断剂。

2. 改变组织细胞生活的理化环境而发挥作用　如口服6%硫酸钠溶液改变肠腔内渗透压，而产生泻下作用；内服碳酸氢钠可中和过多的胃酸，治疗胃酸过多症。

3. 影响酶的活性而发挥作用　如新斯的明可抑制胆碱酯酶的活性而产生拟胆碱作用；碘解磷定能恢复体内胆碱酯酶的活性而解除有机磷中毒。

4. 影响细胞的物质代谢过程而发挥作用　如某些维生素或微量元素可直接参与细胞的正常生理、生化过程，使其缺乏症得到纠正；磺胺类药由于阻断细菌的叶酸代谢而抑制其生长繁殖。

5. 改变细胞膜的通透性而发挥作用　如表面活性剂苯扎溴铵可改变细菌细胞膜的通透性而发挥抗菌作用。

6. 影响神经递质或体内活性物质而发挥作用　如麻黄碱能促进神经递质去甲肾上腺素的释放，阿司匹林能抵制生物活性物质前列腺素的合成。

三、药物的构效关系与量效关系

1. 药物的构效关系　指特异性药物的化学结构与药物效应间的密切关系。结构类似的化合物一般能与同一受体或酶结合，产生相似（拟似药）或相反的作用（颉颃药）。如去甲肾上腺素、肾上腺素、异丙肾上腺素为拟肾上腺素药，普萘洛尔为抗肾上腺素药。它们的结构式如下：

另外，许多化学结构完全相同的药物还存在光学异构体，具有不同的药理作用，多数左旋体有药理活性，而右旋体无作用或作用较弱，如左旋咪唑有抗线虫活性，其右旋体无作用。

2. 药物的量效关系　药物效应和剂量之间的关系，通过它分析和阐明药物剂量与效应之间的规律。在一定范围内，药物的效应随着剂量的增加而增强。药物的剂量过小，不产生

HO—(苯环)—CH—CH_2—NH_2（3,4-二羟基；CH 上连 OH）

去甲肾上腺素

HO—(苯环)—CH—CH_2—$NHCH_3$（3,4-二羟基；CH 上连 OH）

肾上腺素

HO—(苯环)—CH—CH_2—N(H)—$CH(CH_3)_2$（3,4-二羟基；CH 上连 OH）

异丙肾上腺素

(萘环)—OCH_2—CH—CH_2—N(H)—$CH(CH_3)_2$（CH 上连 OH）

普萘洛尔

任何效应，称为无效量。能使药物产生效应的最小剂量称为最小有效量。随着剂量的增加，药物效应也逐渐增强，达到最大效应，称为极量。若再增加剂量，会出现毒性反应，出现中毒的最低剂量称为最小中毒量。超过中毒量并能引起死亡的剂量称为致死量。最小有效量到最小中毒量之间的范围称为安全范围。药物的常用量或治疗量是指在安全范围内，比最小有效量大，并对机体产生明显效应，但并不引起毒性反应的剂量。《中华人民共和国兽药典》对药物的常用量和毒药、剧药的极量都有规定（图 1-1）。

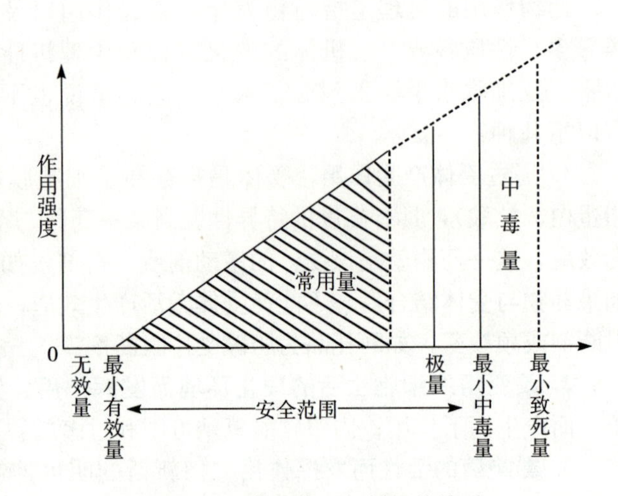

图 1-1　药物作用与剂量的关系

单元三　机体对药物的作用

在药物影响机体的生理、生化功能产生效应的同时，动物组织器官也不断地作用于药物，使药物发生变化。药物进入机体到排出体外的过程称为药物的体内过程，又称药动学。这一过程包括吸收、分布、转化和排泄（图 1-2）。

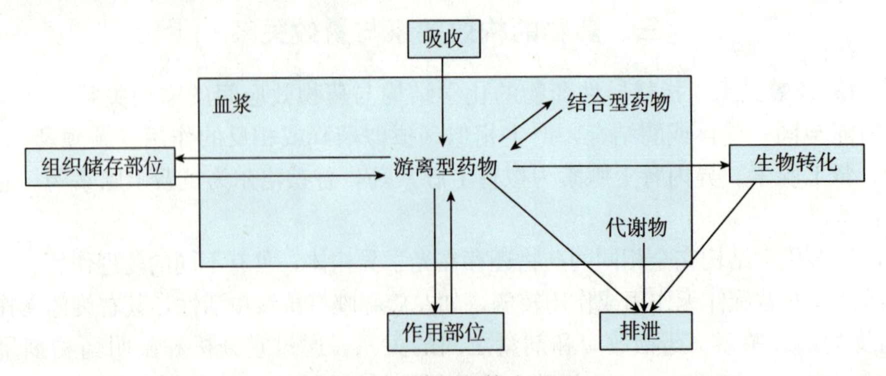

图 1-2　药物的体内过程

一、药物的转运

药物自用药部位进入血液循环，分布到各器官、组织，经生物转化后自体内排出都要通过生物膜，这一过程称为跨膜转运。药物通过生物膜的转运方式有被动转运与主动转运两种。

1. 被动转运　是药物通过生物膜由高浓度一侧向低浓度一侧转运的过程。这种转运不需要消耗能量，也不与膜的分子发生反应，其转运速度与膜两侧药物的浓度差、渗透压及药物的脂溶性有关。当膜两侧的药物浓度达到平衡时，转运便停止。

2. 主动转运　是药物逆浓度差由膜的一侧转运到另一侧的过程，又称逆流转运。这种转运需要消耗能量，也需要膜上的特异性载体蛋白如 Na^+—K^+—ATP 酶参与。这种转运能力有一定限度，即载体蛋白有饱和性，而且同一载体转运的两种药物之间可出现竞争性抑制。

二、药物的吸收

药物的吸收是药物从用药部位进入血液循环的过程。除静脉注射药物直接进入血液循环外，其他给药方法均有吸收过程。影响药物吸收的因素很多，下面重点介绍几种常用给药途径的吸收过程。

1. 内服给药　内服给药多以被动转运的方式经消化道黏膜吸收，主要吸收部位是小肠。吸收后的药物经门静脉进入肝脏，在肝脏中有一部分药物被代谢灭活，使进入血液循环的有效药量减少，药效降低，这种现象称为首过效应。如利多卡因经首过效应后，血液中几乎测不到原型药。影响药物吸收的因素有药物的溶解度、pH、浓度、胃肠内容物的多少以及胃肠蠕动快慢等。一般来说，溶解度大的水溶性小分子和脂溶性药物易于吸收；弱酸性药物在胃内酸性环境下不易解离而易于吸收，弱碱性药物在小肠内碱性环境下易于吸收；胃肠内容物过多时吸收减慢，据报道，猪饲喂后对土霉素的吸收少而且慢，饥饿猪的生物利用度可达23%，饲喂后猪的血药峰浓度仅为后者的10%；药物浓度高则吸收较快；胃肠蠕动快时，有的药物来不及吸收就被排出体外；胃肠道内的阳离子如 Mg^{2+}、Fe^{2+}、Fe^{3+}、Ca^{2+}、Al^{3+} 等能与四环素形成不溶性络合物而减少四环素的吸收。

2. 注射给药　常采用静脉注射、肌内注射、皮下注射，其他还包括腹腔注射、关节内注射、硬膜下腔和硬膜外注射等。静脉注射药物直接入血，无吸收过程，可立即产生药效；肌内注射或皮下注射时，药物主要经毛细血管壁吸收，由于毛细血管壁间隙较大，一般药物均可顺利通过。药物的吸收率与药物的水溶性有关，易溶于水的药物吸收率较高；混悬液和油溶液等可在局部滞留，吸收较慢。此外，局部组织的血流量对吸收速度有明显影响，血流量大的组织，药物吸收快，反之则吸收慢。由于肌肉组织的毛细血管丰富，故肌内注射药物比皮下注射吸收快。

3. 呼吸道给药　气体或挥发性液体药物可通过呼吸道，经由肺泡的毛细血管吸收，吸收快而完全，其吸收速度仅次于静脉注射。

4. 皮肤黏膜给药　完整的皮肤黏膜吸收能力很差，药物多发挥局部作用，但个别脂溶性高的药物可通过皮肤被吸收，如有机磷可通过皮肤被吸收而中毒。通过透皮剂的作用可促进皮肤的吸收作用，有时也用作全身的治疗。黏膜的吸收能力比皮肤强，但治疗意义不大。

三、药物的分布

药物的分布是药物从血液转运到全身各组织器官的过程。药物在动物体内的分布多数是不均匀的。通常，药物在组织器官内的浓度越大，对该组织器官的作用就越强。但也有例外，如强心苷主要分布于肝和骨骼肌组织，却选择性地作用于心脏。

影响药物分布的因素主要有以下几种：

1. 药物与血浆蛋白的结合力 药物在血液中能不同程度地与血浆蛋白呈可逆性的结合，游离型和结合型药物常处于动态平衡中。药物与血浆蛋白结合后分子增大，不易透过细胞膜屏障而失去药理活性，也不易经肾排泄而使作用的时间延长。

2. 药物与组织的亲和力 有的药物对某些组织有特殊的亲和力，而使药物在该组织中的浓度高于血浆中游离药物的浓度。如碘在甲状腺的浓度比在血浆和其他组织约高1万倍，硫喷妥钠在给药3 h后约有70%分布在脂肪组织，四环素可与Ca^{2+}络合存在于骨组织中。

3. 药物的理化特性和局部组织的血流量 脂溶性高的药物易为富含类脂质的神经组织所摄取，如硫喷妥钠。血管丰富、血流量大的器官，药物分布较快，浓度较高，如肝、肾、肺等。

4. 体内屏障 屏障是机体的防御性结构，也是体内器官的一种选择性转运功能。

（1）血脑屏障：是由毛细血管壁与神经胶质细胞形成的血浆与脑细胞之间的屏障和由脉络丛形成的血浆与脑脊液之间的屏障。这些血管由于比一般的毛细血管壁多一层神经胶质细胞，通透性较差，能阻止许多大分子的水溶性或解离型药物，与血浆蛋白结合的药物也不能通过。当脑发生炎症时，血脑屏障的通透性增高，药物进入脑脊液增多，如青霉素在正常情况下即使大剂量也很难进入脑脊液，发生脑炎时则较易进入。

（2）胎盘屏障：是指胎盘绒毛血流与子宫血窦间的屏障。其通透性与一般毛细血管没有明显差异。大多数母体所用药物均可进入胎儿，但因胎盘和母体交换的血液量少，使进入胎儿的药物需要较长时间才能和母体达到平衡，即使脂溶性很大的硫喷妥钠也需要15 min。

四、药物的转化

药物的转化是指药物在机体内发生的化学结构的变化，又称药物的代谢。其转化方式主要有氧化、还原、水解、结合，一般分为两个阶段。

1. 第一阶段 包括氧化、还原、水解反应。多数药物经此阶段转化后失去药理活性，称为灭活，如巴比妥类在体内被氧化、普鲁卡因被水解；也有的药物经此阶段转化后作用加强或由原来的无活性药物变为有活性药物，称为活化，如非那西丁的代谢产物扑热息痛的解热作用比非那西丁的作用更强。

2. 第二阶段 原形药物或经第一阶段转化后的产物与葡萄糖醛酸、乙酸、硫酸等结合，结合后药理活性减小或消失，同时水溶性增高，易由肾排出。

各种药物转化的方式不同，有的只需经第一步或第二步，但多数药物要经两步反应。

药物的转化主要在肝脏进行。肝脏中存在着许多与药物代谢有关的微粒体酶系，简称药酶。有些药物能增强肝药酶活性或使其合成增加，称为药酶诱导剂，如苯巴比妥、安定、水合氯醛、氨基比林、保泰松等；相反，某些药物可使药酶的合成减少或酶活性降低，称为药酶抑制剂，如有机磷杀虫剂、阿司匹林等。酶的诱导剂和抑制剂均可影响药物代谢的速率，使药物的效应减弱或增强，因此在临床上同时使用两种以上的药物时，应该注意药物对药酶的影响。由于药酶主要存在于肝细胞中，当肝脏发生病理变化时，常影响药酶的合成或活性，容易引起药物中毒，在临床合并用药时应特别注意。

五、药物的排泄

药物的排泄是药物及其代谢产物被排出体外的过程。除了内服难以吸收的药物是经肠道排泄外，大多数药物排泄的主要途径是肾，少数经呼吸道、胆汁、乳腺、汗腺排泄。

1. 肾排泄　经肾排泄的药物，在肾小球滤过后，有的可被肾小管重吸收。肾小球的通透性较大，剩余部分则随尿液排出。其重吸收的多少与药物的脂溶性和肾小管液的 pH 有关，一般脂溶性大的药物易被肾小管重吸收，排泄慢；水溶性药物重吸收少，排泄快；弱酸性药物在碱性尿液中，解离多，重吸收少，排泄快；相反，弱碱性药物在酸性尿液中排泄加快。

肾小管也能主动地分泌（转运）药物。如果同时给予两种利用同一载体转运的药物时，则出现竞争性抑制，亲和力较强的药物就会抑制另一药物的排泄。如青霉素和丙磺舒合用时，丙磺舒可抑制青霉素的排泄，使其半衰期延长约 1 倍。

2. 胆汁排泄　某些药物可经肝实质细胞主动分泌而进入胆汁，先储存于胆囊中，然后释放进入十二指肠。不同种属动物从胆汁排泄药物的能力存在差异，较强的是犬、鸡，中等的是猫、绵羊，较差的是兔和恒河猴。药物经胆汁排泄进入肠道后，某些具有脂溶性的药物被重吸收再次进入肝脏，形成“肝肠循环”，使药物作用的时间延长（图 1－3）。

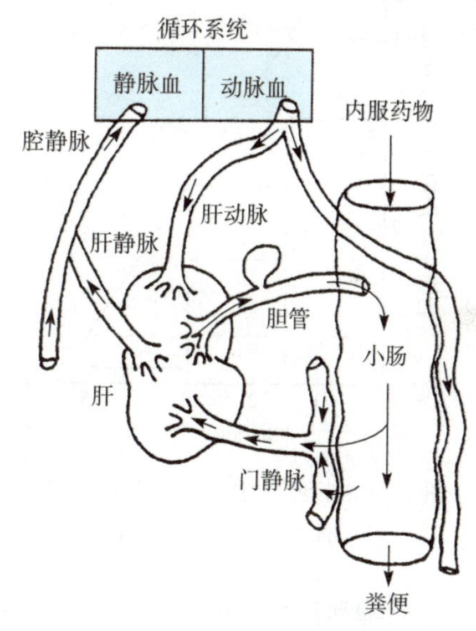

图 1－3　药物的肝肠循环

3. 乳腺排泄　大部分药物均可从乳汁排泄。由于乳汁的 pH（6.5～6.8）较血浆低，故碱性药物在乳中的浓度高于血浆，酸性药物则相反。对犬和羊的研究发现，静脉注射碱性药物易从乳汁排泄，如红霉素、TMP 的乳汁浓度高于血浆浓度；酸性药物如青霉素、SM_2 等则较难从乳汁排泄，乳汁中浓度均低于血浆。经乳腺排泄的药物，可影响乳汁的质量、哺乳仔畜和消费者的健康，应慎用。

六、药物动力学的基本概念

药物代谢动力学简称药动学，是研究药物在体内的浓度随时间发生变化的规律的一门学科。血药浓度一般指血浆中的药物浓度，测定体内药物浓度主要是借助血、尿等易得的样品进行分析。人们通过对药物在体内动态变化规律的研究，为制订给药方案提供合适剂量和间隔时间，以达到预期的治疗目的。下面重点介绍几个药动学的基本参数及其意义。

1. 消除半衰期（$t_{1/2}$） 是指血浆药物浓度下降一半所需的时间，又称生物半衰期，简称半衰期（图 1-4）。多数药物在体内消除遵循一级速率过程（指体内药物的消除速率与体内药物浓度成正比消除，即体内药物浓度高，消除速率也相应加快），其半衰期为一常数，与剂量无关，当药物从胃肠道或注射部位迅速被吸收时，也与给药途径无关。少数药物在剂量过大时可能以零级速率过程消除（指体内药物的消除速率与原来的药物浓度无关，而是在一定时间内药物的浓度按恒定的数量降低），此时剂量越大，半衰期越长。同一药物对不同动物种类、不同品种、不同个体，其半衰期都有差异。如磺胺间甲氧嘧啶在黄牛、水牛和奶山羊体内的半衰期分别为 1.49 h、1.43 h 及 1.45 h，而马的为 4.45 h，猪为 8.75 h，是反刍兽的近 6 倍。半衰期是制定给药间隔时间的重要依据，也是预测连续多次给药时体内药物达到稳态浓度和停药后在体内消除时间的主要参数。例如，按半衰期间隔给药 4～5 次即可达稳态浓度（图 1-5）；停药后经 5 个半衰期的时间，则体内药物消除约达 95%；经过计算，一般药物的休药期可定为 10 个半衰期。

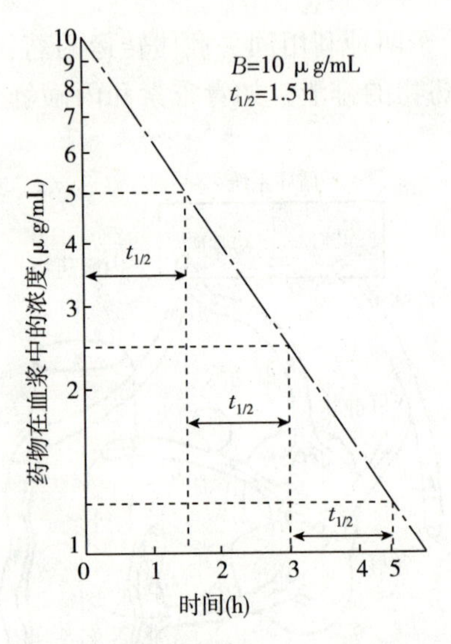

图 1-4 半衰期与血药浓度（剂量）的关系（$t_{1/2}$＝1.5 h）

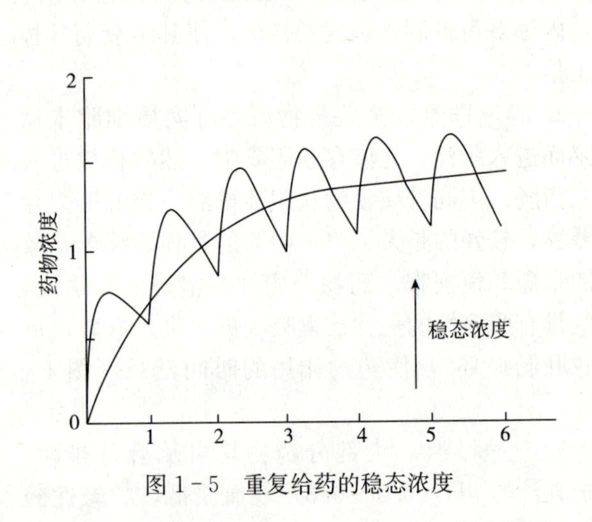

图 1-5 重复给药的稳态浓度

2. 生物利用度（F） 指药物以一定的剂型从给药部位被吸收进入全身血液循环的程度和速度。在非静脉途径给药时，是反映药物被利用程度的重要参数。一般用百分率（%）表示，即：

$$F=\frac{实际吸收量}{给药量}\times 100\%$$

影响生物利用度的因素很多，同一种药物，因不同的剂型、原料的不同晶形、不同赋形剂、甚至不同批号等，其生物利用度可能有很大差别。内服剂型的生物利用度存在相当大的种属差异，尤其是单胃动物与反刍动物之间。

3. 药时曲线下面积（AUC） 给药后，以血药浓度为纵坐标，时间为横坐标，绘出的曲线为血药浓度-时间曲线（简称药-时曲线）。坐标轴和药-时曲线之间所围成的面积称为药-时曲线下面积（简称曲线下面积）。其反映到达全身循环的药物总量，曲线下面积大，则利用程度高，常用作计算生物利用度。

4. 峰浓度（C_{max}）与峰时间（T_{max}）　峰浓度是指给药后达到的最高血药浓度，峰浓度高表示药物吸收比较完全。峰时间是指达到峰浓度的时间，简称峰时，峰时短表示药物吸收较快。峰浓度、峰时间与药-时曲线下面积是决定生物利用度的重要参数。

单元四　影响药物作用的因素

影响药物作用的因素很多，概括起来主要包括药物方面、动物方面、饲养管理与环境因素。

一、药物方面

1. 理化性质与化学结构　药物的脂溶性、pH、溶解度、旋光性及化学结构均能影响药物作用。

2. 剂量　在一定剂量范围内，药物的作用随着剂量的增加而增强，但也有少数药物随着剂量的增加而发生作用性质的变化，如人工盐小剂量起健胃作用，大剂量则表现泻下作用。

3. 剂型　药物的剂型对药物作用的影响主要表现为吸收的速度和程度不同。如注射剂的水溶液比油剂和混悬剂吸收快，但疗效维持时间较短；片剂在胃肠液中有一个崩解的过程，内服片剂比溶液剂吸收的速度慢。

4. 给药方案　给药方案包括给药剂量、途径、间隔时间和疗程。不同的给药途径可影响药效出现的快慢和强度，有的甚至产生质的差异，如硫酸镁内服可致泻，注射给药时则产生中枢抑制作用。各种给药途径产生药效的快慢依次为：静脉注射、肌内注射、皮下注射、直肠给药和内服。选择给药途径时，除根据疾病的治疗需要外，还应考虑药物的性质，如肾上腺素内服无效，必须注射给药。氨基糖苷类抗生素内服很难吸收，作全身治疗时必须注射给药。有的药物内服时有很强的首过效应，生物利用度很低，全身用药时应选择肠道外给药。

多数药物治疗疾病时必须按一定的剂量和时间间隔重复给药，才能达到治疗效果，称为疗程。重复给药必须达到一定的疗效方可停药，但重复用药时间过长，可使机体产生耐受性和蓄积中毒，也可使病原体产生耐药性而使疗效减弱。重复给药的时间间隔主要依据药物的半衰期和最低有效浓度，一般情况下，在下次给药前要维持血中的最低有效浓度，尤其是抗菌药物要求血中浓度高于最小抑菌浓度。

5. 联合用药　同时使用两种或两种以上的药物治疗疾病，称为联合用药。其目的是为了提高疗效，减少或消除不良反应，抗菌药物适当联合还可减少耐药性的产生。

联合用药后，能使药效增加的称为协同作用，药效减弱的称为颉颃作用。协同作用可分为相加作用和增强作用。各药合用时总药效大于各药单用时药效的总和，称为增强作用；各药合用时，总药效等于各药单用时药效的总和，称为相加作用。两种或两种以上药物互相混合，出现理化性质或药物性质的变化而不宜使用时，称为配伍禁忌。如葡萄糖注射液与磺胺嘧啶钠注射液混合时，几分钟后可见微细的磺胺嘧啶结晶析出。另外，药物制成某种制剂时也可发生配伍禁忌，曾发现生产四环素片时，若将其赋形剂乳糖改为碳酸钙时，可使四环素片的实际含量减少而失效。

二、动物方面

1. 种属差异 不同种属动物对同一药物的反应有很大差异。多数情况下表现为量的差异，即作用的强弱和维持时间的长短不同。如家禽对敌百虫很敏感，而猪则比较能耐受；SMM在猪的半衰期为8.87 h，在奶山羊则为1.45 h。除表现量的差异外，少数药物还可表现质的差异，如吗啡对人、犬、大鼠、小鼠表现为抑制，但对猫、马和虎则表现兴奋。

2. 生理差异 动物不同的年龄、性别对同种药物的反应往往也不同。一般来说，幼龄动物各种生理机能尚未完善，老龄动物肝肾功能减退，对药物的敏感性较成年动物高；怀孕动物对拟胆碱药、泻药比较敏感，可能引起流产；因多数药物可从哺乳期动物乳汁中排泄，影响吮乳仔畜。

3. 个体差异 在基本条件相同的情况下，同种动物的不同个体对同种药物的敏感性存在量和质的差异，这种差异称为个体差异。某些个体对某种药物特别敏感，应用小剂量即可产生强烈反应甚至中毒，称为高敏性；相反，有的个体则敏感性特别低，甚至应用中毒量也不引起反应，称为耐受性（病原微生物对药物产生的耐受性，称为耐药性）。此外，还出现质的差异，即个别动物应用某些药物后产生过敏反应。

4. 病理状态 各种病理状态都能改变药物在机体的正常运转与转化，影响血药浓度，从而影响药物作用。如解热药能使发热动物的体温降低，而对正常动物的体温无影响；肝功能障碍时，药物的转化能力降低，半衰期延长；肾功能不全时，药物排泄发生障碍而引起积蓄。

三、饲养管理和环境因素

1. 饲养管理 由于机体的机能状态对药物的效应可产生直接或间接的影响，因此患病动物在用药治疗时，应配合良好的饲养管理。对患病动物细心护理，保证营养需要，提高机体的抵抗力，这对药物发挥有效治疗作用至关重要。如应用氨丙啉治疗鸡球虫病时，饲料中应减少维生素 B_1 用量；应用水合氯醛对患病动物麻醉后，患病动物苏醒期长、体温下降，应注意保温，给予易消化的饲料，使患病动物尽快恢复健康。

2. 环境因素 环境条件的改变，如光照、动物饲养密度、通风情况、厩舍的温度和湿度等的不良变化均可导致动物应激反应，影响药物的效应，在用药期间应尽量避免。

实验一 剂量、给药途径对药物作用的影响

【目的】观察剂量大小对药物作用强度的影响，了解剂量在临床用药中的重要性。观察不同给药途径给予同剂量药物时药理作用的差别。

【材料】

(1) 动物：青蛙或蟾蜍、小鼠、家兔。

(2) 药品：0.1%硝酸士的宁注射液，0.2%、1%、2%安钠咖注射液，生理盐水，6.5%硫酸镁溶液、20%硫酸镁溶液。

(3) 器材：玻璃注射器（1 mL)、针头（5号或6号）、大烧杯、酒精棉、灌胃管（可用导尿管代替），家兔开口器，注射器。

【方法】

1. 剂量对药物作用的影响

（1）取大小相似的青蛙或蟾蜍 3 只，由腹淋巴囊分别注射 0.1%硝酸士的宁注射液。

（2）取小鼠 3 只，称重，分别放入 3 个大烧杯或鼠笼内，观察其正常活动。按 0.1 mL、0.4 mL、0.8 mL 分别给药，记录给药后引起青蛙惊厥所需要的时间。然后，甲鼠每 10 g 体重腹腔注射 0.2 mL 的 0.2%安钠咖注射液；乙鼠每 10 g 体重腹腔注射 0.2 mL 的 1%安钠咖注射液；丙鼠每 10 g 体重腹腔注射 0.2 mL 的 2%安钠咖注射液。给药后分别放入大烧杯中。记录药物发生作用的时间，并观察反应。结果记入表 1－1：

表 1－1　剂量对药物作用的影响

蛙号	药物浓度及剂量	开始注射时间	出现惊厥时间
1			
2			
3			
鼠号	体重	药物浓度及剂量	用药后的反应
甲			
乙			
丙			

2. 给药途径对药物作用的影响

（1）每组取家兔 2 只，观察并记录其呼吸、肌张力及大小便等正常情况。

（2）甲兔按每千克体重 10～15 mL 的剂量用 6.5%硫酸镁灌胃，乙兔按每千克体重 1.5～2 mL 的剂量深部肌内注射 20%硫酸镁，观察两兔所出现的症状。结果记入表 1－2。

表 1－2　给药途径对药物作用的影响

兔号	体重	给药前情况	剂量	给药途径	用药后的反应
甲					
乙					

【注意事项】经口灌胃给药，勿将药物灌入气管，以免造成动物窒息死亡。

【作业】

（1）根据观察结果，进行理论分析。

（2）硫酸镁灌胃和肌内注射两种给药途径产生的效应有哪些不同，为什么？

（3）撰写实验报告。

实验二　药物的颉颃作用

【目的】认识药物的颉颃作用，了解联合用药时药物间的相互影响。

【材料】

（1）动物：家兔。

（2）药品：5%硫酸镁注射液，5%氯化钙注射液。

（3）器材：玻璃注射器（5 mL、10 mL）、8号针头、台秤、镊子、酒精棉等。

【方法】取一只家兔称重，观察其正常活动、呼吸和四肢肌肉紧张情况，由耳静脉缓慢注入5%硫酸镁溶液，每千克体重180 mg，边注射边观察，当出现呼吸抑制、肌肉松弛时，立即取下注射器，针头固定，换上盛装有5%氯化钙溶液的注射器，按每千克体重150 mg缓慢注入，至呼吸恢复正常，四肢站立为止。

提示：硫酸镁注射液和氯化钙注射液均应缓慢注入。

【作业】

（1）撰写实验报告。

（2）根据实验结果，分析药物的颉颃作用及意义。

单元五　处　　方

处方是兽医师根据病畜病情开写的药单，也是药房配药、发药的依据。处方开写正确与否，直接影响治疗效果和病畜安全，兽医师及药剂人员必须有高度的责任感，若产生医疗事故将要负法律责任。同时处方也是药房管理中药物消耗的原始凭证，应妥善保管。一般普通处方要保存1年，毒、剧药品等处方应保存3年。

一、处方的格式与开写方法

一张完整的处方应包括3大部分（表1-3）。

表1-3　临时调配处方笺

××××××××××××××××××××××兽医站处方笺

NO.　　　　　　　　　　年　　月　　日

畜主			住址				
畜别		性别		年龄		特征	
R 磺胺嘧啶　2.0 非那西丁　0.6 碳酸氢钠　4.0 甘草粉　6.0 常水　适量 配制：调制成糊状 用法：一次投服							药价

兽医师：　　　　　　　　　　　　　　　　药剂员：

第一部分（登记部分）：包括时间、畜主、地址、畜别、年龄、特征等。

第二部分（处方部分）：包括药物名称、剂量、配制法、服用法等。

处方以“R”或“取”起头，表示“请取”的意思。

药物名称应按兽药典规定的名称书写，每药一行。

剂量要注明规格及含量，以国家规定的法定计量单位开写，固体以克，液体以毫升为单位时，常可省略，需要用其他单位时，则必须写明。剂量保留小数点后一位，各药的小数点上下要对齐。

配制说明调配成何种剂型或制剂。

用法说明给药途径、给药时间和次数等。

若一张处方上有几种药物时，应按主药、辅药、矫正药、赋形药的顺序开写，再依次说明配制和用法。

处方中药物的开写方法有两种，即总量法和分量法。分量法只开写一次剂量，在用法中注明需要用药的次数和数量。总量法是开写一天或数天需用的总剂量，在用法中注明每次的用量。

第三部分（签名部分）：处方开写完毕，兽医师、药剂师应仔细核对，确定无误方可分别签名以示负责。

二、处方的类型及举例

1. 普通处方　处方中开的药物均为《中华人民共和国兽药典》或《中华人民共和国兽药规范》上规定的制剂，其成分、含量及配制方法都有明确规定，开写时，只需写出制剂的名称、用量及用法即可（表 1-4）。

表 1-4　普通处方笺

×××××××××××××××××××兽医站处方笺

NO.　　　　　　　　　　年　　月　　日

<table>
<tr><td>畜主</td><td></td><td>住址</td><td colspan="5"></td></tr>
<tr><td>畜别</td><td></td><td>性别</td><td></td><td>年龄</td><td></td><td>特征</td><td></td></tr>
<tr><td colspan="7">R
① 硫酸链霉素　　100 万 U×6 支
注射用水　　30 mL
用法：肌内注射，每次 100 万 U，每天 2 次，连用 3 d
② 大黄苏打片　　0.3 g×60 片
用法：每次 10 片，每天 3 次</td><td>药价

</td></tr>
</table>

兽医师：　　　　　　　　　　　　　　　　药剂员：

2. 临时调配处方　是兽医师根据病情开写的《中华人民共和国兽药典》或《中华人民共和国兽药规范》上没有规定的处方，兽医师将所需药物开在一张处方上，由药房临时配制（表 1-3）。

三、开写处方注意事项

（1）开写处方不可用铅笔，字迹要清楚，不得涂改和用简化字。

（2）处方中的毒、剧药品不应超过极量，如特殊需要超过极量时，兽医师应在剂量旁标明，以示负责。

（3）一个处方开写多种药物时，应将药物按主药、辅药、矫正药、赋形药顺序排列。

（4）如在同一处方笺中开有几个处方时，每个处方的处方部分均应完整分别填写，并在每个处方第一个药物的左边标出序号，如①、②等。

知识拓展　药政管理标准与基本知识

一、中华人民共和国兽药典

《中华人民共和国兽药典》（简称《中国兽药典》）属国家兽药标准，是国家为保证兽药产品质量所制定的具有法律约束性的技术法规，是兽药生产、经营、进出口、使用、检验和监督管理部门共同遵守的法定依据。根据《中华人民共和国标准化法实施条例》，兽药标准属强制性标准。

到目前为止，我国已发布了四版《中国兽药典》。1990 年版《中国兽药典》分为一部、二部。一部为化学药品、生物制品，收载品种共 379 个；二部为中药，收载品种共 499 个；全书共收载 878 个品种。2000 年版《中国兽药典》仍然是分为一部、二部。一部收载化学药品、抗生素、生物制品和各类制剂共 469 个；二部收载中药材、中药成方制剂共 656 个；全书共收载 1 125 个品种。2005 年版《中国兽药典》分一部、二部、三部。一部收载化学药品、抗生素、生化药品原料及各类制剂共 449 种；二部收载中药材、中药成方制剂共 685 个；三部收载生物制品 115 种；全书共收载 1 249 个品种。2010 年版《中国兽药典》分一部、二部和三部，收载品种总计 1 829 种。一部收载化学药品、抗生素、生化药品及药用辅料共计 592 种；二部收载中药材及饮片、提取物、成方和单味制剂共 1 114种；三部收载生物制品 123 种。

为了更好地指导兽药使用者科学、合理用药，在促进动物健康的同时，保证动物性食品安全，2005 年版和 2010 年版《中国兽药典》分别配套了《兽药使用指南》。

二、兽药 GMP 与兽药 GSP

兽药 GMP 是《兽药生产质量管理规范》的简称。兽药 GMP 是兽药生产的优良标准，是在兽药生产全过程中用科学合理、规范化的条件和方法来保证生产优良兽药的整套科学管理的体系。兽药 GMP 实施的目标就是对兽药生产的全过程进行质量控制，以保证生产的兽药质量是合格优良的。

兽药 GSP 是《兽药经营质量管理规范》的简称，是兽药经营企业经营行为的准则，是为加强兽药经营质量管理，保证兽药质量而制订的一整套管理程序。兽药 GSP 主要内容是对兽药产品进、存、销三个环节进行控制，这就要求经营企业应具备相应的硬件设施、人员资格及质量管理制度和文件管理等软件系统。其目的是通过控制兽药产品经营条件和经营行为，维护正常的兽药产品经营秩序，杜绝假药、劣药，从而保证药品质量和动物用药安全，进而保证人类的健康。

三、兽药标签的基本要求

兽药标签包括内包装标签和外包装标签。内包装标签系指直接接触兽药的包装上的标签；外包装标签系指直接接触内包装的外包装上的标签。

1. 内包装标签必须注明兽用标识、兽药名称、适应证（或功能与主治）、含量/包装规格、批准文号或《进口兽药登记许可证》证号、生产日期、生产批号、有效期、生产企业信息等内容。安瓿、西林瓶等注射或内服产品由于包装尺寸的限制而无法注明上述全部内容的，可适当减少项目，但至少须标明兽药名称、含量规格、生产批号。

2. 外包装标签必须注明兽用标识、兽药名称、主要成分、适应证（或功能与主治）、用法与用量、含量/包装规格、批准文号或《进口兽药登记许可证》证号、生产日期、生产批号、有效期、停药期、储藏、包装数量、生产企业信息等内容。

3. 兽用原料药的标签必须注明兽药名称、包装规格、生产批号、生产日期、有效期、储藏、批准文号、运输注意事项或其他标记、生产企业信息等内容。

4. 兽药有效期按年月顺序标注。年份用四位数表示，月份用两位数表示，如“有效期至 2018 年 09 月”或“有效期至 2018.09”。

5. 对储藏有特殊要求的必须在标签的醒目位置标明。

四、兽药说明书的基本要求

1. 兽用化学药品、抗生素产品的单方、复方及中西复方制剂的说明书必须注明以下内容：兽用标识、兽药名称、主要成分、性状、药理作用、适应证（或功能与主治）、用法与用量、不良反应、注意事项、停药期、外用杀虫药及其他对人体或环境有毒有害的废弃包装的处理措施、有效期、含量/包装规格、储藏、批准文号、生产企业信息等。

2. 中兽药说明书必须注明以下内容：兽用标识、兽药名称、主要成分、性状、功能与主治、用法与用量、不良反应、注意事项、有效期、规格、储藏、批准文号、生产企业信息等。

3. 兽用生物制品说明书必须注明以下内容：兽用标识、兽药名称、主要成分及含量（型、株及活疫苗的最低活菌数或病毒滴度）、性状、接种对象、用法与用量（冻干疫苗须标明稀释方法）、注意事项（包括不良反应与急救措施）、有效期、规格（容量和头份）、包装、储藏、废弃包装处理措施、批准文号、生产企业信息等。

五、兽用处方药与非处方药

国家对兽药实行分类管理，根据兽药的安全性及使用风险程度，将兽药分为兽用处方药与非处方药。兽用处方药是指凭兽医处方笺方可购买和使用的兽药。兽用非处方药是指不需要兽医处方笺即可自行购买并按照说明书使用的兽药。

六、假、劣兽药的区别

《兽药管理条例》（以下简称条例）是 2004 年 3 月 24 日国务院第 45 次常务会议通过，2004 年 4 月 9 日中华人民共和国国务院令第 404 号发布，已于 2004 年 11 月 1 日起正式施行。凡从事兽药研制、生产、经营、进出口、使用和监督管理者，必须遵守本《条例》的规定。

《条例》中规定有下列情形之一的，为假兽药：①以非兽药冒充兽药或者以他种兽药冒充此种兽药的；②兽药所含成分的种类、名称与兽药国家标准不符合的。有下列情形之一的，按照假兽药处理：①国务院兽医行政管理部门规定禁止使用的；②依照本条例规定应当经审查批准而未经审查批准即生产、进口的，或者依照本条例规定应当经抽查检验、审查核对而未经抽查检验、审查核对即销售、进口的；③变质的；④被污染的；⑤所标明的适应证或者功能主治超过规定范围的。

《条例》中规定有下列情况之一的，为劣兽药：①成分含量不符合兽药国家标准或者不标明有效成分的；②不标明或者更改有效期或者超过有效期的；③不标明或者更改产品批号的；④其他不符合兽药国家标准，但不属于假兽药的。

复习思考题

一、选择题

1. 以下对药理学概念的叙述哪一项是正确的？（　）
   A. 是研究药物与机体间相互作用规律及其原理的科学　B. 药理学又名药物治疗学
   C. 药理学是临床药理学的简称　D. 阐明机体对药物的作用
   E. 是研究药物代谢的科学
2. 药理研究的中心内容是（　）。
   A. 药物的作用、用途和不良反应　B. 药物的作用及原理
   C. 药物的不良反应和给药方法　D. 药物的用途、用量和给药方法
   E. 药效学、药动学及影响药物作用的因素
3. 药物血浆半衰期（　）。
   A. 是血浆药物浓度下降一半的时间　B. 能反映体内药量的消除速度
   C. 是调节给药的间隔时间的依据　D. 其长短与原血浆药物浓度有关
4. 药物排泄过程（　）。
   A. 极性大、水溶性大的药物在肾小管重吸收少，易排泄
   B. 酸性药在碱性尿中解离少，重吸收多，排泄慢
   C. 脂溶度高的药物在肾小管重吸收多，排泄慢
   D. 解离度大的药物重吸收少，易排泄
   E. 药物自肾小管的重吸收可影响药物在体内存留的时间
5. 影响药物吸收的因素主要有（　）。
   A. 药物的理化性质　B. 首过效应
   C. 肝肠循环　D. 给药途径
6. 肾功能不良时，用药时需要减少剂量的是（　）。
   A. 所有的药物　B. 主要从肾排泄的药物
   C. 主要在肝代谢的药物　D. 自胃肠吸收的药物

E. 以上都不对

7. 药物在体内的转化和排泄统称为（　　）。

A. 代谢　B. 消除　C. 灭活　D. 解毒　E. 生物利用度

8. 药物肝肠循环影响了药物在体内的（　　）。

A. 起效快慢　B. 代谢快慢　C. 分布　D. 作用持续时间

9. 药物在体内的生物转化是指（　　）。

A. 药物的活化　B. 药物的灭活

C. 药物化学结构的变化　D. 药物的消除

E. 药物的吸收

10. 药物的首过效应可能发生于（　　）。

A. 舌下给药后　B. 吸入给药后

C. 口服给药后　D. 静脉注射后

11. 药物的不良反应包括（　　）。

A. 抑制作用　B. 副作用　C. 毒性反应　D. 变态反应　E. 致畸作用

二、简答题

1. 简述极量、安全范围、半衰期、生物利用度、二重感染、配伍禁忌、联合用药的概念。

2. 药物的不良反应有哪些？在临床用药时如何避免？

3. 影响药物作用的因素有哪些？

4. 开写处方的注意事项有哪些？

模块二　抗微生物药物

单元一　防腐消毒药

一、防腐消毒药的作用机理与影响因素

防腐消毒药是一些能杀灭或抑制病原微生物的药物。通常把能够迅速地杀灭病原微生物的药物称为消毒药，如甲醛等；能抑制病原微生物的药物称为防腐药，如甲紫等。但这两类药物之间并没有严格的界限，消毒药在低浓度时仅能抑制病原微生物，而防腐药在高浓度时也可能杀灭病原微生物。

防腐消毒药与其他抗菌药不同，对机体组织与病原体无明显的选择性，在防腐消毒的浓度下，往往也能损害动物机体，甚至产生毒性反应。故通常不全身用药，主要用于体表、排泄物、器械及周围环境，以杀灭或抑制病原微生物的生长繁殖。

（一）防腐消毒药的作用机理

1. 使菌体蛋白凝固或变性　如酚类、醇类、醛类、酸类和重金属盐类等，通过理化作用破坏微生物的原浆蛋白而杀灭微生物。

2. 改变菌体细胞质膜的通透性　如新洁尔灭、洗必泰等表面活性剂能改变胞浆膜表面张力，增加膜的通透性，使胞内的酶和营养物质外渗，水和其他胞外物质内渗，使细胞膨胀破裂而崩解。

3. 干扰病原体的酶系统　如重金属类、氧化剂和卤素类能损害酶蛋白的活性基团导致酶灭活或受抑制，使代谢受阻致微生物死亡。

（二）影响防腐消毒药作用的因素

1. 药物浓度　当其他条件不变时，药物的杀菌效力一般随其溶液浓度的增加而增强。但乙醇例外，高浓度乙醇可使菌体表层蛋白质迅速变性凝固，从而形成一层致密的蛋白膜，使乙醇不能进入菌体内。注意，随着药液浓度的增加，其对组织的刺激性也越大，故应选用适当的浓度。

2. 作用时间　药物与病原体的接触达到一定时间才可发挥作用，一般作用时间越长其作用越强。如甲醛用于雏鸡舍的熏蒸消毒仅需 25 min，而消毒厩舍、库房等则需 12 h 以上。

3. 温度　在一定范围内，药液温度越高，杀菌力越强。一般是每增加 10 ℃，抗菌活性可增加 1 倍。

4. 有机物　有机物能与防腐消毒药结合使其作用减弱，或机械性地保护微生物而阻碍药物的作用。因此，在药物作用的环境中有机物的数量越多，药物的作用效果越差，在用药前必须先清除有机物，如血清、血液、脓液、痰液、蛋清、粪便、饲料残渣等，方可取得更好的消毒效果。

5. 微生物的特点　不同种（型）的微生物及微生物的不同发育时期，对药物的敏感性

是不同的，如病毒对碱类敏感，而对酚类耐药；生长繁殖旺盛期的细菌对药物敏感，而具有芽孢的细菌则对其有强大抵抗力。还有，微生物的数量越多，要求消毒剂浓度越大或消毒时间越长。

6. 其他　环境的 pH 和湿度、药物剂型、药物的配伍禁忌等，都能影响药效，使用防腐消毒药时，必须加以考虑。如用过氧乙酸消毒时要求相对湿度不低于40%，以60%～80%为宜；戊二醛在碱性环境中杀菌作用加强；阳离子表面活性剂和阴离子表面活性剂共用，可使消毒作用消失。

二、防腐消毒药的分类与应用

（一）主要用于环境、器械、用具的消毒药

氢 氧 化 钠

【性状】又称苛性钠、火碱。为白色块状、棒状、片状或颗粒状结晶。易溶于水和醇。易潮解，在空气中易吸收二氧化碳。

【作用与应用】本品为强碱，对细菌的繁殖体、芽孢和病毒都有很强的杀灭作用，对寄生虫卵也有杀灭作用。浓度增加和温度升高可明显增强其杀菌作用，4%以上溶液能杀死细菌芽孢，按10%浓度加入氯化钠杀芽孢效力更强。

常用1%～2%热溶液，消毒细菌或病毒污染的畜舍、场地、车辆等；3%～5%溶液消毒炭疽芽孢污染的场地；5%溶液可消毒腐蚀皮肤赘生物、新生角质等；2%溶液洗刷被美洲幼虫腐臭病和囊状幼虫病污染的蜂箱和巢箱，消毒后用清水冲洗干净。

【注意事项】本品对机体有腐蚀性，消毒厩舍时，应驱出畜禽，隔半天以水冲洗饲槽、地面后方可让畜禽进入。消毒人员应佩戴橡皮手套，穿胶鞋操作。

过 氧 乙 酸

【性状】又称过醋酸。为无色液体。易溶于水，性质不稳定。浓度达到45%以上时剧烈碰撞或遇热易爆炸，在低温下分解缓慢，故采用低温（3～4 ℃）保存。市售为20%过氧乙酸溶液。

【作用与应用】本品为强氧化剂，具有高效、快速和广谱杀菌作用，其气体和溶液具有较强的杀菌作用。对细菌、病毒、霉菌和芽孢均有效。0.05%的溶液2～5 min可杀死细菌。1%的溶液10 min可杀死芽孢，在低温下仍有效。

常用0.5%的溶液喷洒，消毒畜舍、饲槽、车辆等。0.04%～0.2%的溶液用于耐酸塑料、玻璃、搪瓷和橡胶制品的短时间浸泡消毒。5%的溶液2.5 mL/m^3 喷雾消毒密封的实验室、无菌室、仓库等。0.3%的溶液30 mL/m^3，用于鸡舍带鸡消毒。此外，还适用于畜禽舍内的熏蒸消毒，一般每立方米用1～3 g，稀释成3%～5%的溶液，加热熏蒸（室内相对湿度宜在60%～80%），密闭门窗1～2 h。

【注意事项】稀释液不能久储，应现用现配。本品能腐蚀多种金属，并对有色棉织品有漂白作用。因蒸气有刺激性，消毒畜舍时，家畜不宜留在室内。

氧 化 钙

【性状】又称生石灰。为灰白色块状物或粉末。本身无杀菌作用，与水混合后变成熟石

灰（氢氧化钙）发挥作用。

【作用与应用】本品对一般细菌有一定程度的杀菌作用，但对芽孢、结核分枝杆菌无效。常用10%～20%的混悬液对厩舍、墙壁、畜栏、地面、病畜排泄物及人行通道进行消毒，也可直接将生石灰撒在阴湿的地面、粪池周围及污水沟等处。

【注意事项】生石灰应干燥保存，以免潮解失效。石灰乳宜现用现配，配好后最好当天用完，否则会吸收空气中二氧化碳变成碳酸钙而失效。

甲　酚

【性状】又称煤酚。为无色或淡黄色澄明液体，有类似苯酚的臭味。由植物油、氢氧化钾、煤酚配制的含煤酚50%的肥皂溶液为煤酚肥皂溶液（来苏儿）。

【作用与应用】毒性较苯酚低，抗菌活性较苯酚强3～10倍。能杀灭细菌繁殖体，对结核分枝杆菌、真菌有一定的杀灭作用，但对芽孢无效，对病毒作用不可靠。

临床上5%～10%的溶液用于浸泡用具、器械及厩舍、场地、病畜排泄物的消毒，1%～2%的溶液用于皮肤及手的消毒，0.5%～1%的溶液用于冲洗口腔或直肠黏膜。

【注意事项】因本品有特殊酚臭，不宜用于屠宰场或乳牛场消毒。

复 合 酚

【性状】又称菌毒敌、畜禽灵。为酚及酸类复合型消毒剂，含酚41%～49%、醋酸22%～26%及十二烷基苯磺酸，呈深红褐色黏稠样，有特臭。

【作用与应用】为广谱、高效、新型消毒剂。可杀灭细菌、霉菌和病毒，对多种寄生虫卵也有杀灭作用。还能抑制蚊、蝇等昆虫和鼠的滋生。

常用0.3%～1%的溶液，喷洒消毒畜（禽）舍、笼具、饲养场地、运输工具及排泄物。用药后药效可维持1周。稀释用水的温度应不低于8℃。对严重污染的环境，可适当增加药物浓度和用药次数。

【注意事项】切忌与其他消毒药或碱性药物混合应用，以免降低消毒效果。严禁使用喷洒过农药的喷雾器械喷洒本品，以免引起动物意外中毒。

甲　醛

【性状】在室温下为无色气体，具有强烈的刺激性气味。在水中以水合物存在，40%的甲醛溶液即福尔马林，为无色液体。久置能生成三聚甲醛而沉淀浑浊，常加入10%～15%甲醇，以防止聚合。

【作用与应用】有较强的杀菌作用，对细菌繁殖体、芽孢、真菌和病毒均有效。由于本品刺激性太强，多用于畜舍、衣物、器械的消毒。2%甲醛溶液用于器械消毒（浸泡1～2 h），5%～10%甲醛溶液用于固定解剖标本，10%～20%甲醛溶液可治疗蹄叉腐烂、坏死杆菌病等。

熏蒸消毒：室内可用40%甲醛溶液42 mL/m^3，加等量水，然后加热使甲醛挥发，消毒时间为8～10 h；种蛋消毒可用40%甲醛溶液15～20 mL/m^3，再按甲醛溶液∶高锰酸钾=2∶1加入高锰酸钾，加入前加1/2量的水，消毒20 min。熏蒸消毒时，室温不低于15℃，相对湿度为60%～80%，消毒时间为8～10 h。

【注意事项】本品对皮肤、眼、呼吸道有刺激性，可致损伤。大量吸收后能抑制中枢神经甚至致死，用药时需注意对人畜的防护。

含 氯 石 灰

【性状】又称漂白粉，含有效氯25%～30%，有氯臭。微溶于水和醇，受潮易分解失效。

【作用与应用】本品能杀灭细菌、芽孢、病毒和真菌。含氯石灰加入水中生成次氯酸，进一步分解为初生态氧和氯气而发挥杀菌作用。另外，含氯石灰中所含的氯可与氨和硫化氢发生反应，故有除臭作用。

临床上常用5%～20%的混悬液消毒已发生传染病的畜禽厩舍、场地、墙壁、排泄物、运输车辆，1%～2%消毒饲槽、食具、玻璃器具、食品加工场、肉联厂等。50 L水加1 g漂白粉可进行饮水消毒。鱼池消毒时每升水加1 mg漂白粉，防止赤皮、烂鳃及打印病等细菌性鱼病。鱼池带水清塘每升水加20 mg漂白粉。

【注意事项】不能用于金属制品及有色棉织物的消毒，也不可与易燃易爆物品放在一起，宜现用现配。

二氯异氰尿酸钠

【性状】又称优氯净。为白色或微黄色粉末。具有氯臭，含有效氯60%～64%，性质稳定。易溶于水，但水溶液稳定性差，宜现用现配。

【作用与应用】本品是新型高效消毒药，对细菌繁殖体、芽孢、病毒、真菌均有较强的杀灭作用。广泛用于鱼塘、饮水、食品、牛奶加工厂、车辆、厩舍、蚕室、用具的消毒。消毒浓度以有效氯计算，鱼塘0.3 mg/L，饮水消毒0.5 mg/L；食品、牛奶加工场所、厩舍、蚕室、用具、车辆50～100 mg/L。应用时，注意事项同漂白粉。

癸 甲 溴 氨

【性状】又称百毒杀。为无色无味液体。溶于水，性质稳定，不受环境中有机物及光热的影响。

【作用与应用】是一种双链季铵盐类高效表面活性剂，除对多种细菌、真菌和藻类有杀灭作用外，对亲脂性病毒也有一定作用，还有除臭和清洁作用。

常用0.05%的溶液浸泡、洗涤、喷洒消毒厩舍、孵化室、用具、环境。0.002 5%～0.005%溶液，消毒饮水。

（二）主要用于皮肤、黏膜的消毒防腐药

乙　醇

【性状】为无色澄明液体。易挥发，易燃烧，能与水、甘油、氯仿等任意混合。

【作用与应用】为常用消毒药。70%～75%乙醇杀菌力最强，能杀死繁殖型细菌，但对细菌芽孢无效。浓度过高可使菌体表层蛋白凝固，妨碍渗透，影响杀菌作用，过低则难达到有效杀菌浓度。此外，本品对组织具有刺激作用，用其涂擦皮肤时，能扩张局部毛细血管，增强血液循环，促进炎性渗出物的吸收，减轻疼痛。

临床常用75%的乙醇消毒手、皮肤、体温计、注射针头和小件医疗器械等。

碘

【性状】为灰黑色有金属光泽的结晶。常温下能挥发，微溶于水，易溶于碘化钾或碘化钠水溶液中。

【药理作用】有强大的消毒作用，能杀死细菌芽孢、真菌、病毒和原虫。且对黏膜和皮肤有强烈的刺激作用，可使局部组织充血，促进炎性物质的吸收。

【常用制剂与用法】

（1）碘溶液：2%碘溶液不含酒精，适用于皮肤的浅表破损和创面。

（2）碘酊：由碘、碘化钾，蒸馏水，95%乙醇组成。5%碘酊用于手术部位等消毒；10%浓碘酊作为皮肤刺激药，用于慢性腱炎、关节炎等；4%碘酊制成药饵喂青鱼，能防治青鱼球虫病；2%碘酊用于饮水消毒，在1L水中加5～6滴，能杀死病菌和原虫。

（3）碘甘油：由碘、碘化钾、甘油组成。1%碘甘油用于鸡痘、鸽痘的局部涂擦；5%碘甘油用于治疗黏膜的各种炎症。

（4）复方碘溶液（卢戈氏液）：由5%碘、10%碘化钾、蒸馏水组成。用于治疗黏膜的各种炎症，或向关节腔、瘘管等注入。

（5）碘伏：又称络合碘，由碘和表面活性剂（如聚乙烯吡咯烷酮、壬基酚聚氧乙烯醚等）络合而成。0.5%～1%溶液用于手术部位、奶牛乳房和乳头、手术器械等消毒。

（6）聚维酮碘溶液：亦为络合碘。5%溶液用于皮肤消毒及治疗皮肤病；0.5%～1%溶液用于奶牛乳头浸泡；0.1%溶液用于黏膜及创面冲洗。

【不良反应】低浓度碘的毒性很低，使用时偶尔引起过敏反应。长时间浸泡金属器械，会产生腐蚀性。

硼　酸

为白色粉末或微带光泽的鳞片。微溶于冷水，易溶于沸水、醇及甘油中。其溶液有较弱的抑菌作用，无杀菌作用，但刺激性较小。2%～4%的溶液可冲洗各种黏膜、创面、眼睛。30%的硼酸甘油用于口腔及鼻黏膜的炎症等。硼酸磺胺粉（1∶1）可用于擦伤、褥疮、烧伤等的治疗。

苯扎溴铵

【性状】又称新洁尔灭。本品常温下为黄色胶状体，低温时可能逐渐形成蜡状固体。嗅芳香，味极苦。易溶于水，水溶液呈碱性，振摇时产生多量泡沫。耐热，性质稳定，可保存较长时间效力不变。对金属、橡胶、塑料制品无腐蚀作用。

【作用与应用】为季铵盐类阳离子表面活性剂，有杀菌和去垢效力。对多数革兰氏阴性菌和阳性菌，接触数分钟即能将其杀死。对病毒效力差。不能杀死细菌芽孢、结核杆菌和绿脓杆菌。

临床上常用0.1%溶液消毒手臂、手指，应将手浸泡5 min，亦可浸泡消毒手术器械、玻璃、搪瓷等，浸泡时间为30 min。0.1%溶液以喷雾或洗涤方式对蛋壳消毒，药液温度为40～43℃，浸泡时间最长为3 min。0.01%～0.05%溶液用于黏膜（阴道、膀胱等）及深部感染伤口的冲洗。

【注意事项】忌与碘、碘化钾、过氧化物、肥皂配伍。浸泡器械时应加入0.5%亚硝酸钠，以防生锈。不宜用于粪便、污水、皮革及其制品等的消毒。

（三）主要用于创伤的防腐消毒药

过氧化氢

【性状】又称双氧水。为无色、无臭的澄明液体。含过氧化氢3%，遇光、热或久置均易失效。宜置于遮光、密闭、阴凉处保存。

【作用与应用】本品与组织有机物接触后，能放出初生态氧而呈现杀菌作用，且形成大量泡沫，对创腔中的脓块和坏死组织起清创作用。由于杀菌力弱，一般不用作消毒药。临床上常用0.3%～1%的溶液冲洗口腔或阴道；1%～3%的溶液清洗带恶臭的创伤及深部创伤，有利于机械清除小脓块、血块、坏死组织，防止厌氧菌感染，但不宜用于清洁创伤。

高锰酸钾

【性状】为黑紫色、细长的菱形结晶或颗粒，带蓝色的金属光泽。无臭，易溶于水，应密闭保存。

【作用与应用】为强氧化剂，与被氧化物接触时，放出初生态氧和二氧化锰。释出的初生态氧有杀菌、除臭和解毒作用；二氧化锰可与蛋白结合成蛋白盐类复合物，对组织有收敛作用。其抗菌除臭作用比过氧化氢溶液强而持久，但其作用极易因有机物的存在而减弱。

临床上0.05%～0.1%的溶液用于腔道冲洗及洗胃，0.1%～0.2%的溶液用于冲洗创伤。毒蛇咬伤的伤口立即撒布结晶或用1%溶液冲洗，可减轻中毒。

【注意事项】本品与某些有机物或易氧化的化合物研磨或混合时，易发生爆炸或燃烧，如遇福尔马林、甘油等易产生剧烈燃烧，与活性炭或碘等还原型物质共同研合时可发生爆炸。遇氨水及其制剂可产生沉淀。水溶液现配现用，久置还原失效。

甲紫

【性状】又称龙胆紫。为暗绿色带金属光泽的粉末，微臭，可溶于水及醇。

【作用与应用】本品是碱性染料，对革兰氏阳性菌有选择性抑制作用，对霉菌也有作用。其毒性很小，对组织无刺激性，有收敛作用。

1%～3%的水溶液用于烧伤和霉菌感染灶，也用于创伤和溃疡；2%～10%软膏剂，用于治疗皮肤、黏膜创伤及溃疡。

实验　防腐消毒药的作用

【目的】观察氢氧化钠、稀盐酸、乙醇、过氧化氢、新洁尔灭的防腐消毒作用。

【材料】

（1）药品：4%氢氧化钠溶液、10%稀盐酸溶液、乙醇（95%、75%、35%）、3%过氧化氢、生理盐水、10%蛋白滤液、0.1%新洁尔灭溶液、腐肉块、肠段。

（2）器材：试管、试管架、滴管、剪刀、镊子、蛙板、搪瓷缸。

【步骤】

（1）不同浓度乙醇对蛋白质的凝固作用：取 3 支试管，分别加入 10%蛋白滤液 3 mL，再依次加入 95%、75%、35%的酒精各 3 mL，观察并记录各管的变化。

（2）过氧化氢的作用：取两支试管各加入一腐肉块，然后向一管加 3%过氧化氢 5 mL，另一管加生理盐水 5 mL。观察并记录两管的变化。

（3）氢氧化钠、稀盐酸的作用：取肠段 3 段，置于蛙板上，分别滴加 4%氢氧化钠溶液、10%稀盐酸溶液、生理盐水 1～2 滴，观察并记录变化。

（4）新洁尔灭的防腐作用：取两支试管各加入一腐肉块，然后向一试管加 0.1%新洁尔灭溶液 5 mL，另一试管加蒸馏水 5 mL，置 37 ℃温箱中培养 24～48 h 后，观察管内液体的澄明度和气味的变化并记录。

【作业】

（1）撰写实验报告。

（2）分析以上消毒药的消毒效果有何特点，临床如何做出选择。

单元二　抗生素

一、概　述

（一）概念

抗生素是某些微生物在其代谢过程中所产生的，能抑制或杀灭病原微生物的化学物质。抗生素主要从微生物的培养液中提取，目前已有不少品种能人工合成或半合成。

抗菌谱是指药物抑制或杀灭病原微生物的范围。凡仅作用于单一菌种或某属细菌的药物称为窄谱抗菌药，如青霉素、链霉素。凡能杀灭或抑制多种不同种类的细菌，抗菌谱范围广泛的药物，称为广谱抗菌药，如四环素类、酰胺醇类、第三代头孢菌素、氟喹诺酮类等。

抗菌活性是指抗菌药抑制或杀灭病原微生物的能力。常以最低抑菌浓度（MIC）、最低杀菌浓度（MBC）衡量。MIC 指在体外试验中能够抑制培养基内细菌生长的药物的最小浓度。MBC 指能够杀灭培养基内细菌生长的药物最小浓度。抗菌药的抑菌作用和杀菌作用是相对的，有些抗菌药在低浓度时呈抑菌作用，而高浓度呈杀菌作用。临床上所指的抑菌药是指仅能抑制病原菌的生长繁殖，而无杀灭作用的药物，如磺胺类、四环素类等。杀菌药是指具有杀灭病原菌作用的药物，如青霉素类、氨基糖苷类、氟喹诺酮类等。

耐药性又称抗药性，可分为天然耐药性和获得耐药性两种。前者是细菌的遗传特征，不可改变，例如绿脓杆菌对大多数抗生素不敏感，极少数金黄色葡萄球菌亦具有天然耐药性；后者即一般所指的耐药性，是指病原体与抗菌药多次接触后对药物的敏感性逐渐降低甚至消失，致使抗菌药对耐药病原菌的作用降低或无效。某种病原菌对一种药物产生耐药性后，往往对同一类的其他药物也具有耐药性，这种现象称为交叉耐药性。交叉耐药性包括完全交叉耐药性及部分交叉耐药性。完全交叉耐药性是双向的，如多杀性巴氏杆菌对磺胺嘧啶产生耐药性后，对其他磺胺类药均产生耐药性；部分交叉耐药性是单向的，如氨基糖苷类之间，对链霉素耐药的细菌，对庆大霉素、卡那霉素、新霉素仍然敏感，而对庆大霉素、卡那霉素、新霉素耐药的细菌，对链霉素也耐药。耐药性的产生是抗菌药物在兽医临床应用中的一个重要问题。

抗生素的效价是评价抗生素效能的标准，也是衡量抗生素活性成分含量的尺度，通常以质量、国际单位（IU）或单位（U）表示。每种抗生素的效价与质量之间有特定的换算关系，如青霉素钠以 0.6 μg 为 1 个单位（U）；多黏菌素 B 游离碱以 1 μg 为 10 个单位（U）；其他抗生素多是 1 μg 为 1 个效价单位，如 1 g 纯链霉素碱，相当于 100 万 U 的链霉素粉针。兽医临床使用的抗生素制品，为了考虑开处方的方便，在其标签上除以 U 表示外，通常还标有 mg 或 g。

（二）抗生素的分类

根据抗生素的抗菌谱和临床应用可分为：

1. 主要作用于革兰氏阳性菌的抗生素　包括青霉素类、头孢菌素类、β-内酰胺抑制剂、大环内酯类、林可胺类、截短侧耳素类等。

2. 主要作用于革兰氏阴性菌的抗生素　包括氨基糖苷类、多黏菌素类等。

3. 广谱抗生素　包括四环素类、酰胺醇类。

4. 抗真菌抗生素　包括两性霉素 B、制霉菌素和灰黄霉素等。

5. 其他抗生素　包括盐霉素、莫能菌素、拉沙里菌素、马杜霉素、伊维菌素等抗寄生虫抗生素及黄霉素、那西肽等。

（三）作用机理

抗生素主要是通过干扰细菌的生理生化系统，影响其结构和功能，使其失去生长繁殖能力而达到抑制或杀灭细菌的目的。目前阐明的作用机理有 4 种类型（图 2-1）。

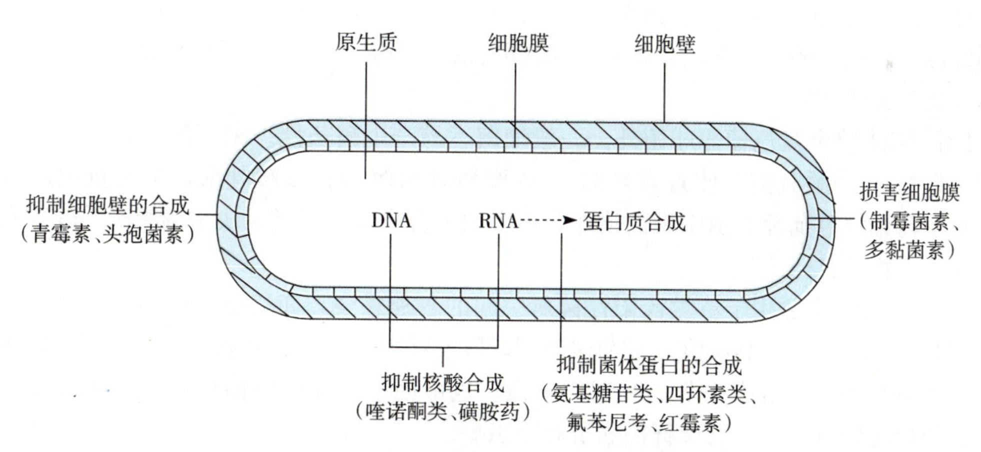

图 2-1　细菌的基本结构及抗菌药物作用原理

1. 抑制细菌细胞壁的合成　此类型的抗生素有青霉素类、头孢菌素类、杆菌肽等。

2. 增加细菌细胞质膜的通透性　此类型的抗生素有两类：一是多肽类，如多黏菌素等；二是多烯类，如两性霉素 B、制霉菌素等。

3. 抑制蛋白质的合成　此类型主要有氨基糖苷类、四环素类、酰胺醇类、大环内酯类等，但它们的作用点和作用环节并不完全相同，分别作用于蛋白质合成过程中的不同阶段。

4. 抑制细菌核酸的合成　新生霉素、灰黄霉素和抗肿瘤的抗生素（如丝裂霉素 C、放线菌素）、利福平等能抑制或阻碍细菌细胞 DNA 或 RNA 的合成，从而产生抗菌作用。

二、主要作用于革兰氏阳性菌的抗生素

（一）青霉素类

1. 天然青霉素 是从青霉菌的培养液中提取获得的，有青霉素 F、G、X、K 和双氢 F 5 种，它们的基本化学结构由母核 6-氨基青霉烷酸（6-APA）和侧链组成。其中青霉素 G 的作用最强，性质较稳定，产量最高。

青霉素

【性状】是从青霉菌培养液中提取的一种有机酸，难溶于水。其钾盐或钠盐为白色结晶性粉末，易溶于水，水溶液不稳定，遇酸、碱、重金属离子或氧化剂等迅速失效。如 20 万 U/mL 青霉素溶液于 30 ℃放置 24 h，效价下降 56%，故临床应用时要现用现配。

【药动学】内服易被胃酸和消化酶破坏，仅少量吸收。肌内或皮下注射后吸收较快，一般 15～30 min 达到血药峰浓度，并迅速下降。常用剂量维持有效血药浓度仅 3～8 h。吸收后在体内分布广泛，能分布到全身各组织，以肾、肝、肺、肌肉、小肠和脾等的浓度较高，骨骼、唾液和乳汁含量较低。当中枢神经系统或其他组织有炎症时，青霉素则较易透入。青霉素吸收进入血液循环后，在体内不易破坏，主要以原形从尿中排出。在尿中约 80%的青霉素由肾小管排出，20%左右通过肾小球滤过。青霉素也可从乳中排泄，因此，给药后奶牛的乳汁应禁止给人食用，以免在易感人中引起过敏反应。

【药理作用】本品属窄谱杀菌性抗生素。对多数革兰氏阳性菌、革兰氏阴性球菌、放线菌和螺旋体有强大的抗菌作用，但对革兰氏阴性杆菌作用很弱，对结核杆菌、病毒、立克次氏体及真菌无效。

【耐药性】除金黄色葡萄球菌外，一般细菌不易产生耐药性。耐药的金黄色葡萄球菌能产生大量的β-内酰胺酶，使青霉素的β-内酰胺环水解为青霉噻唑酸，失去抗菌活性。目前，对耐药金黄色葡萄球菌感染的治疗，可采用半合成青霉素类、头孢菌素类、红霉素及氟喹诺酮类药物等进行治疗。

【临床应用】主要用于革兰氏阳性菌所引起的各种感染，如猪链球菌病、炭疽、恶性水肿、气肿疽、猪丹毒、马腺疫、葡萄球菌病，以及呼吸道感染、乳腺炎、子宫炎、化脓性腹膜炎、关节腔内注入治疗关节炎和创伤感染；也可用于治疗放线菌病和钩端螺旋体病。此外，大剂量应用可治疗禽巴氏杆菌病及鸡球虫病。

【不良反应】青霉素的毒性很小。其不良反应除局部刺激外，主要是过敏反应。其主要临床表现为流汗、兴奋、不安、肌肉震颤、呼吸困难、心率加快、站立不稳，有时见荨麻疹，表现眼睑、头面部水肿，阴门、直肠肿胀和无菌性蜂窝织炎等，严重时发生休克，抢救不及时，可导致迅速死亡。因此，在用药后应注意观察，若出现过敏反应，要立即进行对症治疗，严重者可静脉注射肾上腺素，必要时可加用糖皮质激素等，增强或稳定疗效。

【制剂、用法与用量】

注射用青霉素钠（钾）：40 万 U、80 万 U、160 万 U。肌内注射，一次量，每千克体

重，马、牛 1 万～2 万 U，羊、猪、驹、犊 2 万～3 万 U，犬、猫 3 万～4 万 U，禽 5 万 U。2～3 次/d，连用 2～3 d。乳管内注入，一次量，每一乳室，奶牛 10 万 U，1～2 次/d。休药期 3 d。

长效青霉素

为克服青霉素 G 钠（钾）在动物体内的有效血药浓度维持时间短、每天需注射 3～4 次的缺点，制成了普鲁卡因青霉素和苄星青霉素（长效西林）长效制剂。肌内注射后吸收缓慢，维持时间长，因血药浓度较低，二者均仅适用于轻度感染或慢性感染，不能用于危重感染；后者亦可用于需长期用药的疾病如牛肾盂肾炎、肺炎、子宫炎、复杂骨折及预防运输时呼吸道感染等。

【制剂、用法与用量】

注射用普鲁卡因青霉素：40 万 U、80 万 U。肌内注射，一次量，每千克体重，马、牛 1 万～2 万 U；羊、猪、驹、犊 2 万～3 万 U，犬、猫 3 万～4 万 U。1 次/d，连用 2～3 d。临用前加灭菌注射用水适量制成混悬液。

普鲁卡因青霉素注射液：10 mL：300 万 U、10 mL：450 万 U。用法、用量同注射用普鲁卡因青霉素。

注射用苄星青霉素：30 万 U、60 万 U、120 万 U。肌内注射，一次量，每千克体重，马、牛 2 万～3 万 U，羊、猪 3 万～4 万 U，犬、猫 4 万～5 万 U。必要时 3～4 d 重复一次。乳的废弃期为 3 d。

2. 半合成青霉素 是以青霉素的母核 6 - APA 为基本结构，经过化学修饰合成的一系列具有耐酸、耐酶、广谱特点的青霉素。如青霉素 V（苯氧甲基青霉素）和苯氧乙基青霉素等，不易被胃酸破坏，可内服；苯唑西林、氯唑西林及双氯西林等，不易被 β-内酰胺酶水解，对耐青霉素酶的金黄色葡萄球菌有效；氨苄西林、羧苄西林、阿莫西林，抗菌谱广，对革兰氏阳性菌、革兰氏阴性菌均有杀灭作用。

苯唑西林

【性状】又称苯唑青霉素、新青霉素Ⅱ。为白色粉末或结晶性粉末。无臭或微臭。在水中易溶，在丙酮或丁醇中极微溶解，在醋酸乙酯或石油醚中几乎不溶。水溶液极不稳定。

【作用与应用】为耐酸、耐酶的半合成青霉素。对青霉素耐药的金黄色葡萄球菌有效，但对青霉素敏感菌株的杀菌作用不如青霉素。主要用于对青霉素耐药的金黄色葡萄球菌感染，如败血症、肺炎、乳腺炎、烧伤创面感染等。

【制剂、用法与用量】

注射用苯唑西林钠：0.5 g、1 g。肌内注射，一次量，每千克体重，马、牛、猪、羊 10～15 mg，犬、猫 15～20 mg。2～3 次/d，连用 2～3 d。

氨苄西林

【性状】又称氨苄青霉素。其游离酸含 3 分子结晶水（供口服用），为白色结晶性粉末。其钠盐有吸湿性，易溶于水，供注射用。

【药动学】本品耐酸、不耐酶，内服或肌内注射均易吸收。吸收后分布到各组织，其中以胆汁、肾、子宫等浓度较高。其血清蛋白结合率较青霉素低，与马血清蛋白结合的能力，约为青霉素的1/10。主要由尿和胆汁排泄。

【药理作用】为广谱半合成抗生素。对大多数革兰氏阳性菌的效力不及青霉素或相近，对革兰氏阴性菌如大肠杆菌、变形杆菌、沙门氏菌、嗜血杆菌和巴氏杆菌等均有较强的作用，与四环素相似或略强，但不如卡那霉素、庆大霉素和多黏菌素。对耐药金黄色葡萄球菌、绿脓杆菌无效。

【临床应用】本品除用于青霉素的适应证外，还用于犊牛和仔猪的白痢、胸膜肺炎、巴氏杆菌病及敏感菌所致的呼吸道、消化道、胆道、泌尿道的感染。严重感染时，可与氨基糖苷类抗生素合用以增强疗效。不良反应同青霉素。

【制剂、用法与用量】

注射用氨苄西林钠：0.5 g、1 g、2 g。肌内、静脉注射，一次量，每千克体重，家畜、家禽10～20 mg。2～3次/d，连用2～3 d。乳管内注入，一次量，每一乳室，奶牛200 mg，1次/d。

氨苄西林胶囊：0.25 g。内服，一次量，每千克体重，家畜、家禽20～40 mg，2～3次/d。

阿 莫 西 林

【性状】又称羟氨苄青霉素。为白色或类白色结晶性粉末。味微苦，微溶于水。耐酸性较氨苄西林强。

【药动学】本品在胃酸中较稳定，内服吸收良好，优于氨苄西林。内服相同剂量后，阿莫西林的血清浓度一般比氨苄西林高1.5～3倍。可进入脑脊液，脑膜炎时的浓度为血清浓度的10%～60%。犬的血浆蛋白结合率约为13%，乳中的药物浓度很低。

【作用与应用】作用、应用与氨苄西林基本相似，对肠球菌属和沙门氏菌的作用较氨苄西林强2倍。临床上多用于呼吸道、泌尿道、皮肤、软组织及肝胆系统等感染。与氨苄西林有完全的交叉耐药性。

【不良反应】干扰胃肠道正常菌群，成年反刍动物不可内服，马属动物不宜长期服用。

【制剂、用法与用量】

阿莫西林胶囊：内服，一次量，每千克体重，家畜、家禽10～15 mg，2次/d。

注射用阿莫西林钠：0.5 g。肌内注射，每千克体重，家畜4～7 mg，2次/d。乳管内注入，一次量，每一乳室，奶牛200 mg，1次/d。

（二）头孢菌素类

头孢菌素类又称先锋霉素类，是一类广谱的半合成抗生素，与青霉素类一样，都具有β-内酰胺环，故属β-内酰胺类抗生素。本类药物的抗菌谱与广谱青霉素相似，对革兰氏阳性菌、阴性菌及螺旋体有效，具有杀菌力强、抗菌谱广、毒性小、过敏反应少，对酸和β-内酰胺酶比青霉素类稳定等优点。根据发现时间的先后，可分为第一、第二、第三、第四代头孢菌素，各代药物特点见表2-1。

由于本类药物价格较贵，特别是第三、第四代，多用于宠物、种畜禽及贵重动物等的特殊情况，且很少作为首选药物应用。

表 2-1　头孢菌素类药物的特点

药　名		特　点
第一代	头孢噻吩、头孢唑啉、头孢拉定、头孢氨苄、头孢羟氨苄等	对革兰氏阳性菌（包括耐药金黄色葡萄球菌）的作用强于第二、第三、第四代，对革兰氏阴性菌的作用较差，对绿脓杆菌无效。
第二代	头孢孟多、头孢西丁、头孢克洛等	与第一代比较，对革兰氏阳性菌的作用相似或稍弱，对革兰氏阴性菌的作用则增强；部分药物对厌氧菌有效，但对绿脓杆菌无效
第三代	头孢噻肟、头孢曲松、头孢哌酮、头孢噻呋等	对革兰氏阴性菌的作用比第二代更强，尤其对绿脓杆菌、肠杆菌属、厌氧菌有较强的杀菌作用，但对革兰氏阳性菌的作用比第一、第二代弱。对β-内酰胺酶的耐受力很高，具有较好的穿透脑脊液的能力
第四代	头孢吡肟、头孢喹诺等	与第三代比较，抗菌谱更广，对β-内酰胺酶高度稳定，半衰期较长，无肾毒性

头孢氨苄

【性状】又称先锋霉素Ⅳ。为白色或微黄色结晶性粉末。微臭，微溶于水，易溶于乙醇。

【药动学】本品内服吸收迅速而完全，犬、猫的生物利用度为75%～90%，犊牛的生物利用度为74%，以原形从尿中排出。肌内注射吸收快，约0.5 h达到最高血药浓度。

【作用与应用】具有广谱抗菌作用。对革兰氏阳性菌作用较强（肠球菌除外）。对部分大肠杆菌、变形杆菌、克雷伯氏菌、沙门氏菌、志贺氏菌有抗菌作用，对绿脓杆菌耐药。主要用于耐药金黄色葡萄球菌及某些革兰氏阴性杆菌引起的呼吸道、泌尿生殖道、皮肤和软组织感染。

【不良反应】犬肌内注射有时出现严重的过敏反应，甚至死亡；能引起犬、猫厌食、呕吐或腹泻等胃肠道反应；长期或大量使用引起肾小管坏死，肾功能不良者慎用。与氨基糖苷类、利尿药等合用时应注意调整剂量。

【制剂、用法与用量】

头孢氨苄胶囊、片、混悬剂（2%）：0.25 g。内服，一次量，每千克体重，马22 mg，犬、猫10～30 mg，3～4次/d，连用2～3 d。乳管内注入，一次量，每一乳室，奶牛200 mg，2次/d，连用2 d。

头孢噻呋

【性状】为类白色至淡黄色粉末。在水中不溶，在丙酮中微溶，在乙醇中几乎不溶。其钠盐易溶于水，具吸湿性。

【药动学】内服不吸收，肌内和皮下注射吸收迅速，体内分布广泛，但不能通过血脑屏障。注射给药后，在血液和组织中的药物浓度高，有效血药浓度维持时间长。在体内能生成具有活性的代谢物脱氧呋喃甲酰头孢噻呋，并进一步代谢为无活性的产物从尿和粪中排泄。

【药理作用】为动物专用第三代头孢菌素类药物。具有广谱杀菌作用，对多数革兰氏阳性菌和革兰氏阴性菌及产β-内酰胺酶的细菌有效。其抗菌活性强于氨苄西林，对链球菌的抗菌作用比氟喹诺酮类强。敏感菌主要有多杀性巴氏杆菌、溶血性巴氏杆菌、胸膜肺炎放线杆菌、沙门氏菌、大肠杆菌、链球菌、葡萄球菌等，但某些绿脓杆菌、肠球菌耐药。

【应用】主要用于治疗革兰氏阳性菌和革兰氏阴性菌引起的感染，如猪巴氏杆菌病、禽霍乱、牛出血性败血症、猪传染性胸膜肺炎，沙门氏菌病、大肠杆菌病、乳腺炎等。

【不良反应】①可引起胃肠道菌群紊乱和二重感染。②有一定肾毒性。③对牛可引起特征性的脱毛或瘙痒。

【制剂、用法与用量】

注射用头孢噻呋钠：0.1 g、0.5 g、1 g、4 g。肌内注射，一次量，每千克体重，牛1.1～2.2 mg，猪3～5 mg，犬、猫2.2 mg，1次/d，连用3 d。皮下或肌内注射，1日龄鸡，每只0.1 mg。

头孢喹肟

【性状】又称头孢喹诺。常用其硫酸盐，为白色至淡黄色粉末。在水中易溶，在氯仿中几乎不溶。

【药动学】内服吸收很少，肌内和皮下注射吸收迅速，达峰时间0.5～2 h，生物利用度高（>93%）。奶牛泌乳期乳房灌注给药后，能快速分布于整个乳房组织，并维持较高的组织浓度。主要以原形经肾排出体外。

【药理作用】为动物专用第四代头孢菌素。具有广谱杀菌作用，对革兰氏阳性菌、革兰氏阴性菌（产β-内酰胺酶细菌）均有较强活性。其抗菌活性强于头孢噻呋和恩诺沙星。敏感菌主要有金黄色葡萄球菌、链球菌、肠球菌、大肠杆菌、沙门氏菌、多杀性巴氏杆菌、溶血性巴氏杆菌、胸膜肺炎放线杆菌、克雷伯氏菌、绿脓杆菌等。

【应用】主要用于治疗敏感菌引起的牛、猪呼吸系统感染及奶牛乳腺炎。如牛、猪溶血性巴氏杆菌或多杀性巴氏杆菌引起的支气管肺炎，猪放线杆菌性胸膜肺炎、渗出性皮炎等。

【制剂、用法与用量】

硫酸头孢喹诺注射液：肌内注射，一次量，每千克体重，牛1 mg，猪1～2 mg，1次/d，连用3 d。乳管注入，奶牛，每乳室75 mg，2次/d，连用2 d。

（三）β-内酰胺酶抑制剂

β-内酰胺酶抑制剂是一类能与革兰氏阳性菌、阴性菌所产生的β-内酰胺酶结合，而抑制β-内酰胺酶活性的β-内酰胺类药物。根据其作用方式，分为竞争性与非竞争性两类。目前临床上常用的克拉维酸、舒巴坦和三唑巴坦属于不可逆抑制剂，此类抑制剂作用强，对葡萄球菌和多数革兰氏阳性菌产生的β-内酰胺酶均有作用。

克拉维酸

【性状】又称棒酸。是由棒状链霉菌产生的抗生素。其钾盐为无色针状结晶。易溶于水，水溶液极不稳定。易吸湿失效，应置于密闭低温干燥处保存。

【作用与应用】本品有微弱的抗菌活性，临床上一般不单独使用，常与β-内酰胺类抗生素（如阿莫西林、氨苄西林）以1∶2或1∶4比例合用，以增强抗菌活性及克服细菌的耐药性。实践证明，对两药合用敏感的细菌有葡萄球菌、链球菌、化脓放线菌、大肠杆菌、变形杆菌、沙门氏菌、巴氏杆菌及丹毒杆菌等。

本品内服吸收好，也可肌内注射给药。可通过血脑屏障和胎盘屏障，尤其有炎症时可促进本品的扩散，在体内主要以原型从肾排出，部分也通过粪及呼吸道排出。

【制剂、用法与用量】

阿莫西林-克拉维酸钾片：0.125 g（阿莫西林 0.1 g+克拉维酸 0.025 g）。内服，一次量（以阿莫西林计），每千克体重，家畜 10～15 mg，鸡 20～30 mg。2 次/d，连用 3～5 d。混饮，每升水，鸡 0.5 g。连用 3～7 d。

注射用阿莫西林克拉维酸钾：1.2 g（阿莫西林 1 g+克拉维酸 0.2 g）。肌内注射，一次量（以阿莫西林计），每千克体重，家畜 7 mg。1 次/d，连用 3～5 d。

（四）大环内酯类

大环内酯类是一族具有 12～16 个碳内酯环结构的弱碱性抗生素。兽医临床常用的有红霉素、泰乐菌素、乙酰异戊酰泰乐菌素、北里霉素、替米考星、泰拉霉素等。

红　霉　素

【性状】为白色或类白色的结晶或粉末。难溶于水，其乳糖酸盐或硫氰酸盐较易溶于水。

【药动学】内服易被胃酸破坏。常采用耐酸制剂如红霉素肠溶片或琥珀酸乙酯，内服吸收良好，血药浓度较高，维持时间较长。吸收后广泛分布，在肝、胆中含量最高，可透过胎盘屏障及进入关节腔。大部分在肝内代谢被灭活，主要经胆汁排泄。

【作用与应用】抗菌谱与青霉素相似，对革兰氏阳性菌如金黄色葡萄球菌（包括耐药菌）、链球菌、猪丹毒杆菌、梭状芽孢杆菌、炭疽杆菌、棒状杆菌等有较强的抗菌作用；对某些革兰氏阴性菌如巴氏杆菌、布鲁氏菌的作用较弱，但对大肠杆菌、克雷伯氏菌、沙门氏菌等无作用。此外，对某些支原体、立克次氏体和钩端螺旋体亦有效。本品与其他类抗生素之间无交叉耐药性，但大环内酯类抗生素之间有部分或完全的交叉耐药。

主要用于对青霉素耐药的金葡菌所致的轻、中度感染和对青霉素过敏的病例，如肺炎、败血症、子宫内膜炎、乳腺炎和猪丹毒等。对禽的慢性呼吸道病、鸡传染性鼻炎、猪支原体肺炎也有较好的疗效。

【不良反应】局部刺激性较大，宜深部肌内注射，缓慢静脉注射，并避免漏出血管外。犬、猫内服可引起呕吐、腹痛、腹泻等症状，应慎用。

【制剂、用法与用量】

注射用乳糖酸红霉素：0.25 g、0.3 g。肌内、静脉注射，一次量，每千克体重，牛、马、猪、羊 3～5 mg，犬、猫 5～10 mg。2 次/d，连用 3 d。临用前，先用灭菌注射用水溶解，然后用 5%葡萄糖注射液稀释，浓度不超过 0.1%。

红霉素肠溶片：0.125 g、0.25 g。内服，一次量，每千克体重，犬、猫 10～20 mg。2 次/d，连用 3～5 d。

硫氰酸红霉素可溶性粉：100 g：5 g。混饮，每升水，禽 2.5 g（相当于红霉素125 mg），连用 3～5 d。蛋鸡产蛋期禁用，休药期鸡 3 d。

泰　乐　菌　素

【性状】为白色至浅黄色粉末。微溶于水，与酸制成盐后则易溶于水。若水中含铁、铜、铝等金属时，则可与本品形成络合物而失效。兽医临床上常用其酒石酸盐和磷酸盐。

【药动学】内服可吸收，但血中有效药物浓度维持时间比注射给药短。肌内注射后，吸收迅速，组织中药物浓度比内服高 2～3 倍，有效浓度维持时间亦较长。主要由肾和胆汁排泄。

【作用与应用】本品为畜禽专用抗生素。抗菌谱与红霉素相似，对革兰氏阳性菌、某些革兰氏阴性菌、支原体、螺旋体等均有抑制作用；但对革兰氏阳性菌的作用较红霉素弱，而对支原体的作用强。与其他大环内酯类有交叉耐药现象。

主要用于防治鸡、火鸡和其他动物的支原体感染；猪短螺旋体性痢疾、弧菌性痢疾，山羊传染性胸膜肺炎。此外亦可作为饲料添加剂，以促进畜禽生长和提高饲料报酬。

【注意事项】不能与聚醚类（如莫能菌素等，见抗球虫药）抗生素合用，否则导致后者的毒性增强。马属动物注射时易致死，禁用。

【制剂、用法与用量】

酒石酸泰乐菌素可溶性粉：100 g：10 g、100 g：20 g、100 g：50 g。混饮，每升水，禽 500 mg，连用 3～5 d。蛋鸡产蛋期禁用，休药期鸡为 1 d。

注射用酒石酸泰乐菌素：2 g、3 g、6.25 g。皮下或肌内注射（以酒石酸泰乐菌素计），一次量，每千克体重，猪、禽 5～13 mg。

磷酸泰乐菌素预混剂：混饲，每 1 000 kg 饲料，猪 10～100 g，鸡 4～50 g。用于促生长，宰前 5 d 停止给药。

吉他霉素

【性状】又称北里霉素、柱晶白霉素。为淡黄色粉末，其酒石酸盐为白色至淡黄色粉末。易溶于水。

【作用与应用】抗菌谱与红霉素相似，其特点是对支原体作用强，对革兰氏阳性菌的作用较红霉素弱，对耐药金葡菌的效力强于红霉素，对某些革兰氏阴性菌、衣原体、立克次氏体也有抗菌作用。

主要用于革兰氏阳性菌（包括耐药金葡菌）所致的感染、支原体病及猪的弧菌性痢疾，亦可作为猪、鸡的饲料添加剂，促进生长，提高饲料报酬。

【制剂、用法与用量】

吉他霉素片：5 mg、50 mg、100 mg。内服，一次量，每千克体重，猪 20～30 mg；禽 20～50 mg。2 次/d，连用 3～5 d。

酒石酸吉他霉素可溶性粉：10 g：5 g。混饮，每升水，鸡 250～500 mg，连用 3～5 d。蛋鸡产蛋期禁用，休药期 7 d。

吉他霉素预混剂：100 g：10 g、100 g：50 g。混饲（促生长），每 1 000 kg 饲料，猪 5～50 g，鸡 5～10 g。治疗，猪 80～300 g，鸡 100～300 g，连用 5～7 d。宰前 7 d 停止给药。

替米考星

本品是由泰乐菌素的一种水解产物半合成的畜禽专用抗生素，常用其磷酸盐。

【药动学】内服和皮下注射吸收快，但不完全，奶牛及奶山羊皮下注射的生物利用度分别为 22%及 8.9%。肺组织中的药物浓度高。具有良好的组织穿透力，能迅速而完全地从血液进入乳房，乳中浓度高，维持时间长，乳中的半衰期达 1～2 d。尤其适合家畜肺炎和乳腺炎等感染性疾病的治疗。

【作用与应用】抗菌谱与泰乐菌素相似，主要对革兰氏阳性菌、某些革兰氏阴性菌、支原体、螺旋体等有抑制作用，但对猪胸膜肺炎放线杆菌、巴氏杆菌及畜禽支原体的抗菌活性比泰乐菌素更强。

主要用于防治敏感菌引起的家畜肺炎、禽支原体病及泌乳动物的乳腺炎。

【注意事项】禁止静脉注射，每千克体重，牛一次静脉注射 5 mg 即可致死；对猪、灵长类和马也易致死。其毒性作用的靶器官是心脏，可引起负性心力效应。

【制剂、用法与用量】

替米考星溶液：100 mL：10 g。混饮，每升水，鸡 75 mg。连用 3 d。

替米考星预混剂：100 g：10 g、100 g：20 g。混饲，每 1 000 kg 饲料，猪 200～400 g。连用 15 d。

替米考星注射液：10 mL：3 g。皮下注射，一次量，每千克体重，牛 10 mg。仅注射一次。

泰 拉 霉 素

又称土拉霉素。为动物专用大环内酯类抗生素。

【作用与应用】抗菌作用与泰乐菌素相似，主要抗革兰氏阳性细菌，对少数革兰氏阴性细菌和支原体也有效。对胸膜肺炎放线杆菌、巴氏杆菌及畜禽支原体的活性比泰乐菌素强。95%的溶血性巴氏杆菌对本品敏感。

主要用于防治家畜肺炎（由胸膜肺炎放线杆菌、巴氏杆菌、支原体等感染引起）、禽支原体病及泌乳动物乳腺炎。

【制剂、用法与用量】

泰拉霉素注射液：20 mL：2 g、50 mL：5 g、250 mL：25 g。皮下注射，一次量，每千克体重，牛 2.5 mg，一个注射部位的给药剂量不超过 7.5 mL。颈部肌内注射，一次量，每千克体重，猪 2.5 mg，一个注射部位的给药剂量不超过 2 mL。

（五）林可胺类

林可胺类是从链霉菌发酵液中提取的一类抗生素。主要有林可霉素、克林霉素和吡利霉素。

林 可 霉 素

【性状】又称洁霉素。其盐酸盐为白色结晶性粉末，味苦，在水或甲醇中易溶，乙醇中略溶。

【药动学】内服吸收差，肌内注射吸收良好，0.5～2 h 可达血药峰浓度。广泛分布于各种体液和组织中，包括骨骼，可扩散进入胎盘。肝、肾中药物浓度最高，但脑脊液中即使在炎症时也达不到有效浓度。内服给药约 50%的林可霉素在肝中代谢，代谢产物仍具有活性。原药及代谢物经胆汁、尿及乳汁排出，在粪中可继续排出数日，以致敏感微生物受到抑制。

【作用与应用】抗菌谱与红霉素相似。对革兰氏阳性菌如金黄色葡萄球菌（包括耐药菌）、溶血性链球菌和肺炎球菌等有较强的抗菌作用，对某些厌氧菌、支原体也有抑制作用，对革兰氏阴性菌作用差。

主要用于革兰氏阳性菌引起的各种感染，特别适用于耐青霉素、红霉素菌株的感染或对青霉素过敏的患畜。

【不良反应】大剂量内服有胃肠道反应，肌内注射有疼痛刺激或吸收不良。家兔对本品敏感，易引起严重反应或死亡，不宜使用。

【制剂、用法与用量】

盐酸林可霉素片：0.25 g、0.5 g。内服，一次量，每千克体重，猪 10～15 mg，犬、猫 15～25 mg。1～2 次/d，连用 3～5 d。混饲，每 1 000 kg 饲料，猪 44～77 g，禽 22～44 g，用于促生长，连用 1～3 周。蛋鸡产蛋期禁用，宰前 5 d 停止给药。

盐酸林可霉素可溶性粉：混饮，每升水，猪 100～200 mg，鸡 200～300 mg。连用 3～5 d。

盐酸林可霉素注射液：2 mL：0.6 g、10 mL：3 g。肌内注射，一次量，每千克体重，猪10 mg，1 次/d；猫、犬 10 mg，2 次/d。连用 3～5 d。休药期，猪 2 d。

克林霉素

又称氯林可霉素、氯洁霉素。其盐酸盐为白色或类白色结晶粉末，易溶于水。本品的盐酸盐、棕榈酸酯盐酸盐供内服用，磷酸酯供注射用。

本品内服吸收比林可霉素好，达峰时间比林可霉素快。抗菌作用与林可霉素相似，但抗菌活性比林可霉素强 4～8 倍，对耐青霉素、红霉素、林可霉素的细菌也有效。临床应用同林可霉素。

【制剂、用法与用量】

盐酸克林霉素胶囊：75 mg、150 mg。内服，一次量，每千克体重，犬、猫 10 mg。2 次/d。

磷酸克林霉素注射液：2 mL：150 mg。肌内注射，用量同盐酸克林霉素胶囊。

(六) 截短侧耳素类

截短侧耳素类是由侧耳菌产生的一种主要对革兰氏阳性菌和支原体有活性的双萜类抗菌物质，兽医临床应用的药物有泰妙菌素和沃尼妙林。

泰妙菌素

【性状】又称硫姆林、泰妙霉素、泰妙灵、支原净、泰牧霉素。其延胡索酸盐为白色或类白色结晶性粉末。无臭，无味。在甲醇或乙醇中易溶，在水中溶解，在丙酮中略溶。

【药动学】单胃动物内服吸收良好，血药浓度达峰时间在 2～4 h，生物利用度大于 85%；反刍动物内服可被胃肠道菌群灭活。吸收后在体内广泛分布，组织和乳中的药物浓度高出血清浓度几倍，肺中浓度最高。其代谢物主要经胆汁从粪中排泄，约 30%从尿中排泄。

【作用与应用】抗菌谱与大环内酯类相似，对革兰氏阳性菌（包括金黄色葡萄球菌、链球菌）、支原体、猪胸膜肺炎放线杆菌及猪痢疾密螺旋体等均有较强的抑制作用，对支原体的作用强于大环内酯类，对革兰氏阴性菌作用较弱。

主要用于防治鸡的慢性呼吸道病、猪支原体肺炎、传染性胸膜肺炎、密螺旋体痢疾，低剂量还可促进畜禽生长，提高饲料利用率。与金霉素以 1∶4 比例配伍混饲，可增强疗效。

【注意事项】用于马可干扰大肠菌群和导致结肠炎发生，故禁用。可影响莫能菌素、盐霉素等离子载体类抗生素的代谢，导致中毒直至死亡，禁止合用。

【制剂、用法与用量】

延胡索酸泰妙菌素可溶性粉：100 g：45 g。混饮，每升水，猪 45～60 mg，连用 5 d；鸡 125～250 mg，连用 3 d。猪、鸡休药期 5 d。

延胡索酸泰妙菌素预混剂：100 g：10 g、100 g：80 g。混饲，每 1 000 kg 饲料，猪 40～100 g，连用 5～10 d。猪休药期 5 d。

沃　尼　妙　林

是动物专用的截短侧耳素类半合成抗生素。其抗菌谱与作用和泰妙菌素相似，但抗菌活性略强于泰妙菌素。主要用于畜禽敏感菌引起的感染性疾病，尤其是对支原体等引起的畜禽呼吸道疾病效果较好。

【制剂、用法与用量】

盐酸沃尼妙林预混剂：混饲，每 1 000 kg 饲料，猪 75 g，连用 3～5 d。

三、主要作用于革兰氏阴性菌的抗生素

（一）氨基糖苷类

兽医临床上常用链霉素、卡那霉素、庆大霉素、新霉素、阿米卡星、小诺霉素、大观霉素等。它们具有以下的共同特征：

（1）均为有机碱，能与酸形成盐。常用制剂为硫酸盐，易溶于水，性质比青霉素稳定，在碱性环境中作用增强。

（2）内服吸收很少，主要用于治疗肠道感染。治疗全身感染时常注射给药（新霉素除外）。大部分以原形从尿中排出，适用于泌尿道感染，肾功能下降时，消除半衰期明显延长。

（3）抗菌谱较广，主要对需氧革兰氏阴性杆菌和结核分枝杆菌作用较强，某些品种对绿脓杆菌、金黄色葡萄球菌也有作用，对革兰氏阳性菌的作用较弱。

（4）主要不良反应是损害第八对脑神经和肾，以及对神经肌肉的阻断作用，故用药时应注意其用量及疗程。

（5）细菌对本类药物易产生耐药性，且各药间有部分或完全交叉耐药性。

链　霉　素

【性状】其硫酸盐为白色或类白色粉末。有吸湿性，易溶于水。

【药动学】内服难吸收，肌内注射吸收迅速而完全，血药浓度约 1 h 达高峰，有效药物浓度可维持 6～12 h。主要分布于细胞外液，易透入胸腔、腹腔中，有炎症时渗入增多。亦可透过胎盘进入胎血循环，胎血浓度约为母畜血浓度的一半，因此孕畜慎用链霉素，警惕对胎儿的毒性。链霉素大部分以原形经肾排出，可用于治疗泌尿道感染，由于本品在碱性环境中抗菌作用增强，常配用碳酸氢钠。

【药理作用】抗菌谱较广，对结核分枝杆菌的作用在氨基糖苷类中最强，对多数革兰氏阴性杆菌如大肠杆菌、沙门氏菌、布鲁氏菌、变形杆菌、痢疾杆菌等有效，对革兰氏阳性菌的作用较青霉素弱，对钩端螺旋体、放线菌、支原体也有一定作用。

反复使用链霉素，细菌极易产生耐药性，并远比青霉素快，且一旦产生，停药后不易恢

复。因此，临床上常采用联合用药，以减少或延缓耐药性的产生。

【临床应用】主要用于敏感菌所致的急性感染，如大肠杆菌所引起的各种腹泻、乳腺炎、子宫炎、败血症、膀胱炎等；巴氏杆菌所引起的牛出血性败血症、犊牛肺炎、猪巴氏杆菌病、禽霍乱等；鸡传染性鼻炎；牛、犬、猫的结核病；犬的布鲁氏菌病、钩端螺旋体病等。

【不良反应】家畜对链霉素的不良反应不多见，但一旦发生，死亡率较高。过敏反应时可出现皮疹、发热、血管神经性水肿、嗜酸性粒细胞增多等。在马、牛肌内注射后 5～15 min，出现不安、呼吸困难、发绀、昏迷及眼睑、颜面、乳房、阴唇等部位水肿。长时间应用可损害第八对脑神经，出现步态不稳、共济失调和耳聋等症状。用量过大可阻滞神经肌肉接头部位冲动的传导，出现呼吸抑制、肢体瘫痪和骨骼肌松弛等症状。此时立即停药，肌内注射新斯的明或静注 10%葡萄糖酸钙等抢救。

【制剂、用法与用量】

注射用硫酸链霉素：0.75 g、1 g、2 g、5 g。肌内注射，每千克体重，家畜 10～15 mg，家禽 20～30 mg。2 次/d，连用 2～3 d。

卡那霉素

【性状】其硫酸盐为白色或类白色结晶性粉末。易溶于水，水溶液稳定，100 ℃灭菌 30 min效价无明显变化。

【药动学】内服吸收差。肌内注射吸收迅速，有效血药浓度可维持 12 h。主要分布于各组织和体液中，以胸腔、腹腔中的药物浓度较高。有 40%～80%，以原形从尿中排出，可用于治疗尿道感染。

【作用与应用】抗菌谱与链霉素相似，但抗菌活性稍强。对多数革兰氏阴性菌如大肠杆菌、变形杆菌、沙门氏菌和巴氏杆菌等有效，对耐药金黄色葡萄球菌、支原体亦有效，但对绿脓杆菌、厌氧菌，除金黄色葡萄球菌外的其他革兰氏阳性菌无效。

主要用于多数革兰氏阴性杆菌和部分耐青霉素的金黄色葡萄球菌所引起的感染，如呼吸道、肠道和泌尿道感染，以及乳腺炎、鸡霍乱和雏鸡白痢等。此外，亦可治疗鸡慢性呼吸道疾病、猪气喘病及萎缩性鼻炎等。

【制剂、用法与用量】

注射用硫酸卡那霉素：0.5 g、1 g、2 g。肌内注射，一次量，每千克体重，家畜 10～15 mg。2 次/d，连用 2～3 d。

庆大霉素

【性状】其硫酸盐为白色或类白色结晶性粉末。无臭，有吸湿性，易溶水。

【药动学】内服难吸收，肠内浓度较高。肌内注射后吸收快而完全，主要分布于细胞外液，可渗入胸腔、腹腔、心包、胆汁及滑膜液中，亦可进入淋巴结及肌肉组织。其 70%～80%以原形通过肾小球滤过从尿中排出。

【作用与应用】本品在氨基糖苷类中抗菌谱较广，抗菌活性最强。对革兰氏阴性菌和阳性菌均有效。特别对绿脓杆菌、大肠杆菌、变形杆菌及耐药金黄色葡萄球菌等作用最强。此外，对支原体、结核分枝杆菌亦有效。

临床主要用于耐药金葡菌、绿脓杆菌、变形杆菌和大肠杆菌等所引起的各种呼吸道、肠道、泌尿道感染和败血症等；内服还可用于治疗肠炎和细菌性腹泻。

【不良反应】与链霉素相似。对肾有较严重的损害作用，临床应用要严格掌握剂量与疗程。

【制剂、用法与用量】

硫酸庆大霉素注射液：2 mL：0.08 g、5 mL：0.2 g、10 mL：0.4 g。肌内注射，一次量，每千克体重，家畜 2～4 mg，犬、猫 3～5 mg，家禽 5～7.5 mg。2 次/d，连用 2～3 d。猪的休药期为 40 d。静脉滴注（严重感染）用量同肌注。

硫酸庆大霉素片：20 mg。内服，一次量，每千克体重，驹、犊、羔羊、仔猪 5～10 mg，2 次/d。

新霉素

其硫酸盐为白色或类白色结晶性粉末。性质极稳定，易溶水。抗菌谱与卡那霉素相似。在氨基糖苷类中，毒性最大，一般禁用于注射给药。内服给药后很少吸收，主要用于治疗畜禽的肠道感染；子宫或乳管内注入，治疗奶牛、母猪的子宫内膜炎和乳腺炎；局部外用（0.5%的溶液或软膏），治疗皮肤、黏膜化脓性感染。

【制剂、用法与用量】

硫酸新霉素片：0.1 g、0.25 g。内服，一次量，每千克体重，犬、猫 10～20 mg。2 次/d，连用 3～5 d。

硫酸新霉素可溶性粉：100 g：3.25 g、100 g：6.5 g。混饮，每升水，禽 50～75 mg，连用 3～5 d。鸡休药期 5 d。

硫酸新霉素预混剂：混饲，每 1 000 kg 饲料，禽 77～154 g，连用 3～5 d。肉鸡宰前5 d、火鸡宰前 14 d 停止给药，蛋鸡产蛋期禁用。

安普霉素

【性状】又称安普拉霉素。其盐酸盐为白色结晶性粉末，易溶于水。

【作用与应用】抗菌谱广，对多数革兰氏阴性菌如大肠杆菌、沙门氏菌、巴氏杆菌、变形杆菌、克雷伯氏菌等，部分革兰氏阳性菌，以及螺旋体、支原体等有较强的抗菌活性。

内服后吸收不良，但幼龄畜禽可吸收，肌内注射后吸收迅速。临床上主要用于治疗雏禽、幼龄家畜的大肠杆菌、沙门氏菌病，对猪的密螺旋体性痢疾、畜禽的支原体病也有效。猫对本品较敏感，易产生毒性。

【制剂、用法与用量】

硫酸安普霉素注射液：肌内注射，一次量，每千克体重，家畜 20 mg。2 次/d，连用 3 d。

硫酸安普霉素可溶性粉：混饮，每升水，禽 250～500 mg，连用 5 d。宰前 7 d 停止给药。内服，一次量，每千克体重，家畜 20～40 mg。1 次/d，连用 5 d。

硫酸安普霉素预混剂：混饲，每 1 000 kg 饲料，猪 80～100 g，用于促生长，连用 7 d。宰前 21 d 停止给药。

大观霉素

【性状】又称壮观霉素、奇霉素、奇放线菌素。其盐酸盐或硫酸盐为白色或类白色结晶性粉末。易溶于水，在酸性条件下稳定。

【作用与应用】对某些革兰氏阴性菌（布鲁氏菌、克雷伯氏菌、变形杆菌、绿脓杆菌、沙门氏菌、巴氏杆菌等）有较强的作用，对革兰氏阳性菌（链球菌、葡萄球菌）作用较弱，对支原体亦有一定的作用。

临床上主要用于治疗畜禽的大肠杆菌、沙门氏菌、巴氏杆菌病。常与林可霉素按 2∶1 比例合用（称利高霉素），用于治疗仔猪腹泻、猪的支原体性肺炎和败血支原体引起的鸡慢性呼吸道疾病。

【注意事项】本品内服吸收较差，仅限于肠道感染，对急性严重感染宜注射给药；产蛋鸡禁用，鸡宰前 5 d 停止给药。

【制剂、用法与用量】

盐酸大观霉素可溶性粉：5 g：2.5 g、50 g：25 g、100 g：50 g。混饮，每升水，鸡 1～2 g，连用 3～5 d。内服，一次量，每千克体重，猪 20～40 mg，2 次/d。

盐酸大观霉素、盐酸林可霉素可溶性粉：5 g：大观霉素 2 g 与林可霉素 1 g；100 g：大观霉素 40 g 与林可霉素 20 g。混饮，每升水，禽 0.5～0.8 g，连用 3～5 d。仅用于 5～7 日龄雏鸡。

阿米卡星

【性状】又称丁胺卡那霉素。是在卡那霉素的基团上引入较大的丁胺基团而生成的半合成衍生物。其硫酸盐为白色或类白色结晶粉末。极易溶于水。

【作用与应用】抗菌谱较卡那霉素广，对绿脓杆菌、金黄色葡萄球菌有效，并对耐庆大霉素、卡那霉素的绿脓杆菌、大肠杆菌、变形杆菌、肺炎杆菌亦有效。主要用于治疗这些耐药菌引起的菌血症、败血症，呼吸道、泌尿道、消化道感染，腹膜炎，关节炎及脑膜炎等。

【制剂、用法与用量】

硫酸阿米卡星注射液：1 mL：0.1 g、2 mL：0.2 g，肌内注射，一次量，每千克体重，马、牛、猪、羊、犬、猫、家禽 5～7.5 mg，2 次/d。

注射用硫酸阿米卡星：0.2 g。用法、用量同硫酸阿米卡星注射液。

（二）多肽类

多黏菌素

多黏菌素是从多黏芽孢杆菌的培养液中提取的，是由多种氨基酸和脂肪酸组成的碱性多肽类抗生素，根据氨基酸结构的差异分为 A、B、C、D、E、M 等 6 种。兽医临床应用的有多黏菌素 B、黏菌素（多黏菌素 E、抗敌素）两种。

【药动学】内服不吸收，主要用于肠道感染。肌内注射后 2～3 h 达血药峰浓度，有效血药浓度可维持 8～12 h。吸收后分布于全身组织，肝、肾中含量较高，主要经肾缓慢排泄。

【作用与应用】为窄谱杀菌剂，对革兰氏阴性杆菌的抗菌活性强，尤其对绿脓杆菌具有强大的杀菌作用，但对革兰氏阳性杆菌、革兰氏阴性球菌和厌氧菌无效。细菌对本品不易产生耐药性，但多黏菌素 B 与多黏菌素 E 之间有交叉耐药性。

临床主要用于革兰氏阴性杆菌的感染，特别是绿脓杆菌的严重感染。内服不吸收，可用于治疗犊牛、仔猪的肠炎和下痢等。局部应用可治疗创面、眼、耳、鼻部的感染等。

【制剂、用法与用量】

硫酸黏菌素可溶性粉：100 g：2 g、100 g：5 g、100 g：10 g。混饮，每升水，猪 40～100 mg，鸡 20～60 mg。混饲，每 1 000 kg 饲料，猪 40～80 g。宰前 7 d 停止给药。

硫酸黏菌素预混剂：100 g：2 g、100 g：4 g、100 g：10 g。混饲，每 1 000 kg 饲料，牛（哺乳期）5～40 g，猪（哺乳期）2～40 g，仔猪、鸡 2～20 g。宰前 7 d 停止给药。

注射用硫酸黏菌素：乳管内注入，每一乳室，奶牛 5 万～10 万 U。子宫内注入，牛 10 万 U，1～2 次/d。

杆　菌　肽

【性状】为白色或淡黄色粉末。易溶于水和乙醇。本品的锌盐为灰色粉末，不溶于水，性质较稳定。

【作用与应用】为窄谱抗生素。其抗菌谱与青霉素相似，对革兰氏阳性菌有杀菌作用，包括耐药的金葡菌、肠球菌、非溶血性链球菌，对螺旋体、放线菌也有效，但对革兰氏阴性杆菌无效。内服不吸收，局部用药亦很少吸收，主要经肾排泄，易导致严重肾损害。临床上常与链霉素、新霉素、多黏菌素合用，治疗家畜的肠道疾病。亦可用作饲料添加剂，以促进鸡、猪的生长，提高饲料利用率。禁用于种畜和种禽。

【制剂、用法与用量】

杆菌肽锌预混剂：1 g：100 mg、1 g：150 mg。混饲，每 1 000 kg 饲料，3 月龄以下犊牛 10～100 g，3～6 月龄犊牛 4～40 g，6 月龄以下猪 4～40 g，16 周龄以下禽 4～40 g（以杆菌肽计）。

维吉尼霉素

又称弗吉尼亚霉素。对革兰氏阳性菌，包括对其他抗生素耐药的菌株如金黄色葡萄球菌、肠球菌等均有较强的作用，对支原体也有效，但对多数革兰氏阴性菌无效。内服几乎不吸收，主要由粪便排出。常用作猪、禽促生长添加剂。欧盟从 1999 年开始禁止本品作为促生长添加剂使用。本品与杆菌肽有颉颃作用。

【用法与用量】

维吉尼霉素预混剂：100 g：50 g。混饲，每 1 000 kg 饲料，猪 10～25 g，鸡 5～20 g。猪、鸡，休药期 1 d，蛋鸡产蛋期禁用。

四、广谱抗生素

（一）四环素类

本类抗生素可分为天然品和半合成品两类，天然品有四环素、土霉素、金霉素等，半合成品有多西环素、米诺环素等。抗菌活性的大小顺序依次为：米诺环素＞多西环素＞金霉素＞四环素＞土霉素。兽医临床常用的有四环素、土霉素、金霉素和多西环素。

土　霉　素

【性状】为淡黄色的结晶性或无定形粉末。难溶于水，其盐酸盐易溶于水。

【药动学】内服易吸收，但不完全。胃肠道内的镁、钙、铝、铁、锌、锰等多价金属离子能与其形成难溶的螯合物，而使药物吸收减少。因此，不宜与含多价金属离子的药品或饲料、乳制品同用。一般内服后 2～4 h 血药浓度达峰值，维持 6～8 h。反刍兽因吸收差，且抑制瘤胃内微生物活性，不宜内服给药。吸收后在体内分布广泛，易渗入胸腔、腹腔和乳汁，亦能通过胎盘屏障进入胎儿循环，脑脊液中浓度低，易沉积于骨骼和牙齿；有相当一部分可由胆汁排入肠道，再被吸收利用，形成肝肠循环，从而延长药物在体内的持续时间。主要由肾排泄，在胆汁和尿中浓度高，有利于胆道及泌尿道感染的治疗。但当肾功能障碍时，则减慢排泄，延长消除半衰期，增强了对肝的毒性。

【药理作用】为广谱速效抑菌剂。除对革兰氏阳性菌和革兰氏阴性菌有作用外，对立克次氏体、衣原体、支原体、螺旋体、放线菌和某些原虫亦有一定的抑制作用。但对革兰氏阳性菌的作用不如青霉素类和头孢菌素类；对革兰氏阴性菌的作用不如氨基糖苷类和酰胺醇类。细菌对本品能产生耐药性，但产生较慢。天然四环素之间有交叉耐药性，例如四环素与土霉素，但与半合成四环素的交叉耐药性不明显。

【临床应用】主要用于治疗敏感菌（包括对青霉素、链霉素耐药的菌株）所致的各种感染，如猪巴氏杆菌病、禽霍乱、布鲁氏菌病和犊牛、仔猪和禽的白痢等。此外对防治畜禽支原体病、放线菌病、球虫病、钩端螺旋体病等也有一定疗效。

【不良反应】

（1）局部刺激：其盐酸盐水溶液属强酸性，刺激性大，不宜肌内注射，静脉注射时药液漏出血管外可致静脉炎。

（2）二重感染：成年草食动物内服后，易引起肠道菌群紊乱，消化机能失调，造成肠炎和腹泻，故成年草食动物不宜内服。

（3）肝脏毒性：长期应用可导致肝脏脂肪变性，甚至坏死，应注意进行肝功检查。

【制剂、用法与用量】

土霉素片：0.05 g、0.125 g、0.25 g。内服，一次量，每千克体重，猪、驹、犊、羔 10～25 mg，犬 15～50 mg，禽 25～50 mg。2～3 次/d，连用 3～5 d。

注射用盐酸土霉素：0.2 g、1 g、3 g。静脉注射，一次量，每千克体重，家畜 5～10 mg。2 次/d，连用 2～3 d。

长效土霉素注射液：20 mL：2 g、100 mL：20 g、250 mL：25 g。肌内注射，一次量，每千克体重，家畜 10～20 mg。每个注射部位不超过 10 mL。

四环素

【性状】其盐酸盐为黄色结晶性粉末。有吸湿性，在碱性溶液中易被破坏失效，应遮光、密封、干燥处保存。

【作用与应用】与土霉素相似，但对革兰氏阴性杆菌的作用较好，对革兰氏阳性球菌如葡萄球菌的效力则不如金霉素。内服后血药浓度较土霉素和金霉素高。对组织的渗透性好，易渗入胸腔、腹腔、乳汁及胎儿循环。

【不良反应】同土霉素。

【制剂、用法与用量】同土霉素。

金霉素

【性状】其盐酸盐为金黄色或黄色结晶。微溶于水，水溶液在四环素类中最不稳定。

【作用、应用】与土霉素相似，但对革兰氏阳性菌特别是葡萄球菌作用较强，但因刺激性强，现已不用于全身感染。多作饲料添加剂以预防疾病，促进生长或提高饲料报酬。不良反应同土霉素，但对肝毒性较大。

【制剂、用法与用量】

盐酸金霉素片：0.125 g、0.25 g。内服，一次量，每千克体重，猪、驹、犊、羔 10～25 mg。2 次/d。混饲，每 1 000 kg 饲料，猪 300～500 g，家禽 200～600 g。一般不超过 3 d。

多 西 环 素

【性状】又称强力霉素。其盐酸盐为淡黄色或黄色结晶性粉末。易溶于水，微溶于乙醇。

【药动学】内服后吸收迅速，受内容物影响小，生物利用度高。维持有效血药浓度时间长，对组织渗透力强，分布广泛，易进入细胞内。原形药物大部分经胆汁排入肠道又再吸收，而有显著的肝肠循环。本品在肝内大部分以结合或络合方式被灭活，再经胆汁分泌入肠道，随粪便排出，因而对肠道菌群及动物的消化机能无明显影响。

【作用与应用】为长效、高效、广谱的半合成四环素类抗生素。抗菌谱与土霉素相似，体内、外抗菌活性较土霉素、四环素强，为四环素的 2～8 倍。与土霉素、四环素等有密切的交叉耐药性。临床用于治疗畜禽的支原体病、大肠杆菌病、沙门氏菌病、巴氏杆菌病和鹦鹉热等。

本品在四环素类中毒性最小，犬、猫内服可出现恶心、呕吐反应。有报道表明，给马属动物静脉注射可致心律不齐、虚脱和死亡。

【制剂、用法与用量】

盐酸多西环素片：0.1 g。内服，一次量，每千克体重，猪、驹、犊、羔 3～5 mg，犬、猫 5～10 mg，禽 15～25 mg。1 次/d，连用 3～5 d。混饲，每 1 000 kg 饲料，猪 150～250 g，禽 100～200 mg，连用 3～5 d。

盐酸多西环素可溶性粉：混饮，每升水，猪 100～150 mg，禽 50～100 mg，连用 3～5 d。

（二）酰胺醇类

本类药物包括氯霉素、甲砜霉素、氟苯尼考等。因氯霉素可引起人和动物的可逆性血细胞减少和不可逆的再生障碍性贫血，故世界各国都禁止用于所有食品动物。氯霉素、甲砜霉素、氟苯尼考之间存在完全交叉耐药性。

甲 砜 霉 素

【性状】又称甲砜氯霉素、硫霉素。为白色结晶性粉末，无臭，微溶于水，溶于甲醇，几乎不溶于乙醚或氯仿。

【作用与应用】属广谱抑菌性抗生素。对多数革兰氏阳性菌和阴性菌均有抑制作用，但对阴性菌的作用较阳性菌强，如大肠杆菌、沙门氏菌、伤寒杆菌、副伤寒杆菌、产气荚膜梭菌、克雷伯氏菌、巴氏杆菌、布鲁氏菌及痢疾杆菌等，尤其对大肠杆菌、巴氏杆菌及沙门氏菌高度敏感。革兰氏阳性菌中如炭疽杆菌、葡萄球菌、棒状杆菌、肺炎球菌、链球菌和肠球菌等较敏感，但对革兰氏阳性菌的作用不及青霉素和四环素。对放线菌、钩端螺旋体、某些支原体、部分衣原体和立克次氏体亦有效。

临床上主要用于治疗沙门氏菌、大肠杆菌及巴氏杆菌等引起的肠道、呼吸道及泌尿道感染，如幼畜副伤寒、犊牛和羔羊大肠杆菌病、鸡白痢、鸡伤寒、犬猫沙门氏菌性肠炎，慢性鼻窦炎、肺炎、禽霍乱等。

【注意事项】本品有血液系统毒性，可抑制红细胞、血小板、白细胞的生成，但通常不引起再生障碍性贫血。本品有较强的免疫抑制作用，禁用于疫苗接种期的动物和免疫功能严重缺损的动物。

【制剂、用法与用量】

甲砜霉素片：25 mg、100 mg。内服，一次量，每千克体重，畜、禽 5～10 mg。2 次/d，连用 2～3 d。

氟苯尼考

【性状】又称氟甲砜霉素。是甲砜霉素的单氟衍生物，为白色或类白色结晶性粉末，无臭。在二甲基甲酰胺中极易溶解，甲醇中溶解，冰醋酸中略溶，水或氯仿中极微溶解。

【作用与应用】属动物专用的广谱抗生素。具有广谱、高效、低毒、吸收良好、体内分布广泛和不致再生障碍性贫血等特点。内服和肌内注射吸收快，大多数药物（50%～65%）以原形从尿中排出。抗菌谱与抗菌活性略优于甲砜霉素。溶血性巴氏杆菌、多杀性巴氏杆菌、猪胸膜肺炎放线杆菌对其高度敏感，对耐甲砜霉素的大肠杆菌、沙门氏菌、克雷伯氏菌及耐氨苄西林的流感嗜血杆菌亦有效。主要用于牛、猪、鸡及鱼的细菌性疾病，如牛的呼吸道感染、乳腺炎，猪的胸膜肺炎、黄痢、白痢，鸡的大肠杆菌病、巴氏杆菌病，鱼疖病等。

【注意事项】不引起骨髓抑制或再生障碍性贫血，但对胚胎有一定毒性，故妊娠动物禁用。

【制剂、用法与用量】

氟苯尼考粉：100 g：2 g、100 g：5 g、100 g：10 g。内服，一次量，每千克体重，猪、鸡 20～30 mg，每天 2 次，连用 3～5 d。鱼 10～15 mg，每天 1 次，连用 3～5 d。

氟苯尼考预混剂：100 g：2 g。混饲，每 1 000 kg 饲料，猪 1 000～2 000 g，连用 7 d。猪宰前 14 d 停药。

氟苯尼考溶液：100 mL：5 g、100 mL：10 g。每升水，鸡 100 mg，连用 3～5 d。

氟苯尼考注射液：2 mL：0.6 g。肌内注射，一次量，每千克体重，猪、鸡 15～20 mg。每隔 48 h 一次，连用 2 次。

五、抗真菌抗生素

真菌感染根据感染部位不同可分为浅表真菌感染和深部真菌感染。浅表感染主要侵害皮肤、羽毛、趾甲、鸡冠、肉髯等，常见疾病有小孢子菌、毛癣菌及表皮癣菌引起的毛癣及皮肤真菌病。深部感染则可侵害机体的深部组织和内脏器官，常见疾病有念珠菌病、犊牛真菌性胃肠炎、牛真菌性子宫炎、雏鸡曲霉菌性肺炎。兽医临床常用的抗真菌药有两性霉素 B、制霉菌素、灰黄霉素、酮康唑及克霉唑等。

两性霉素 B

【性状】为微黄色粉末。无臭或几乎无臭。不溶于水，溶于醇。

【作用与应用】为广谱抗深部真菌药。对隐球菌、球孢子菌、白色念珠菌、芽生菌等都有抑制作用，是治疗深部真菌感染的首选药。主要用于犬组织胞浆菌病、芽生菌病、球孢子菌病，也可预防白色念珠菌感染及各种真菌引起的局部炎症，如甲或爪的真菌感染、雏鸡嗉囊真菌感染等。本品内服和肌内注射均不易吸收，治疗全身性真菌感染时，需缓慢静脉注射。另外，也是消化系统真菌感染的有效药物。

【注意事项】静脉注射毒性大，不良反应多，如静脉注射过程中，可出现寒颤、高热和呕吐等，临床上可配合解热镇痛药、抗组胺药和肾上腺素减轻其毒副作用。

【制剂、用法与用量】

注射用两性霉素 B：50 mg。静脉注射，一次量，每千克体重，家畜 0.1～0.5 mg，隔日 1 次或 1 周 3 次，总量 4～11 mg。每千克体重，马开始用 0.38 mg，1 次/d，连用 4～10 d，以后可增加到 1 mg，再用 4～8 d。用注射用水溶解，再用 5%葡萄糖注射液稀释成 0.1%的注射液，缓缓静脉注射。外用，0.5%溶液，涂敷或注入局部皮下，或用其 3%软膏。

制霉菌素

【性状】为淡黄色粉末。有吸湿性，不溶于水，性质不稳定，可被热、光、氧等迅速破坏。

【作用与应用】抗真菌作用与两性霉素 B 相似，但毒性更大，一般不宜用于全身感染。内服不易吸收，几乎完全随粪便排出。临床主要内服治疗消化道真菌感染，如犊牛真菌性胃炎、禽曲霉菌病、禽念珠菌病；局部应用治疗皮肤、黏膜的真菌感染，如念珠菌病和曲霉菌所致的乳腺炎、子宫炎等。

【制剂、用法与用量】

制霉菌素片：10 万 U、25 万 U、50 万 U。内服，一次量，马、牛 250 万～500 万 U，猪、羊 50 万～100 万 U，犬 5 万～15 万 U，2～3 次/d。混饲，家禽白色念珠菌病，每千克饲料，50 万～100 万 U，连续饲喂 1～3 周，治疗雏鸡曲霉菌病，每 100 只雏鸡用 50 万 U，2 次/d，连用 2～4 d。

制霉菌素混悬液：乳管内注入，每一乳室，牛 10 万 U；子宫内灌注，马、牛 100 万～200 万 U。

酮康唑

【性状】为白色结晶粉末，溶于酸性溶液。

【作用与应用】属咪唑类合成抗真菌药，为广谱抗真菌药。对芽生菌、球孢子菌、隐球菌、念珠菌、组织胞浆菌、小孢子菌和毛癣菌等有抑制作用，对曲霉菌、孢子丝菌作用弱，对白色念珠菌无效。疗效优于灰黄霉素和两性霉素 B，且安全。主要用于治疗全身性真菌感染及防治皮肤真菌病。

【制剂、用法与用量】

酮康唑片：0.2 g。内服，一次量，每千克体重，马 3～6 mg，犬、猫 5～10 mg，1 次/d。连用 1～6 个月。外用，2%软膏。

克霉唑

【性状】为白色结晶性粉末，难溶于水。

【作用与应用】属咪唑类人工合成的广谱抗真菌药。对浅表真菌的作用与灰黄霉素相似，对深部真菌的作用较两性霉素B差。临床主要外用治疗体表真菌病，如毛癣、鸡冠等各种癣病。内服可治疗全身性及深部真菌感染，如烟曲霉菌病、白色念珠菌病、隐球菌病、组织孢子菌病等。对严重的深部真菌感染，宜与两性霉素B合用。

【制剂、用法与用量】

克霉唑片：0.25 g、0.5 g。内服，一次量，牛、马5～10 g，驹、犊、猪、羊1～1.5 g。2次/d。混饲，雏鸡每100羽为1 g。

克霉唑软膏：外用，1%或3%软膏。

六、其他类抗生素

黄　霉　素

【作用与应用】又称斑伯霉素或斑伯菌素。是多糖类窄谱抗生素。内服难吸收，24 h后几乎全部以原型由粪便排出。主要对革兰氏阳性菌有效，对革兰氏阴性菌作用很弱。能促进畜禽生长，提高饲料转化率，主要用于畜禽促生长。

【制剂、用法与用量】

混饲，肉牛，每天每头30～50 mg。每1 000 kg饲料，育肥猪5 g，仔猪20～25 g，肉鸡5 g。不宜用于成年畜禽。

那　西　肽

又称诺西肽、诺肽菌素和诺肽霉素，是畜禽专用抗生素。对革兰氏阳性菌活性较强，如葡萄球菌、梭状芽孢杆菌对其敏感。能促进畜禽生长、提高饲料的利用率。混饲给药很少吸收，动物性产品中残留少。临床主要用作猪、鸡促生长添加剂。

【制剂、用法与用量】

混饲，每1 000 kg饲料，鸡2.5 g。蛋鸡产蛋期禁用。

实验一　链霉素、磺胺嘧啶的毒性作用

【目的】观察链霉素和磺胺嘧啶的急性毒性反应。

【材料】

（1）动物：雏鸡、家兔。

（2）药品：5万U/mL链霉素、20%磺胺嘧啶注射液，生理盐水、0.5 mg/mL甲基硫酸新斯的明注射液。

（3）器材：玻璃注射器（1 mL、10 mL）、针头（5号、7号）、剪毛剪、台秤、酒精棉球。

【步骤】

（1）不同剂量链霉素对雏鸡的毒性作用：取雏鸡5只，观察其正常活动。然后，将5万U/mL硫酸链霉素依次按0.2 mL、0.4 mL、0.6 mL、0.8 mL、1 mL 5个剂量，分别注射于5只雏鸡肩背肌内，当出现瘫痪、呼吸困难时每只鸡皮下注射0.5 mg/mL甲基硫酸新斯的

明注射液 0.01 mL。观察并记录实验结果。

（2）20%磺胺嘧啶注射液静脉注射对家兔的毒性作用：取家兔两只，观察其精神、运动等正常状态。然后，一只静脉注射 20%磺胺嘧啶注射液 30 mL，另一只静脉注射等量的生理盐水，均在 3 min 内注完。观察注完后即时及 20 min 和 60 min 的变化，并记录。

【作业】分析实验结果并撰写实验报告。

实验二 抗菌药的药敏实验

【目的】掌握用试管双倍稀释法试验抗菌药的抗菌作用，为临床合理选药奠定基础。

【材料】

（1）药品：青霉素、链霉素、加葡萄糖和酚红（或溴甲酚紫）的肉汤培养基、新鲜的金黄色葡萄球菌和大肠杆菌悬液。

（2）器材：试管、酒精灯、微量注射器、微量吸管、恒温培养箱。

【步骤】

（1）取 A、B、C、D 4 组试管，每组 9 支并分别编为 1～9 号，每管加入肉汤培养基 2 mL。

（2）将青霉素、链霉素分别以适量注射用水溶解后，再以肉汤培养基稀释成 32 U/mL 的浓度备用。

（3）将 32 U/mL 的青霉素和链霉素分别在各组试管中从 1 号管至 8 号管进行连续稀释，即吸取 2 mL 药液加入 1 号管混合均匀后，吸取 2 mL 加入 2 号管混合均匀后，吸取 2 mL 加入 3 号管，如此稀释至 8 号管混合均匀后吸取 2 mL 弃去，使之成为 16 U/mL、8 U/mL、4 U/mL、2 U/mL、1 U/mL、0.5 U/mL、0.25 U/mL、0.125 U/mL 的浓度梯度。A 组和 B 组加青霉素并标以“青”字，C 组和 D 组加链霉素并标以“链”字，以示识别。

（4）向 A 组和 C 组管中加入金黄色葡萄球菌，向 B 组和 D 组管中加入大肠杆菌（每管加入 0.01 mL 预先进行 100 倍稀释的新鲜菌液），并振摇均匀。第九号管为对照管，不加菌液。

（5）置恒温箱中 37 ℃培养 6 h，观察培养基颜色的变化。与对照管比较，颜色变为微黄色者表示有少量细菌生长，此浓度为抗菌药的最小抑菌浓度；颜色与对照管一致者为完全无细菌生长，此浓度为抗菌药的最小杀菌浓度（为使结果更精确，培养至少 24 h 再观察一次）。

【注意事项】

（1）新鲜菌液：大肠杆菌用肉汤培养基接种，37 ℃培养 16～18 h 备用。

（2）青霉素、链霉素分别以适量注射用水溶解后，最后以肉汤培养基稀释。

（3）要求无菌操作。

【作业】

（1）分析实验结果并撰写实验报告。

（2）以小组为单位，设计几种常用抗菌药物对大肠杆菌最小抑菌浓度的测定方案。

单元三 化学合成抗菌药

一、磺胺类药物

磺胺类药物是人工合成最早的化学治疗药。由于具有抗菌谱广，性质稳定，使用方便，价格低廉等优点，至今仍为重要的畜禽抗感染药物之一。

(一) 概述

1. 性状 磺胺类药物均为白色或微黄色的结晶性粉末。无臭无味。难溶于水，易溶于稀碱，其钠盐易溶于水，水溶液呈碱性。

2. 分类 磺胺类药物根据内服后的吸收情况可分为肠道易吸收、肠道难吸收及外用等三类（表 2-2）。

表 2-2 常用磺胺类药的分类与简名

1. 肠道易吸收的磺胺药	
药 名	简 名
氨苯磺胺	SN
磺胺噻唑	ST
磺胺嘧啶	SD
磺胺二甲嘧啶	SM_2
磺胺甲噁唑（新诺明，新明磺）	SMZ
磺胺对甲氧嘧啶（磺胺-5-甲氧嘧啶，消炎磺）	SMD
磺胺间甲氧嘧啶（磺胺-6-甲氧嘧啶，制菌磺）	SMM，DS-36
2. 肠道难吸收的磺胺药	
磺胺脒	SG
琥珀酰磺胺噻唑（琥磺胺噻唑，琥磺胺唑）	SST
酞磺胺噻唑（酞酰磺胺噻唑）	PST
酞磺醋胺	PSA
柳氮磺胺吡啶（水杨酰偶氮磺胺吡啶）	SASP
3. 外用磺胺药	
磺胺醋酰钠	SA-Na
醋酸磺胺米隆（甲磺灭脓）	SML
磺胺嘧啶银（烧伤宁）	SD-Ag

3. 体内过程

(1) 吸收：内服易吸收的磺胺药，其生物利用度大小因药物和动物种类而有差异。其顺序分别为：SM_2＞SDM＞SN＞SD，禽＞犬＞猪＞马＞羊＞牛。一般而言，禽类和肉食动物吸收率高且快（3～4 h），反刍动物吸收率低且慢（12～24 h），单胃动物居中（4～6 h）。

(2) 分布：磺胺类吸收后分布于全身组织和体液中，以血液、肝、肾含量较高，神经、肌肉及脂肪中的含量较低，可进入乳腺、胎盘、胸膜、腹膜及滑膜腔。吸收后，一部分与血浆蛋白结合暂时失去抗菌作用，另一部分为游离型仍具有抗菌作用。一般来说，血浆蛋白结合率高的磺胺类排泄较慢，血液中有效药物浓度维持时间也较长。

(3) 代谢：主要在肝代谢，使磺胺类药对位氨基乙酰化而失去抗菌活性，但保持其毒性。其乙酰化率与动物种类有关，一般反刍动物高，食肉动物较低。一部分磺胺药乙酰化后，溶解度下降，易在肾内析出结晶，引起结晶尿、蛋白尿、血尿、尿闭等。若同时内服碳酸氢钠碱化尿液，可提高其溶解度促进排泄。

（4）排泄：内服难吸收的磺胺药主要随粪便排出；易吸收的磺胺药主要通过肾排出，少量随乳汁、消化液及其他分泌液排出。当肾功能损害时，药物的消除半衰期明显延长，毒性增加，临床使用时应适当减量。

4. 抗菌作用　属广谱慢效抑菌剂。对大多数革兰氏阳性菌、少数革兰氏阴性菌、衣原体及某些原虫有效。高度敏感的细菌有：溶血性链球菌、肺炎球菌、脑膜炎双球菌、淋球菌、沙门氏菌、化脓放线菌、大肠杆菌、副禽嗜血杆菌；敏感菌有：葡萄球菌、变形杆菌、巴氏杆菌、产气荚膜梭菌、肺炎杆菌、炭疽杆菌、绿脓杆菌等。某些磺胺药还对球虫、卡氏白细胞原虫、疟原虫、弓形体等有效，但对螺旋体、立克次氏体、结核分枝杆菌等无效。

不同磺胺类药物对病原菌的抑制作用有差异。磺胺药抗菌作用强度顺序一般为 SMM＞SMZ＞SD＞SDM＞SMD＞SM_2＞SDM′＞SN。

5. 作用机理　主要通过干扰敏感菌的叶酸代谢而抑制其生长繁殖。对磺胺药敏感的细菌在生长繁殖过程中，不能直接从生长环境中利用外源叶酸，而是利用对氨基苯甲酸（PABA）和二氢喋啶，在二氢叶酸合成酶的催化下合成二氢叶酸，再经二氢叶酸还原酶的作用生成四氢叶酸，四氢叶酸参与核酸的合成，而核酸是菌体蛋白的主要成分。由于磺胺类的基本化学结构与 PABA 的结构相似，能与 PABA 竞争二氢叶酸合成酶，阻止二氢叶酸的合成，进而影响了菌体核蛋白的形成，从而抑制了细菌的生长繁殖（图 2-2）。

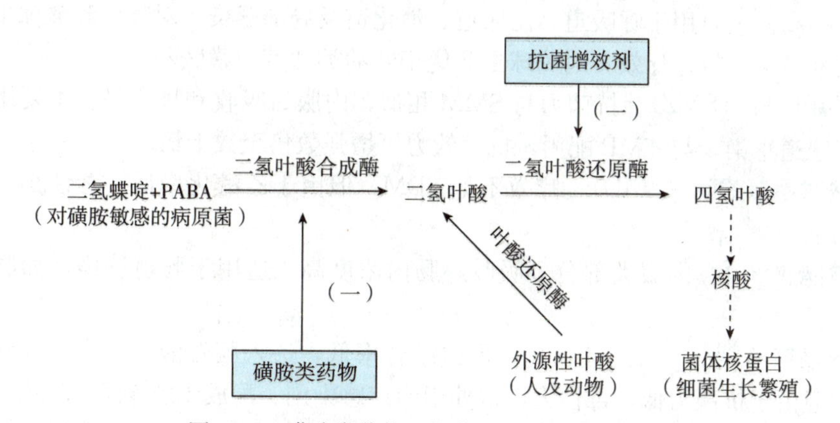

图 2-2　磺胺类药物和抗菌增效剂的作用机理

由于二氢叶酸合成酶与 PABA 的亲和力比磺胺类药强，因此，应用时须注意：①首次量应加倍（负荷量），且不与含 PABA 基团的药物（如普鲁卡因）合用。②局部应用时要先清创，因脓液和坏死组织中含有大量的 PABA，可减弱磺胺类药的作用。

6. 耐药性　细菌对磺胺类药物易产生耐药性，尤以葡萄球菌最易产生，大肠杆菌、链球菌等次之。各磺胺药物之间可产生程度不同的交叉耐药性，但与其他抗菌药物之间无交叉耐药现象。

7. 不良反应

（1）急性中毒：多见于静注速度过快或剂量过大。表现为神经症状，如共济失调、痉挛性麻痹、呕吐、昏迷、食欲降低和腹泻等，严重者迅速死亡。牛、山羊还可见目盲、散瞳；

雏鸡中毒时出现大批死亡。

（2）慢性中毒：常见于剂量较大或连续用药超过1周以上。主要症状为损害泌尿系统，出现结晶尿、血尿和蛋白尿等；消化系统障碍和草食动物的多发性肠炎，出现食欲不振，呕吐、便秘、腹泻等。此外，还可引起白细胞减少或溶血性贫血；家禽则表现增重减慢，蛋鸡产蛋率下降，蛋破损率和软蛋率增加。

8. 注意事项 ①严格掌握剂量与疗程，首次量加倍。②用药期间，应加强对病畜的饲养管理。给予足够的饮水，并根据需要配用碳酸氢钠。③全身性酸中毒、肝或肾功能不全、脱水、少尿的病畜及产蛋禽慎用或禁用。④磺胺类药钠盐注射液呈强碱性，忌与酸性药物混合应用，以免发生沉淀。静脉注射时，不可漏出血管外。⑤必要时，补充维生素K和维生素B_1。⑥外用时应彻底清除创面的脓汁、坏死组织等，且不与含PABA基团的药物（如普鲁卡因）合用。

（二）常用药物及特点

1. 磺胺嘧啶（SD） 本药与血浆蛋白结合率低，易渗入组织和脑脊液，为脑部感染的首选药。对球菌和大肠杆菌效力强，也用于呼吸道、消化道和体表感染等。

2. 磺胺二甲嘧啶（SM_2） 抗菌作用比SD弱，但乙酰化率低，不良反应少。除用于治疗敏感菌所致的全身感染外，还可防治球虫病。

3. 磺胺间甲氧嘧啶（SMM） 抗菌力最强，不良反应少。可治疗各种全身和局部感染，尤其对猪弓形体病、猪水肿病和家禽球虫病疗效较好，对猪萎缩性鼻炎亦有一定防治作用。

4. 磺胺间二甲氧嘧啶（SDM） 又称磺胺地索辛。抗菌力与SD相似，乙酰化率低，血浆蛋白结合率高。主要用于呼吸道、泌尿道、消化道及局部感染。对犊牛和禽球虫病、禽霍乱、禽传染性鼻炎有较好疗效，对鸡球虫病优于呋喃类和其他磺胺药。

5. 磺胺甲噁唑（SMZ） 抗菌力与SMM相似，内服后吸收和排泄慢。主要用于严重的呼吸道和泌尿道感染，与TMP配用，抗菌效力可增强数倍至数十倍。

6. 磺胺对甲氧嘧啶（SMD） 疗效不如SDM，但由于乙酰化率低，毒性小，比较适用于泌尿道感染。

7. 磺胺脒（SG） 内服大部分不吸收，肠内浓度高。适用于肠道感染，如肠炎、白痢和球虫病。

8. 氨苯磺胺（SN） 水溶性较高，蛋白结合率低，透入脑脊液、羊水、乳汁、房水中浓度较高。但由于抗菌力低，毒性大，常外用治疗感染创。配成10%软膏，外用。

9. 磺胺嘧啶银（SD-Ag） 对绿脓杆菌和大肠杆菌作用强，且有收敛创面和促进愈合的作用，主要用于烧伤感染，撒布于烧伤创面或配成2%混悬液湿敷。

二、抗菌增效剂

抗菌增效剂是一类新型广谱抗菌药物。由于它能增强磺胺药和多种抗生素的疗效，故称为抗菌增效剂。国内常用有甲氧苄啶（TMP）和二甲氧苄啶（DVD）两种。

（一）药动学

TMP内服、肌内注射，吸收迅速而完全，1～4 h血药浓度达高峰。由于脂溶性较高，可广泛分布于各组织和体液中。主要从尿中排出，还有少量从胆汁、唾液和粪便中排出。

DVD内服吸收很少，其最高血药浓度约为TMP的1/5，但在胃肠道内的浓度较高，主要从粪便中排出，故用作肠道抗菌增效剂比 TMP 优越。

（二）抗菌谱

抗菌谱广，对多种革兰氏阳性菌及阴性菌均有抗菌活性，其中较敏感的有溶血性链球菌、葡萄球菌、大肠杆菌、变形杆菌、巴氏杆菌和沙门氏菌等。但对绿脓杆菌、结核分枝杆菌、丹毒杆菌、钩端螺旋体无效。单用易产生耐药性，一般不单独作抗菌药使用。

（三）作用机理

主要是抑制二氢叶酸还原酶，使二氢叶酸不能还原成四氢叶酸，因而阻碍了敏感菌的叶酸代谢和利用，从而妨碍菌体核酸合成。TMP 或 DVD 与磺胺类药物合用时，可从两个不同环节同时阻断叶酸合成，而起双重阻断作用（图 2－2），抗菌作用可增强数倍至几十倍，甚至使抑菌作用变为杀菌作用。对于对磺胺药耐药的大肠杆菌、变形杆菌、化脓链球菌等亦有作用，并可减少耐药菌株的产生。

（四）常用药物及特点

TMP 常以 1∶5 的比例与 SMD、SMM、SMZ、SD、SM2、SQ 等磺胺药合用，以 1∶4 的比例与四环素类合用。主要用于敏感菌引起的呼吸道、泌尿道感染及蜂窝织炎、腹膜炎、乳腺炎、创伤感染等。亦用于幼畜肠道感染、猪萎缩性鼻炎、猪传染性胸膜肺炎。对家禽大肠杆菌病、鸡白痢、鸡传染性鼻炎、禽伤寒及禽霍乱等均有良好的疗效。

DVD 常以 1∶5 的比例与 SQ 等合用，主要防治禽、兔球虫病及畜禽肠道感染等。DVD 单独应用可防治球虫病。

（五）磺胺类药物和抗菌增效剂的制剂、用法与用量

磺胺嘧啶片：0.5 g。内服，一次量，每千克体重，家畜首次量 0.14～0.2 g，维持量 0.07～0.1 g。2 次/d，连用 3～5 d。

磺胺嘧啶钠注射液：5 mL：1 g、10 mL：1 g、50 mL：5 g。静脉注射，一次量，每千克体重，家畜 0.05～0.1 mg。1～2 次/d，连用 2～3 d。

复方磺胺嘧啶钠注射液：10 mL：SD 1 g、TMP 0.2 g。肌内注射，一次量，每千克体重，家畜 20～30 mg（以磺胺嘧啶计）。1～2 次/d，连用 2～3 d。

磺胺二甲嘧啶片：0.5 g。内服，一次量，每千克体重，家畜首次量 0.14～0.2 g，维持量 0.07～0.1 g。1～2 次/d，连用 3～5 d。

磺胺二甲嘧啶钠注射液：5 mL：0.5 g、10 mL：1 g、100 mL：10 g。静脉注射，一次量，每千克体重，家畜 50～100 mg。1～2 次/d，连用 2～3 d。

磺胺间甲氧嘧啶片：0.5 g。内服，一次量，每千克体重，家畜首次量 50～100 mg，维持量 25～50 mg。2 次/d，连用 3～5 d。

磺胺间甲氧嘧啶钠注射液：10 mL：1 g、20 mL：2 g、50 mL：5 g。静脉注射，一次量，每千克体重，家畜 50 mg。1～2 次/d，连用 2～3 d。

磺胺甲噁唑片：0.5 g。内服，一次量，每千克体重，家畜首次量 50～100 mg，维持量 25～50 mg。2 次/d，连用 3～5 d。

复方磺胺甲噁唑片：每片含 TMP 0.08 g、SMZ 0.4 g。内服，一次量，每千克体重，家畜 20～25 mg（以磺胺甲噁唑计）。2 次/d，连用 3～5 d。

磺胺对甲氧嘧啶片：0.5 g。内服，一次量，每千克体重，家畜首次量 50～100 mg，维持量 25～50 mg。1～2 次/d，连用 3～5 d。

复方磺胺对甲氧嘧啶片：每片含 TMP 0.08 g、SMD0.4 g。内服，一次量，每千克体重，家畜 20～25 mg（以磺胺对甲氧嘧啶计）。1～2 次/d，连用 3～5 d。

复方磺胺对甲氧嘧啶钠注射液：10 mL：SMD 2 g 与 TMP 0.4 g。肌内注射，一次量，每千克体重，家畜 15～20 mg（以磺胺对甲氧嘧啶钠计）。1～2 次/d，连用 2～3 d。

磺胺脒片：0.5 g。内服，一次量，每千克体重，家畜 0.1～0.2 g。2 次/d，连用 3～5 d。

磺胺噻唑片：0.5 g、1 g。内服，一次量，每千克体重，家畜首次量 0.14～0.2 g，维持量 0.07～0.1 g。2～3 次/d，连用 3～5 d。

磺胺噻唑钠注射液：10 mL：1 g、20 mL：2 g。静脉注射，一次量，每千克体重，家畜 0.05～0.1 g。2 次/d，连用 2～3 d。

三、喹诺酮类药物

喹诺酮类是一类人工合成的新型杀菌性抗感染药物。1962 年首先应用于临床的第一代药物是萘啶酸；第二代的代表药物是 1974 年合成的吡哌酸和动物专用的氟甲喹，第一、第二代药物主要对革兰氏阴性菌敏感，多用于畜禽敏感菌引起的消化道感染。1979 年合成了第三代的第一个药物诺氟沙星，由于它具有 6-氟-7-哌嗪-4-喹诺酮环结构，又称为氟喹诺酮类药物。第四代是 20 世纪 90 年代后期研制的克林沙星、莫西沙星、加替沙星等，在第三代基础上，增强了抗厌氧菌的作用，不良反应更小，但价格较贵，目前兽医临床无应用。我国批准在兽医临床应用的氟喹诺酮类药物有：诺氟沙星、培氟沙星、氧氟沙星、环丙沙星、洛美沙星、恩诺沙星、达氟沙星（单诺沙星）、二氟沙星、沙拉沙星等，其中后面 4 种药物为动物专用。本单元主要介绍氟喹诺酮类药物。

氟喹诺酮类药物具有下列特点：①抗菌谱广，对革兰氏阴性菌及革兰氏阳性菌、支原体、衣原体、某些厌氧菌等均有作用。且对耐甲氧苯青霉素的金黄色葡萄球菌、耐磺胺类+TMP 的细菌、耐庆大霉素的绿脓杆菌、耐泰乐菌素或泰妙菌素的支原体也有效。②杀菌力强，在体外很低的药物浓度即可显示较高的抗菌活性，临床疗效显著。③吸收快、体内分布广泛。本类药物多数内服、注射易被吸收，且在多数组织中的浓度高于血清药物浓度，可治疗各个系统或组织的感染性疾病。④抗菌作用独特，与其他抗菌药无交叉耐药性。⑤性质稳定，可制成多种制剂，供混饮、混饲及注射等多种方式给药，使用方便。⑥毒副作用小，安全范围较大。

不良反应与应用注意：①对负重关节的软骨组织生长影响不良，禁用于幼龄动物和孕畜。②大剂量或长期用药，尿中可形成结晶，损伤尿道，也可损害肝和出现胃肠道反应。因此，要严格控制给药剂量和疗程，给予充足的饮水。肝肾功能不良患畜慎用。③有潜在的中枢神经系统兴奋作用，尤其是犬、鸡中毒时，兴奋症状较明显。④利福平、酰胺醇类均可导致氟喹诺酮类药物作用降低。因此，应避免联合应用。

恩诺沙星

【性状】为类白色结晶性粉末。无臭，味苦。微溶于水，在醋酸、盐酸或氢氧化钠溶液中易溶。其盐酸盐及乳酸盐均易溶于水。

【药动学】内服、肌内注射吸收迅速且较完全。多数动物的生物利用度较高，如内服后犬、猪达100%，鸽子92%，鸡62.2%～84%，火鸡58%，兔61%；肌内注射后鸽子达87%，兔92%，猪91.9%，奶牛82%。在动物体内分布很广泛。消除半衰期较长，如肌内注射后猪4.06 h，奶牛5.9 h，马9.9 h，骆驼6.4 h；内服后鸡9.14～14.2 h，猪6.93 h。畜禽应用恩诺沙星后，除了中枢神经系统外，几乎所有组织的药物浓度都高于血浆，这有利于全身感染和深部组织感染的治疗。

【作用与应用】本品为动物专用的广谱杀菌药，对支原体有特效，其抗支原体的效力比泰乐菌素和泰妙菌素强。对耐泰乐菌素、泰妙菌素的支原体，耐青霉素的金黄色葡萄球菌、耐庆大霉素的绿脓杆菌等亦有效。

临床主要应用于支原体及各种敏感菌，如大肠杆菌、绿脓杆菌、沙门氏菌、巴氏杆菌、嗜血杆菌、金黄色葡萄球菌、丹毒杆菌、葡萄球菌、链球菌等引起的感染，如鸡慢性呼吸道病、猪喘气病、猪白痢及水肿病等。

【制剂、用法与用量】

恩诺沙星片：2.5 mg、5 mg。内服，一次量，每千克体重，犬、猫、兔2.5～5 mg，禽5～7.5 mg，2次/d，连用3～5 d。

恩诺沙星注射液：10 mL：50 mg、10 mL：250 mg。肌内注射，一次量，每千克体重，牛、羊、猪2.5 mg，犬、猫、兔2.5～5 mg。1～2次/d，连用2～3 d。

恩诺沙星溶液：100 mL：2.5 g、100 mL：5 g、100 mL：10 g。混饮，每升水，禽25～75 mg。1次/d，连用3～5 d。

达　氟　沙　星

【性状】又称单诺沙星。为白色至淡黄色结晶性粉末。无臭，味微苦。难溶于水，其甲磺酸盐易溶于水。

【作用与应用】为动物专用的广谱抗菌药物，抗菌谱与恩诺沙星相似，而抗菌作用强约2倍。其特点是内服、肌内或皮下注射，吸收迅速而完全，生物利用度高，体内分布广泛，尤其在肺部的浓度是血浆浓度的5～7倍，故对支原体及敏感菌等引起的肺部、呼吸道感染较好。临床上主要用于防治牛巴氏杆菌病、猪传染性胸膜肺炎、支原体性肺炎、禽大肠杆菌病、禽巴氏杆菌病、鸡慢性呼吸道病和葡萄球菌病等。

【制剂、用法与用量】

甲磺酸达氟沙星可溶性粉：混饮，每升水，鸡25～50 mg。1次/d，连用3～5 d。内服，一次量，每千克体重，鸡2.5～5 mg。1次/d，连用3 d。

甲磺酸达氟沙星注射液：5 mL：50 mg、10 mL：250 mg。肌内注射，一次量，每千克体重，牛、猪1.25～2.5 mg。1次/d，连用3 d。

二　氟　沙　星

【性状】又称双氟沙星。为白色或类白色粉末。无臭，味苦。不溶于水，其盐酸盐能溶于水。

【作用与应用】为动物专用广谱抗菌药。抗菌谱与恩诺沙星相似，但抗菌活性略低于恩诺沙星。对畜禽呼吸道致病菌有良好的抗菌活性，尤其对葡萄球菌有较强的作用。

临床主要用于治疗畜禽的敏感细菌及支原体所致的各种感染性疾病，如猪传染性胸膜肺炎、猪巴氏杆菌病、禽霍乱、鸡慢性呼吸道病等。

【制剂、用法与用量】

盐酸二氟沙星粉：内服，一次量，每千克体重，鸡 5～10 mg。2 次/d，连用 3～5 d。

盐酸二氟沙星注射液：10 mL：0.2 g、50 mL：1 g。肌内注射，一次量，每千克体重，猪 5 mg。2 次/d，连用 3 d。

沙拉沙星

【性状】其盐酸盐为类白色至淡黄色结晶性粉末。无臭，味微苦。有吸湿性。在水和乙醇中几乎不溶或不溶，在氢氧化钠溶液中溶解。

【作用与应用】为动物专用广谱杀菌药。抗菌谱与二氟沙星相似，对支原体的效果略差于二氟沙星。对鱼的杀鲑产气单胞菌、杀鲑弧菌、鳗弧菌也有效。

临床主要用于猪、鸡的敏感细菌及支原体所致的各种感染性疾病。如猪、鸡的大肠杆菌病、沙门氏菌病、支原体病和葡萄球菌感染等。也用于鱼敏感菌引起的感染性疾病。

【制剂、用法与用量】

盐酸沙拉沙星可溶性粉：50 g：1.25 g、100 g：5 g。混饮，每升水，鸡 25～50 mg，连用 3～5 d。

盐酸沙拉沙星注射液：10 mL：0.1 g、100 mL：2.5 g。肌内注射，一次量，每千克体重，猪、鸡 2.5～5 mg。2 次/d，连用 3～5 d。

环丙沙星

【性状】又称环丙氟哌酸。其盐酸盐和乳酸盐为淡黄色结晶性粉末，易溶于水。

【作用与应用】其抗菌谱、抗菌活性和耐药性与恩诺沙星基本相似，对某些细菌的体外抗菌作用略强于恩诺沙星。内服吸收迅速但不完全，生物利用度不如恩诺沙星，犬内服的生物利用度约为恩诺沙星的 50%。肌内注射及其他药动学特征与恩诺沙星相似。

适用于敏感菌和支原体引起的畜禽及小动物的各种感染性疾病。主要用于鸡的慢性呼吸道病、大肠杆菌病、传染性鼻炎、禽巴氏杆菌病、禽伤寒、葡萄球菌病，仔猪黄痢、仔猪白痢等。

【制剂、用法与用量】

乳酸环丙沙星可溶性粉：50 g：1 g。混饮，每升水，禽 40～80 mg。2 次/d，连用 3 d。

盐酸环丙沙星可溶性粉：100 g：2 g。混饮，每升水，禽 0.75～1.25 g。2 次/d，连用3 d。

盐酸环丙沙星注射液：10 mL：0.2 g。肌内注射，一次量，每千克体重，家畜 2.5 mg，禽5 mg。静脉注射，一次量，每千克体重，家畜 2 mg。2 次/d，连用 2～3 d。

盐酸环丙沙星注射液：100 mL：0.1 g。静脉、肌内注射，一次量，每千克体重，家畜 2.5 mg，禽 5～10 mg。2 次/d，连用 2～3 d。

诺氟沙星

【性状】又称氟哌酸。为类白色至淡黄色结晶性粉末。无臭，味微苦。在水或乙醇中极微溶解，在醋酸、盐酸或氢氧化钠溶液中易溶。

【作用与应用】抗菌谱、抗菌作用与其他氟喹诺酮类相似，抗菌活性强于萘啶酸和吡哌酸，但不及恩诺沙星。主要用于敏感菌引起的消化系统、呼吸系统、泌尿道感染和支原体病等，如禽大肠杆菌病、禽巴氏杆菌病、鸡白痢，仔猪黄痢、仔猪白痢等。

【制剂、用法与用量】

烟酸诺氟沙星可溶性粉：50 g：1.25 g。混饮，每升水，禽 100 mg（以诺氟沙星计）；内服，一次量，每千克体重，猪、犬 10～20 mg。1～2 次/d，连用 3～5 d。

烟酸诺氟沙星注射液：100 mL：2 g。肌内注射，一次量，每千克体重，猪 10 mg。2 次/d，连用 3～5 d。

四、其他抗菌药

乙 酰 甲 喹

【性状】又称痢菌净。为鲜黄色结晶或黄色粉末。无臭，味微苦。在水、甲醇中微溶。

【药动学】内服和肌内注射均易吸收，猪肌内注射后约 10 min 即可分布于全身各组织，体内消除快，消除半衰期约 2 h，给药后 8 h 血液中已测不到药物。在体内被破坏的少，约 75%以原形从尿中排出，故尿中浓度高。

【作用与应用】具有广谱抗菌作用。对革兰氏阴性菌的作用强于革兰氏阳性菌，对猪痢疾短螺旋体的作用尤为突出。革兰氏阴性菌中对大肠杆菌、巴氏杆菌、猪霍乱沙门氏菌、鼠伤寒沙门氏菌、变形杆菌的作用较强；革兰氏阳性菌中对金黄色葡萄球菌、链球菌的作用较强。

临床上主要用于防治猪短螺旋体性痢疾及猪细菌性肠炎如仔猪黄痢和白痢，犊牛副伤寒，鸡白痢、禽大肠杆菌病。

【制剂、用法与用量】

痢菌净片：0.1 g、0.5 g。内服，一次量，每千克体重，牛、猪 5～10 mg。2 次/d，连用 3 d。

喹 乙 醇

【性状】为浅黄色结晶性粉末。无臭，味苦。溶于热水，微溶于冷水，在乙醇中几乎不溶。

【作用与应用】内服吸收迅速，生物利用度较高，鸡、犬、猪内服的生物利用度分别为 53%、90%及 100%。本品为广谱抗菌促生长剂，抗菌作用与乙酰甲喹相似，对革兰氏阴性菌如巴氏杆菌、大肠杆菌、鸡白痢沙门氏菌、变形杆菌等作用较强；对革兰氏阳性菌如金黄色葡萄球菌、链球菌等亦有一定的抑制作用；对四环素、氨苄西林等耐药的菌株仍然有效。此外，还可促进蛋白质同化，增加瘦肉率，提高饲料转化率。

主要用于促进猪的（<35 kg）生长，有时也用于治疗禽霍乱、肠道感染及预防仔猪腹泻等。

【注意事项】猪超量使用易中毒，禽、鱼对喹乙醇敏感，因此，禁用于禽、鱼及体重超过 35 kg 的猪。人接触本品可引起光敏反应。据报道，本品可能有致突变和致癌作用。

【制剂、用法与用量】

喹乙醇预混剂：100 g：5 g。混饲（促生长），每 1 000 kg 饲料，猪 50～100 g。

甲 硝 唑

【性状】又称灭滴灵。为白色或微黄色的结晶或结晶性粉末。在乙醇中略溶，在水中微溶。

【作用与应用】对多数专性厌氧菌具有较强的作用，包括拟杆菌属、梭状芽孢杆菌属、厌氧链球菌等；此外，还有抗滴虫和阿米巴原虫的作用，但对需氧菌或兼性厌氧菌则无效。

主要用于治疗厌氧菌引起的肠道或全身感染，还可用于阿米巴痢疾、牛毛滴虫病、贾第鞭毛虫病、小袋虫病等原虫感染。本品易进入中枢神经系统，故为脑部厌氧菌感染的首选防治药物。

【注意事项】剂量过大，可出现以震颤、抽搐、共济失调、惊厥等为特征的神经系统紊乱症状。不宜用于孕畜。

【制剂、用法与用量】

甲硝唑片：0.2 g。内服，一次量，每千克体重，牛 60 mg，犬 25 mg。1～2 次/d。外用，5%甲硝唑软膏，涂敷；1%溶液冲洗尿道。

地美硝唑

【性状】又称二甲硝咪唑。为类白色或微黄色粉末。在乙醇中溶解，在水中微溶。

【作用与应用】为广谱抗菌与抗原虫药。抗菌谱、应用与甲硝唑相似。主要用于猪短螺旋体性痢疾，禽组织滴虫病，肠道和全身的厌氧菌感染。禽对本品较为敏感，较大剂量可引起平衡失调和肝、肾功能损害。

【制剂、用法与用量】

地美硝唑预混剂：500 g：100 g。混饲，每 1 000 kg 饲料，猪 1 000～2 500 g，禽 400～2 500 g。蛋鸡产蛋期禁用，鸡连续用药不得超过 10 d。宰前 3 d 停止给药。

小檗碱

【性状】为黄色结晶性粉末。无臭，味极苦。在水或乙醇中微溶，在热水中溶解。

【作用与应用】抗菌谱广，对多种革兰氏阳性菌及革兰氏阴性菌均有抑制作用，其中对溶血性链球菌、金黄色葡萄球菌、霍乱弧菌、脑膜炎球菌、伤寒杆菌等有较强的抑制作用，低浓度抑菌，高浓度呈杀菌作用。另外，对流感病毒、阿米巴原虫、钩端螺旋体、某些皮肤真菌也有一定抑制作用。临床上主要用于治疗胃肠炎、消化不良、疮疡肿毒、细菌性痢疾等疾病。

【制剂、用法与用量】

盐酸小檗碱片：0.1 g、0.5 g。内服，一次量，马 2～4 g，牛 3～5 g，猪、羊 0.5～1 g。

盐酸小檗碱注射液：5 mL：50 mg、5 mL：100 mg。肌内注射，一次量，马、牛 150～400 mg，猪、羊 50～100 mg。

单元四 抗微生物药的合理应用

抗微生物药是目前兽医临床使用最广泛和最重要的抗感染药物。但目前不合理使用尤其是滥用药的现象较为严重，不仅造成药品的浪费，而且导致畜禽不良反应增多、细菌耐药性的产生和兽药残留等，给兽医工作、公共卫生及人类健康带来了不良的后果。因此，为了充分发挥抗微生物药物的疗效，降低药物的不良反应，减少细菌耐药性的产生，必须科学合理地使用抗微生物药物。

一、正确诊断、准确选药

选用抗微生物药物时，应结合临床诊断、致病微生物的种类及其对药物的敏感性（必要时做药敏试验），并根据症状，选择对病原微生物敏感性高、疗效好、不良反应少的药物。畜禽活菌（疫）苗接种期间（一周内）停用抗菌药。临床抗菌药物的选用可参考表 2-3。

表 2-3　抗菌药物的临床选用

病原微生物及其所致疾病			选药顺序
革兰氏阳性菌	革兰氏阳性球菌	化脓创、乳腺炎、各器官系统炎症、马腺疫、败血症	青霉素、头孢菌素、红霉素、四环素
	耐青霉素革兰氏阳性球菌	化脓创、乳腺炎、各器官系统炎症、马腺疫、败血症	耐酶青霉素、头孢菌素、庆大霉素、增效磺胺
	炭疽杆菌	炭疽病	青霉素、四环素类、红霉素、庆大霉素
	破伤风梭菌	破伤风	青霉素、甲硝唑、头孢菌素
	李氏杆菌	李氏杆菌病	四环素、红霉素、青霉素、增效磺胺
	猪丹毒杆菌	猪丹毒、关节炎	青霉素、红霉素、四环素、磺胺药
	气肿疽梭菌	气肿疽	青霉素、四环素、红霉素
	产气荚膜杆菌	气性坏疽	
	结核分枝杆菌	结核病	链霉素、利福平、卡那霉素
螺旋体	猪痢疾短螺旋体	猪痢疾	乙酰甲喹、利高霉素、螺旋霉素、泰乐菌素
	钩端螺旋体	钩端螺旋体病	青霉素、链霉素、四环素类、吉他霉素
	鸡疏螺旋体	禽螺旋体病	土霉素、青霉素
	兔密螺旋体	兔密螺旋体病	青霉素
支原体	猪肺炎支原体	猪气喘病	恩诺沙星、卡那霉素、泰乐菌素、土霉素
	鸡败血支原体	禽呼吸道炎症	多西环素、泰乐菌素、恩诺沙星、吉他霉素
	鸡滑液囊支原体	禽滑液囊炎	四环素类、链霉素、泰乐菌素
	丝状支原体	牛传染性胸膜肺炎	
	山羊支原体	山羊传染性胸膜肺炎	泰乐菌素、四环素类
	山羊无乳支原体	无乳症	泰乐菌素、卡那霉素
革兰氏阴性菌	大肠杆菌	各器官系统炎症、败血症	庆大霉素、增效磺胺
	沙门氏菌	肠炎、鸡白痢、猪副伤寒、鸡伤寒、马副伤寒、败血症	庆大霉素、增效磺胺
	绿脓杆菌	烧伤感染、脓肿、乳腺炎、各系统感染、败血症	庆大霉素、羧苄西林、多黏菌素
	坏死杆菌	坏死杆菌病	增效磺胺、磺胺药、四环素类
	巴氏杆菌	出血性败血症、肺炎	链霉素、增效磺胺、头孢菌素
	嗜血杆菌	肺炎、支气管炎	磺胺药、四环素类、链霉素
	布鲁氏菌	布鲁氏菌病	四环素类、链霉素、头孢菌素、增效磺胺
	鼻疽杆菌	鼻疽病	土霉素、增效磺胺、链霉素、磺胺药

（续）

病原微生物及其所致疾病			选药顺序
放线菌及真菌	放线菌	放线菌病	青霉素、链霉素
	烟曲霉菌	雏鸡烟曲霉菌性肺炎	制霉菌素、克霉唑、两性霉素
	白色念珠菌	念珠菌病、鹅口疮	制霉菌素、两性霉素、克霉唑
	囊球菌	马流行性淋巴管炎	制霉菌素、四环素类、克霉唑
	毛癣菌	毛癣	克霉唑
	小孢子菌	毛癣	克霉唑

二、制订合理的给药方案

抗微生物药物的给药途径、剂量、给药间隔时间和疗程等对疾病的治疗有着重要的影响。如药物剂量过大或过小，疗程过长或过短，断续地给药，都可使治疗失败或导致严重的不良反应、产生耐药菌和药物残留，造成经济损失。因此，应用抗感染药物治疗疾病时，必须制定合理的给药方案，以达到最佳的治疗目的。在治疗过程中，要随时根据病情调整药物及剂量，一般对急性传染病和严重感染症剂量应增大；对肝、肾功能不良病畜，应酌减用量。必要时冲击量突击治疗和交叉穿梭治疗相结合，以克服长期单一药物治疗所致的不良反应和耐药性。一般感染性疾病应连续用药 3～5 d，症状消失后，再用 1～2 d，以巩固疗效；磺胺类药物的疗程应更长一些。对严重感染和全身感染多采用注射给药，对内服吸收良好的药物也可内服给药。消化道感染以内服为宜，乳腺炎及子宫内膜炎多采用局部注入法。

三、防止产生耐药性

随着抗菌药物的广泛应用，细菌耐药性的问题也日益严重，其中以金黄色葡萄球菌、大肠杆菌、绿脓杆菌、痢疾杆菌及结核分枝杆菌最易产生耐药性。为了防止耐药菌株的产生，应注意以下几点：严格掌握药物的适应证，不滥用抗菌药物；严格掌握剂量与疗程；发热病因不明的疾病和病毒性疾病，不要轻易使用抗菌药；发现耐药菌株感染，应改用对病原菌敏感的药物或采取联合用药；尽量减少长期用药。

四、正确地联合用药

联合应用抗感染药物的目的是增强疗效，降低或避免不良反应，减少或延缓耐药菌株的产生。临床上根据抗菌药物的抗菌机理和性质，将其分为四大类：Ⅰ类为繁殖期或速效杀菌剂，如青霉素类、头孢菌素类；Ⅱ类为静止期或慢效杀菌剂，如氨基糖苷类、多黏菌素类（对静止期或繁殖期细菌均有杀菌活性）；Ⅲ类为速效抑菌剂，如四环素类、酰胺醇类、大环内酯类；Ⅳ类为慢效抑菌剂，如磺胺类等。Ⅰ类与Ⅱ类合用一般可获得增强作用，如青霉素 G 和链霉素合用。Ⅰ类与Ⅲ类合用出现颉颃作用，如青霉素 G 与四环素合用出现颉颃。Ⅰ类与Ⅳ类合用，可能无明显影响，但在治疗脑膜炎时，合用可提高疗效，如青霉素 G 与 SD 合用。其他类合用多出现相加或无关作用。还应注意，作用机理相同的同一类药物合用的疗效并不增强，而可能相互增加毒性，如氨基糖苷类之间合用能增加对第八对脑神经的毒性；大环内酯类、林可霉素类，因作用机理相似，均竞争细菌同一靶位，而出现颉颃作用。此外，联合用药时应注意药物之间的理化性质、药物动力学和药效学之间的相互作用与配伍禁忌。

五、采取综合治疗措施

抗微生物药物能抑制或杀灭病原菌，但致病菌的清除需要依靠机体的各种免疫机制。在治疗中过分强调抗菌药的功效而忽视机体的全身状况及内在免疫机制，往往是导致治疗失败的重要原因之一。因此，在使用抗菌药物的同时，必须根据病畜的种属、年龄、生理、病理状况，采取综合治疗措施，改善患畜的全身状态，增强抗病能力，如纠正机体酸碱平衡失调、补充能量、扩充血容量等辅助治疗，促进疾病康复。

知识拓展

一、抗病毒药物

病毒自身缺乏酶系统，需寄生于宿主细胞内，利用宿主细胞的代谢系统才能增殖。目前，尚未有对病毒作用可靠、疗效确实的药物，因此，兽医临床不主张使用抗病毒药，尤其是对食品动物，若大量使用可能导致病毒产生耐药性，使人类的病毒病治疗失去药物资源。病毒病主要依靠疫苗预防。在宠物病毒感染中逐步试用的抗病毒药主要有金刚烷胺、吗啉胍、利巴伟林、黄芪多糖、干扰素等。我国目前也试用板蓝根、大青叶、地丁等中草药防治病毒感染性疾病。

金刚烷胺

【性状】盐酸盐为白色结晶或结晶性粉末，在水和乙醇中易溶。

【药理作用】窄谱抗病毒药。对某些 RNA 病毒（正黏病毒、副黏病毒）有作用。主要干扰病毒进入细胞，阻止病毒脱壳和核酸释放，也可抑制病毒的装配。对甲型流感病毒选择性较高，无宿主特异性。

【应用】适用于马、鸡流感的防治。

【用法与用量】

内服，每千克体重，马 20 mg，连用 11 d，鸡 2.5 mg。

吗啉胍

又称吗啉咪胍、吗啉双胍、病毒灵。常用其盐酸盐，为白色结晶性粉末，易溶于水。

【药理作用】广谱抗病毒药。对流感病毒、副流感病毒、呼吸道合胞体病毒等 RNA 病毒有作用，对某些 DNA 型腺病毒、马立克氏病毒、痘病毒、传染性支气管炎病毒等有一定的抑制作用。

【应用】适用于犬瘟热和犬细小病毒病的防治。

【制剂、用法与用量】

内服，一次量，每千克体重，犬 20 mg，每日 2 次。混饮，每升水，犬 100～200 mg，连续使用 3～5 d。

利 巴 韦 林

为鸟苷类化合物，又称三氮唑核苷、病毒唑。白色结晶性粉末，易溶于水。

【药理作用】广谱抗病毒药。对RNA病毒和DNA病毒均有抑制作用。在体外对流感病毒、副流感病毒、疱疹病毒（如牛鼻气管炎病毒）、痘病毒、环状病毒（如蓝舌病病毒）、新城疫病毒、水疱性口炎病毒和猫嵌杯样病毒有抑制作用。其作用机制是进入被病毒感染的细胞后迅速磷酸化，竞争性地抑制病毒合成酶，导致细胞内GTP减少，损害病毒RNA和蛋白质合成，抑制病毒的复制。

【应用】适用于犬、猫的某些病毒性感染。

【制剂、用法与用量】

肌内注射，一次量，每千克体重，犬、猫5 mg，每日2次，连续使用3～5 d。

【注意事项】本品对实验动物有致畸胎作用。猫连续使用可引起血小板减少、骨髓抑制和黄疸。

黄 芪 多 糖

【药理作用】黄芪为益气药。现已证实其中所含黄芪多糖可明显提高人体白细胞诱生干扰素的功能，使感冒患者分泌物中IgA和IgG的含量上升。动物试验可见白细胞及多核白细胞明显增加。

【应用】适用于Ⅰ型副流感病毒和传染性法氏囊病的防治。

【制剂、用法与用量】

黄芪多糖注射液：肌内或皮下注射：每千克体重2 mL，每日1次，连用2 d。

二、防腐消毒药常用的消毒措施

1. 饮水消毒 河水、塘水作为饮用水时，必须经过过滤或用明矾沉淀，再按每吨水加含有效氯21%的漂白粉1～4 g消毒后，方可饮用。未经过滤和沉淀的水，应加入漂白粉6～10 g，并应过10 min后方可饮用。目前饮水消毒的化学消毒剂主要是氯制剂、阳离子表面活性剂、两性离子表面活性剂。严禁应用强酸强碱制剂、对黏膜有腐蚀性的制剂、有异味可在肉、蛋中残留的制剂。在饮水免疫前后3 d的时间内，不能向饮水中加消毒剂，以免影响免疫效果。

2. 畜禽舍的消毒 首先对畜禽舍进行机械性清除，即将舍内所有部位的灰尘、垃圾清扫干净、水洗，然后选用消毒剂进行消毒。消毒时应按一定的顺序进行，一般从离门远处开始，以地面、墙壁、顶壁的顺序喷洒，最后再将地面喷洒一次。喷洒后应将畜禽舍门窗关闭2～3 h，然后打开窗通风换气，再用清水冲洗食槽、地面等，残余的消毒剂清除干净。熏蒸消毒时，密闭畜禽舍，特别是门、窗、进气口、排气口等，漏气的地方要用不透气的牛皮纸、胶带等进行密封，否则影响效果。消毒常用的消毒液有20%石灰乳、5%～20%漂白粉溶液、30%草木灰水、1%～4%氢氧化钠溶液、3%～5%来苏儿（猫舍禁用）、4%福尔马林溶液（犬、猫舍禁用）。

3. 运动场地消毒 畜禽运动场地，一般应半年进行一次清理消毒，每月用2%氢氧化钠溶液或10%～20%石灰乳喷洒消毒一次。清理消毒时，宜将场地表层土清除5～10 cm，然后用10%～20%漂白粉溶液喷洒或撒上漂白粉（每平方米用0.5～2.5 kg），再加上干净土压平。

4. 畜禽饲养场及进出车辆、人员的消毒　畜禽饲养场及畜禽舍门口应设计消毒池（槽），以对出入人员和进出车辆进行严格消毒。消毒池内选择的消毒剂必须具有耐有机物、不易挥发、阳光下不易分解，消毒效力强，抗菌谱广等特点。一般常用3%～5%氢氧化钠溶液、10%～20%石灰乳等。池内消毒液应注意添换，使用时间最长不要超过1周。

5. 饲养设备的消毒　食槽、饮水器、铁笼、蛋架、蛋箱等一般应冲洗干净后，选用含氯制剂或过氧乙酸，以免因消毒剂的气味，而影响畜禽采食或饮水。消毒时，通常将其浸于1%～2%漂白粉澄清液或0.5%的过氧乙酸中30～60 min，或浸入1%～4%氢氧化钠溶液中6～12 h。消毒后应用清水将食槽、水槽、饮水器等冲洗干净。对食槽、水槽中剩余的饲料、饮水等也应进行消毒。

6. 畜禽体表的消毒　事实上，不管畜禽舍消毒得多么彻底，如果忽略了畜禽体表的消毒，也不可能防止以后病原微生物的侵入。因为大部分病原体是来自畜禽自身，如果不消毒畜禽体表，尽管在进雏、入栏前对畜禽舍进行了彻底消毒，其效果也只能维持一两周时间。而且，只要有畜禽存在，畜禽舍的污染程度就会日益加重。畜禽体表消毒除可杀灭畜禽体表及舍内和空气中的细菌、病毒等，防止疫病的感染和传播外，还具有清洁畜禽体表和畜禽舍、沉降畜禽舍内飘浮的尘埃、抑制畜禽舍内氨气的生成和降低氨气浓度等功效。畜禽体表喷雾消毒的关键是选择杀菌作用强而对畜禽无害的消毒剂。

7. 种蛋的消毒　蛋壳表面的微生物来源有内源性污染及外源性污染两个途径，内源性污染是患病鸡或隐性感染鸡所产蛋，在通过输卵管和泄殖腔时被污染的；外源性污染主要是由于蛋产出后被不洁产蛋箱、垫料、粪便等污染。对种蛋消毒应对刚产出的蛋立即进行消毒，效果最好。种蛋消毒可选用过氧乙酸或甲醛熏蒸消毒。也可用0.1%新洁尔灭，在40～50 ℃下浸泡3 min消毒，种蛋消毒后应立即上孵或放入无菌的房间及容器中，以防重复污染。

8. 粪便消毒　常用的为生物消毒法，即堆积发酵，经1～3个月可杀死粪便中的细菌（芽孢除外）、病毒、寄生虫卵及其他病原体。亦可应用漂白粉、生石灰、草木灰等消毒。

复习思考题

一、选择题

1. 下列药物对厌氧菌作用较强的是（　　）。
   A. 甲硝唑　　B. 诺氟沙星　　C. 敌菌净　　D. 克拉维酸
2. 脑部细菌感染的首选药物是（　　）。
   A. 磺胺嘧啶　　B. 庆大霉素　　C. 链霉素　　D. 恩诺沙星
3. 对畜禽细菌病的治疗措施，说法有误的是（　　）。
   A. 正确诊断　　B. 加强消毒　　C. 抗病毒　　D. 选择高效抗菌药物
4. 青霉素过敏反应严重休克时可选用的解救药是（　　）。
   A. 氨甲酰胆碱　　B. 阿托品　　C. 肾上腺素　　D. 新斯的明

5. 深部真菌感染的首选药物是（　　）。

A. 两性霉素B　B. 制霉菌素　C. 克霉唑　D. 灰黄霉素

6. 某2月龄犬，患细菌性腹泻，兽医在犬日粮中添加恩诺沙星（每千克日粮200 mg）10 d，根据药物的使用剂量、时间，最有可能发生的不良反应是（　　）。

A. 耳毒性　B. 结晶尿　C. 致突变　D. 免疫抑制　E. 软骨变性

7. 某猪患链球菌病并继发肺炎支原体感染，兽医采用每千克体重3万U的剂量，肌内注射青霉素钠，并同时每千克体重15 mg肌内注射盐酸土霉素的治疗方案，该联合用药最有可能发生的相互作用是（　　）。

A. 配伍禁忌　B. 协同作用　C. 相加作用　D. 颉颃作用　E. 无关作用

8. 治疗结核分枝杆菌感染的有效药物是（　　）。

A. 青霉素G　B. 链霉素　C. 林可霉素　D. 磺胺嘧啶

9. 治疗猪丹毒杆菌感染应选用的药物是（　　）。

A. 两性霉素B　B. 痢特灵　C. 磺胺嘧啶　D. 青霉素G钠

10. 土霉素碱可用于治疗猪的疾病是（　　）。

A. 结核病　B. 气喘病　C. 真菌性胃肠炎　D. 病毒性肺炎

11. 对耐青霉素酶的金葡球菌感染有效的药物是（　　）。

A. 氨苄青霉素　B. 邻氯青霉素　C. 青霉素G　D. 多黏菌素E

12. 猪弓形虫病的首选药是（　　）。

A. 新斯的明　B. 诺氟沙星　C. 磺胺药　D. 氯化钠

13. 关于磺胺药的说法，错误的是（　　）。

A. 广谱杀菌药　B. 首次用量加倍　C. 与TMP增效　D. 与DVD增效

14. 动物使用磺胺药过程中出现的肾尿酸盐沉积，可用于解救的药物是（　　）。

A. 葡萄糖　B. 氯化铵　C. 小苏打　D. 维生素C

15. 与喹诺酮类药物配用后，药效下降的是（　　）。

A. 青霉素　B. 氟苯尼考　C. 大观霉素　D. 链霉素

16. 仔猪血痢的首选药是（　　）。

A. 新斯的明　B. 诺氟沙星　C. 痢菌净　D. 磺胺药

17. 下列药物中，属于动物专用的是（　　）。

A. 磺胺嘧啶　B. 恩诺沙星　C. 氨苄西林　D. 青霉素

18. 下列情况属于不合理配伍是（　　）。

A. SD＋TMP　B. 青霉素＋链霉素　C. 土霉素＋TMP　D. 青霉素＋土霉素

二、简答题

1. 简述抗生素、抗菌谱、抗菌活性、耐药性、交叉耐药性的概念。

2. 根据抗菌谱和应用将抗生素分为哪几类？每类常用药物有哪些？

3. 天然青霉素与半合成青霉素作用与应用相比有何不同？分别举例说明。

4. 氨基糖苷类抗生素的共同点是什么？简述庆大霉素、链霉素的抗菌谱、应用及不良反应。

5. 广谱抗生素包括几大类？每类药物的抗菌谱、应用及不良反应。

6. 头孢菌素类药物的作用特点是什么？兽医临床专用的有哪些？

7. 氟喹诺酮类药物的作用特点？兽医临床专用的有哪些？

8. 简述乙酰甲喹、喹乙醇、甲硝唑、地美硝唑的主要作用，应用及不良反应。

9. 临床上为何常将磺胺类药物与抗菌增效剂合用？

10. 指出下列疾病的首选药物：猪丹毒、马腺疫、结核病、炭疽、破伤风、气肿疽、乳腺炎、猪痢疾、猪气喘病、钩端螺旋体病、坏死杆菌病、鸡白痢、放线菌病、布鲁氏菌病、毛癣、禽呼吸道炎症、牛传染性胸膜肺炎、烧伤感染、念珠菌病、雏鸡烟曲霉菌性肺炎。

模块三　抗寄生虫药物

抗寄生虫药是指用来驱除或杀灭动物体内外寄生虫的药物。抗寄生虫药根据其主要作用特点和寄生虫的分类不同，可分为抗蠕虫药、抗原虫药和杀虫药。

为了充分发挥抗寄生虫药的作用，应注意以下问题。

1. 宿主—寄生虫—药物三者之间的关系

（1）宿主：动物的种属、年龄不同，对药物的反应也不同。如禽对敌百虫敏感，马对噻咪唑较敏感等。动物的个体差异、性别也会影响到抗寄生虫药的药效或不良反应的产生。体质强弱，遭受寄生虫侵袭程度与用药后的反应亦有关。另外，地区不同，寄生虫病种类不一，流行病学季节动态规律也不一致。

（2）寄生虫：虫种很多，对不同宿主危害程度各异，且对药物的敏感性亦有差异，就广谱驱虫药来讲，也不是对所有寄生虫都有效。因此，对混合感染，为扩大驱虫范围，在选用广谱驱虫药的基础上，根据感染范围，几种药物配伍应用，很有必要。寄生虫的不同发育阶段对药物的敏感性有差异，为了达到防止传播，彻底驱虫的目的，必须间隔一定的时间进行二次或多次驱虫。另外，轮换使用抗寄生虫药是避免产生耐药性的有效措施之一。

（3）药物：药物剂量大小、用药时间长短与寄生虫产生耐药性有关。另外，药物的种类、剂型、给药途径、剂量等不同，产生的抗虫作用也不一样。

2. 抗寄生虫药物的使用原则　①尽量选择广谱、高效、低毒、便于投药、价格便宜、无残留或少残留、不易产生耐药性的药物；②必要时联合用药，配用泻药；③准确地掌握剂量和给药时间；④混饮投药前应禁饮，混饲前应禁食，药浴前应多饮水；⑤大规模用药时必须作安全试验，以确保安全；⑥应用抗寄生虫药后，必须经过一定时间的休药期，以防止在动物性食品中造成残留，威胁人体的健康和影响公共卫生。如左旋咪唑内服的休药期，牛为2～3 d，猪为3 d。

单元一　抗蠕虫药

抗蠕虫药是指用于驱除或杀灭动物体内寄生性蠕虫的药物，又称驱虫药。蠕虫包括线虫、绦虫和吸虫三类，根据寄生于动物体内蠕虫的种类不同，将抗蠕虫药分为驱线虫药、驱绦虫药、驱吸虫药和抗血吸虫药。

一、驱线虫药

（一）有机磷酸酯类

主要有敌百虫、哈罗松、敌敌畏、蝇毒磷、萘肽磷（灭蠕灵）等，其中以敌百虫应用最广泛。

敌　百　虫

【性状】为白色结晶性粉末。易溶于水，水溶液呈酸性反应，性质不稳定，宜使用前新鲜配制。其在碱性水溶液中易转化为敌敌畏而使毒性增强。

【作用与应用】敌百虫与虫体内胆碱酯酶结合，使酶失去活性，乙酰胆碱在虫体内蓄积，使虫体肌肉先兴奋、痉挛，随后麻痹死亡。同时能使患病动物体内乙酰胆碱增高，胃肠蠕动加快，产生轻泻作用而将虫体迅速排出体外。

敌百虫驱虫范围广，内服或肌内注射对消化道内的大多数线虫及少数吸虫有良好的效果，如蛔虫、血矛线虫、食道口线虫、钩虫、蛲虫、圆形线虫、姜片吸虫等。也可用于马胃蝇蛆、羊鼻蝇蛆等。还用于杀灭家畜体外寄生虫，如蜱、螨、蝇蛆、虱、蚤等。

【注意事项】①敌百虫的安全范围较小，治疗量与中毒量接近，易引起动物中毒，中毒后可用硫酸阿托品、碘解磷定进行解毒。②不同种类动物对本品的敏感性不同，以家禽、牦牛最敏感，不宜使用；成年牛、羊次之，宜慎用；猪、犬、马耐受性高，宜用。③本品不可与碱性药物配伍，以免转化为敌敌畏增强其毒性。④食品动物的休药期为 7 d。

【制剂、用法与用量】

精制敌百虫片：0.3 g、0.5 g。内服，一次量，每千克体重，牛 20～40 mg，极量，15 g/头；马 30～50 mg，极量，20 g/匹；羊、猪 80～100 mg，极量，5 g/只（头）；山羊 50～70 mg，极量 5 g/只；犬 75 mg。

（二）大环内酯类

主要有伊维菌素、阿维菌素、多拉菌素、赛拉菌素等。

伊　维　菌　素

【性状】又称灭虫丁、艾佛菌素。为白色或淡黄色结晶性粉末。难溶于水，易溶于多数有机溶剂，性质稳定，但受光照易降解。

【作用与应用】为新型大环内酯类驱虫药，具有广谱、高效、低毒等优点。对家畜胃肠道线虫、肺线虫有良好的驱除效果；对马胃蝇蛆、牛皮蝇蛆以及疥螨、痒螨、毛虱、血虱等外寄生虫亦有良效。本品内服、皮下注射吸收完全，能分布于大多数组织，包括皮肤。临床中广泛用于驱杀家畜和宠物体内线虫与体表寄生虫。并且对丙硫苯咪唑、左旋咪唑等耐药虫株也有良好的效果。

【注意事项】伊维菌素注射给药时，通常一次即可，对患有严重螨病的家畜每隔 7～9 d，再用药 2～3 次；牛、羊泌乳期禁用。

【制剂、用法与用量】

伊维菌素口服剂：含 0.6%伊维菌素。混饲，每天每千克体重，猪 0.1 mg，连用 7 d。

伊维菌素注射液：1 mL：10 mg、5 mL：50 mg。皮下注射，一次量，每千克体重，牛、羊0.2 mg，猪 0.3 mg。休药期牛 35 d，羊 21 d，猪 28 d。

阿　维　菌　素

又称爱比菌素。是阿维链霉菌发酵的天然产物，主要成分为阿维菌素 B_1。兽用阿维菌素由我国首先研制开发，由于价格低于伊维菌素，很快在我国推广应用。本品的作用、应用、剂量等均与伊维菌素相同。目前应用的制剂有阿维菌素注射液、阿维菌素片和阿维菌素浇淋剂。

【制剂、用法与用量】

阿维菌素口服剂：混饲，一次量，每千克体重，家畜 0.3 mg，家禽 0.2 mg，犬、猫 0.1 mg。

阿维菌素注射液：皮下注射，一次量，每千克体重，牛、羊 0.2 mg，猪 0.3 mg，犬、猫0.1 mg。

多拉菌素

【性状】为白色至淡褐色粉末。在二氯甲烷和甲醇中易溶，在异丙醇中溶解，在水中几乎不溶。

【作用与应用】为新型、广谱抗寄生虫药，主要作用与伊维菌素相似，但抗虫活性稍强，毒性较小，对胃肠道线虫、肺线虫、眼虫、虱、蛴螬、蜱、螨和伤口蛆均有高效。本品的主要特点是血药浓度及半衰期均比伊维菌素高或延长两倍。主要用于防治动物的线虫病和螨病等寄生虫病。

【注意事项】①性质不太稳定，在阳光照射下迅速分解灭活，其残存药物对鱼类及水生生物有毒，因此应注意水源保护。②多拉菌素浇泼剂，牛应用后，6 h 内不能淋雨。

【制剂、用法与用量】

多拉菌素注射液：皮下或肌内注射，每千克体重，牛 0.2 mg、猪 0.3 mg，犬、猫0.1～0.2 mg。

多拉菌素浇泼液：背部浇泼，牛每千克体重 0.5 mg。

赛拉菌素

【性状】为白色至灰白色粉末。溶于丙酮、二氯甲烷，难溶于甲醇、乙腈，微溶于甲苯，不溶于水。

【作用与应用】该药目前在美国和欧盟等国只批准用于宠物，商品名为大宠爱，我国也已批准使用。本品对犬的蛔虫、钩虫、疥螨、跳蚤和虱均有很好的效果，无论对动物体表还是动物垫料中的跳蚤成虫、幼虫甚至卵均有很好的杀灭作用。本品对犬心丝虫有预防和治疗作用，一般应在动物被蚊子叮咬后 1 个月内用药，每月用药 1 次，直至蚊虫生活季节结束。本品对犬耳螨、疥螨的效果较好，一般使用一次即可，连续使用两次可达到彻底清除的效果；赛拉菌素对猫的肠道钩虫（管形线虫）、蛔虫（猫弓首蛔虫）、耳螨有较好的效果，使用一次即可。一次用药可杀灭动物体表的跳蚤成虫、跳蚤虫卵，从而阻断跳蚤的繁殖。

【注意事项】①本品仅限用于宠物，适用于 6 周龄和 6 周龄以上的犬、猫。②勿在宠物毛发尚湿的时候使用本品，在用药 2 h 后给宠物洗澡不会降低本品的药效。③可能对皮肤和眼睛有刺激性，皮肤接触到药物后应立即用肥皂和清水冲洗；如溅入眼内，用大量水冲洗。④本品易燃，要远离热源、火花、明火或其他火源。

【制剂、用法与用量】

赛拉菌素溶液：0.75 mL：45 mg、1.0 mL：120 mg。皮肤外用：一次量，每千克体重，犬、猫 6 mg。

（三）苯并咪唑类

主要有丙硫苯咪唑、硫苯咪唑、噻苯咪唑、甲苯咪唑、砜苯咪唑、丁苯咪唑、丙氧苯咪唑等。

阿苯达唑

【性状】又称丙硫苯咪唑、抗蠕敏。为白色至淡黄色粉末。无臭、无味，不溶于水，可溶于冰醋酸。应遮光密封保存。

【作用与应用】为广谱、高效、低毒的驱虫药物。对动物大多数线虫、吸虫、绦虫均有驱除作用。如驱除马大小型圆形线虫和蛲虫、毛细线虫，对马蛔虫和未成熟蛲虫的驱除效果比噻苯咪唑好。治疗剂量时，对牛、羊肝片吸虫及莫尼茨绦虫均有良好的作用；对猪蛔虫、后圆线虫、食道口线虫有效，对猪、牛、羊囊尾蚴及猪肾虫有一定疗效；对犬蛔虫及犬钩虫、绦虫有特效；对鸡赖利绦虫成虫、鸡蛔虫成虫及其未成熟虫体有良好效果；对鹅剑带绦虫、裂口线虫、棘口吸虫有较好疗效。

【注意事项】①马对本品较为敏感，应谨慎使用。②本品对动物胚胎有毒害作用，妊娠家畜应慎用，特别是牛、羊妊娠前期禁用。③休药期一般为 14 d。

【制剂、用法与用量】

丙硫苯咪唑片：25 mg、50 mg、200 mg、500 mg。内服，一次量，每千克体重，马 5～10 mg；牛、羊 10～15 mg；猪 5～10 mg；犬 25～50 mg；禽 10～20 mg。

芬苯达唑

【性状】为白色或类白色粉末。无臭，无味。不溶于水。

【作用与应用】为广谱、高效、低毒的新型苯并咪唑类驱虫药。它不仅对动物胃肠道线虫成虫、幼虫有高度驱虫活性，而且对网尾线虫、矛形双腔吸虫、片形吸虫和绦虫也有较佳的效果。内服时吸收极少，主要经粪便排泄。

主要用于牛羊的线虫、绦虫和肝片吸虫，猪的蛔虫、食道口线虫、猪圆线虫、后圆线虫、猪肾虫，犬、猫的钩虫、蛔虫、毛首线虫，禽的蛔虫、毛细线虫和绦虫，狮、虎、豹的蛔虫、钩口线虫、绦虫等。

【注意事项】①苯并咪唑类虽然毒性较低，且能与其他驱虫药并用，但芬苯达唑（及奥芬达唑）属例外，与杀片形吸虫药溴胺杀并用时可引起绵羊死亡，牛流产。②瘤胃内给药（包括内服法）比真胃给药法驱虫效果好，甚至还能增强对耐药虫种的驱除作用。

【制剂、用法与用量】

芬苯达唑片：内服，每千克体重，牛、羊、猪 5～7.5 mg，犬、猫 25～50 mg，禽 10～50 mg。

三氯苯达唑

【性状】为白色或类白色粉末。微有臭味。不溶于水，微溶于三氯甲烷或乙酸乙酯，易溶于丙酮。

【作用与应用】三氯苯达唑是苯并咪唑类中专用于抗片形吸虫的药物，对各种日龄的肝片吸虫均有明显的驱杀效果，是较理想的杀肝片吸虫药。三氯苯达唑已广泛用于世界各国，对牛、绵羊、山羊等反刍动物肝片吸虫具有极佳效果。

【注意事项】①本品对鱼类毒性较大，残留药物容器切勿污染水源。②治疗急性肝片吸虫病，5 周后应重复用药一次。

【制剂、用法与用量】

三氯苯达唑片（0.1 g）和三氯苯达唑颗粒（10 g：1.0 g）：内服，一次量，每千克体重，牛12 mg，羊 10 mg。

三氯苯达唑混悬液（10%）：内服，一次量，每千克体重，牛 6～12 mg，羊 10 mg。

（四）咪唑并噻唑类

包括四咪唑（噻咪唑）和左旋咪唑。四咪唑为混旋体，左旋咪唑为左旋体，临床上常用左旋咪唑。

左旋咪唑

【性状】又称左咪唑、左噻咪唑。其盐酸盐和磷酸盐均为白色或类白色结晶性粉末。无臭，味苦。易溶于水，在酸性溶液中较稳定，在碱性水溶液中易分解失效。

【作用与应用】为广谱、高效、低毒的驱线虫药。可抑制虫体延胡索酸还原酶的活性，阻断延胡索酸还原为琥珀酸，干扰虫体糖代谢过程，致使虫体内能量生成减少，导致虫体肌肉麻痹而被排出体外。常用于畜禽的蛔虫、食道口线虫、肺线虫，牛羊的血矛线虫、古柏线虫、仰口线虫，猪的毛首线虫、肾虫，鸡的异刺线虫、鹅裂口线虫，观赏动物和野生动物的消化道线虫等的驱除，有较好的效果；对马圆形线虫，反刍动物的毛首线虫、冠尾线虫，驱虫效果不稳定。

此外，还有明显的免疫调节作用，大剂量时能抑制免疫系统，小剂量时能兴奋免疫系统。

【注意事项】①马较敏感，慎用；骆驼最敏感，禁用。②中毒时，表现胆碱酯酶抑制剂过量而产生的 M 样症状与 N 样症状，可用阿托品解救。

【制剂、用法与用量】

盐酸左旋咪唑片：25 mg、50 mg。内服，一次量，每千克体重，牛、羊、猪 7.5 mg，禽类 25 mg，犬、猫 10 mg。泌乳期禁用，休药期牛 2 d，猪、羊 3 d。

盐酸左旋咪唑注射液：2 mL：0.1 g、5 mL：0.25 g、10 mL：0.5 g。皮下或肌内注射，用量同片剂。泌乳期禁用，休药期牛 14 d，羊 28 d。

（五）其他驱线虫药物

包括噻嘧啶、甲噻嘧啶、羟嘧啶、乙胺嗪、氰乙酰肼、哌嗪等。

噻嘧啶

【性状】又称噻吩嘧啶、抗虫灵。本品的双羟萘酸噻嘧啶盐为淡黄色粉末。无臭，无味。几乎不溶于水，易溶于碱。遇光易分解变质，应遮光、密封保存。

【作用与应用】本品具有广谱、低毒的特点。内服后胃肠道吸收不良，肠道内可达到较高的药物浓度，对猪蛔虫、鸡蛔虫、犬蛔虫、马圆线虫、羊的消化道线虫、灵长类动物的蛲虫等具有良好的驱除效果，对肺线虫无效。应用相同剂量时，效力高于左旋咪唑等咪唑并噻唑和苯并咪唑类，是重要的驱线虫药。本品连续使用能使虫体产生耐药性，且与左旋咪唑有交叉耐药性。

【注意事项】由于药物对动物有明显的烟碱样作用，极度虚弱动物禁用。

【制剂、用法与用量】

双羟萘酸噻嘧啶片：内服，一次量，每千克体重，马 7.5～15 mg，犬、猫 5～10 mg，禽类15 mg。

哌　嗪

【性状】其枸橼酸盐和磷酸盐均为白色结晶性粉末。枸橼酸哌嗪又称驱蛔灵，易溶于水，磷酸哌嗪不溶于水。

【作用与应用】本品能使虫体肌肉麻痹，丧失附着肠管和逆行的能力，随粪便排出体外。对畜禽蛔虫、食道口线虫、毛细线虫的成虫驱除效果良好，对其幼虫驱除效果差，对宿主毒性小，安全性高，主要用于畜禽蛔虫病。

【制剂、用法与用量】

枸橼酸哌嗪片：0.5 g，内服，一次量，每千克体重，马、牛 0.25 g，猪、羊 0.3 g，禽 0.25 g，犬、猫 0.1 g。2 周后重复给药。

二、驱绦虫药

氯　硝　柳　胺

【性状】又称灭绦灵。为淡黄色或灰白色轻质粉末或结晶性粉末，无味，几乎不溶于水，微溶于乙醇。露置于空气中易变为黄色，应遮光、密封保存。

【作用与应用】内服后难以吸收，在肠道内保持较高的药物浓度，故毒性较小，安全范围较大。通过抑制绦虫对葡萄糖的吸收，干扰虫体的三羧酸循环，导致乳酸蓄积而产生杀绦虫作用。通常虫体与药物接触 1 h，虫体便萎缩，继而杀灭绦虫的头节及其近段，使绦虫从肠壁脱落而随粪便排出体外。由于虫体常被肠道蛋白酶分解，难于检出完整的虫体。

对马裸头绦虫，牛羊的莫尼茨绦虫、曲子宫绦虫、无卵黄腺绦虫，犬的多头绦虫、带状绦虫，鸡的赖利绦虫，鲤鱼的裂头绦虫均有良好的驱杀作用。此外，对牛、羊的前后盘吸虫及其幼虫，牛双口吸虫，日本血吸虫的中间宿主钉螺，也都有驱杀作用。

【制剂、用法与用量】

氯硝柳胺片：0.5 g。内服，一次量，每千克体重，马 80～90 mg，牛 40～60 mg，羊 60～70 mg，犬、猫 80～100 mg，禽 50～60 mg。鲤鱼以 0.75%～1.5%加入饲饵中投服。

丁　萘　脒

多制成盐酸盐或羟萘酸盐。盐酸丁萘脒为白色结晶性粉末，可溶于水，主要用于犬、猫驱绦虫；羟萘酸丁萘脒为淡黄色结晶性粉末，不溶于水，主要用于羊的莫尼茨绦虫。

本品能使虫体的外皮破裂，故虫体排出前在动物肠道被消化，因而粪便中不出现虫体。

【注意事项】犬、猫内服后有时会出现呕吐、腹泻等胃肠道反应。

【制剂、用法与用量】

盐酸丁萘脒片：100 mg、200 mg。内服，一次量，每千克体重，犬、猫 25～50 mg。

羟萘酸丁萘脒片：100 mg、200 mg。内服，一次量，每千克体重，羊 25～50 mg，鸡 400 mg。

依 西 太 尔

【性状】又称伊喹酮。为白色结晶粉末，难溶于水。

【作用与应用】依西太尔的作用机理与吡喹酮类似，即影响绦虫正常的钙和其他离子浓度导致强直性收缩，也能损害绦虫外皮，使之损伤后溶解，最后被宿主所消化。依西太尔为吡喹酮系物，是犬、猫专用抗绦虫药。本品对犬、猫常见的绦虫如犬猫复孔绦虫、犬豆状带绦虫、猫绦虫均有接近 100%的疗效。

【注意事项】本品毒性虽较吡喹酮更低，但美国规定，不足 7 周龄的犬、猫不用为宜。

【制剂、用法与用量】

依西尔片：内服，一次量，每千克体重，犬 5.5 mg，猫 2.75 mg。

三、驱吸虫药

除前述的苯并咪唑类药物具有驱吸虫作用外，还有多种驱吸虫药，这里主要介绍硝氯酚。

硝 氯 酚

【性状】又称拜耳-9015。为黄色结晶性粉末，无臭，无味。不溶于水，其钠盐易溶于水。应遮光、密封保存。

【作用与应用】能抑制虫体琥珀酸脱氢酶的活性，干扰虫体的能量代谢，使虫体能量耗竭而麻痹死亡。具有高效、低毒、用量小等特点，是驱除牛、羊肝片吸虫较理想的药物，治疗量一次内服，对肝片吸虫成虫驱虫率几乎达到 100%。对未成熟虫体，无实用意义。

【注意事项】①本品治疗量时无显著毒性，剂量过大可能出现中毒症状，如体温升高、心率加快、呼吸增数、精神沉郁、停食、步态不稳、口流白沫等。可用强心药、葡萄糖及其他保肝药物解救，不可用钙剂，以免增加心脏负担。②黄牛对本品较耐受，羊较敏感。

【制剂、用法与用量】

硝氯酚片：0.1 g。内服，一次量，每千克体重，黄牛 3～7 mg，水牛 1～3 mg，奶牛 5～8 mg，羊 3～4 mg，猪 3～6 mg。

硝氯酚注射液：10 mL：0.4 g、2 mL：0.08 g。深层肌内注射，一次量，每千克体重，牛、羊0.5～1 mg。

四、抗血吸虫药

血吸虫病是人畜共患的寄生虫病，也是威胁人体健康最严重的寄生虫病。家畜中患病的主要是耕牛。抗血吸虫的药物主要有吡喹酮、硝硫氰胺、六氯对二甲苯、呋喃丙胺等。

吡 喹 酮

【性状】又称环吡异喹酮。为白色或类白色结晶性粉末。味微苦。难溶于水，易溶于乙醇、氯仿。应遮光、密封保存。

【作用与应用】为较理想的新型广谱抗血吸虫药、驱绦虫药、驱吸虫药。主要用于治疗动物血吸虫病、吸虫病、绦虫病和囊尾蚴病。

(1) 血吸虫病：杀虫作用强而迅速，对童虫作用弱。能很快使虫体失去活性，并使病牛体内血吸虫向肝移动，被消灭于肝组织中。主要用于耕牛血吸虫病，既可内服，亦可肌内注射和静脉注射给药，高剂量的杀虫率均在90%以上。

(2) 吸虫病：能驱杀牛、羊的胰阔盘吸虫和矛形歧腔吸虫，肉食动物的华支睾吸虫、后睾吸虫、扁体吸虫和并殖吸虫，水禽的棘口吸虫等。

(3) 绦虫病：能驱杀牛和猪的莫尼茨绦虫、无卵黄腺绦虫、带属绦虫，犬细粒棘球绦虫、复孔绦虫、中线绦虫，家禽和兔的各种绦虫；对牛囊尾蚴、猪囊尾蚴、豆状囊尾蚴、细颈囊尾蚴有显著的疗效。

【注意事项】内服给药毒副作用较小，注射给药刺激性较大，故一般采用内服用药。

【制剂、用法与用量】

吡喹酮片：0.2 g、0.5 g。内服，一次量，每千克体重，牛、羊、猪10～35 mg，犬、猫2.5～5 mg，禽10～20 mg。

硝　硫　氰　胺

【性状】又称7505。为黄色结晶性粉末，无味，极难溶于水，可溶于聚乙二醇、二甲亚砜等，脂溶性高。

【作用与应用】内服易吸收，分布于全身各个组织器官，胆汁中含量较高。经肝肠循环重新吸收进入血液，因而在血液中维持时间较长。其杀虫作用强烈、迅速而彻底，主要是抑制虫体琥珀酸脱氢酶，影响三羧酸循环，导致能量供应不足，使虫体吸盘和体肌无力，不能吸附在肠系膜静脉血管壁上，失去寄生能力，血流将其带至肝而被吞噬细胞所消灭。主要用于牛、羊血吸虫病和猪姜片吸虫病。

【不良反应】耕牛内服本品虽安全，但疗效较差。若静脉注射大部分动物可出现不同程度的呼吸加深加快、咳嗽、步态不稳、失明、身体向一侧倾斜以及消化机能障碍等不良反应。以上反应多能自行耐过，一般在6～20 h内恢复正常。

【制剂、用法与用量】

硝硫氰胺片：25 mg。内服，一次量，每千克体重，牛60 mg。

呋　喃　丙　胺

本品属硝基呋喃类，是我国首创的一种非锑剂内服抗血吸虫药。内服后主要由小肠吸收，进入门静脉直接与虫体接触，产生杀虫作用，对日本血吸虫的成虫和童虫均有驱杀作用。因本品在门静脉中的浓度较高，在肠系膜下静脉中浓度较低，虫体不易受到药物作用，单独使用效果不佳，故对慢性血吸虫病宜与敌百虫合用，在敌百虫作用下，虫体迅速移入门静脉和肝脏内，使呋喃丙胺能充分发挥作用。

【制剂、用法与用量】

呋喃丙胺片：0.125 g。内服，一次量，每千克体重，黄牛80 mg，每日下午内服，每日上午先内服敌百虫，每千克体重1.5 mg。连用7 d。

实验　左旋咪唑的驱虫作用

【目的】观察左旋咪唑驱除鸡蛔虫的作用。

【材料】

（1）动物：感染蛔虫的病鸡。

（2）药品：左旋咪唑片。

（3）器材：鸡笼、搪瓷盘、镊子、台秤。

【步骤】

（1）将实验鸡停饲一夜，随机分成两个剂量组，并称重。

（2）第一组，按每千克体重 25 mg 剂量，经口投服药物。第二组，按每千克体重 36 mg 剂量，经口投服药物。

（3）观察两组鸡的排虫过程，并记录排虫数量。

【作业】分析实验结果，写出实验报告。

单元二　抗原虫药

抗原虫药是指能抑制或杀灭病原性原虫，用于防治原虫病的药物。动物的原虫病主要有球虫病、锥虫病、梨形虫病、弓形虫病等，在兽医临床上多表现为急性或亚急性经过，并呈现季节性和地方性流行或散在发生，有时会造成患病动物大批死亡，严重危害着畜牧业的发展。

抗原虫药主要分为抗球虫药、抗锥虫药、抗梨形虫药。

一、抗球虫药

（一）概述

畜禽的球虫病是球虫寄生于肠道、胆管及肾小管上皮细胞引起的一种原虫病。主要感染幼年动物，尤其是对雏鸡和仔兔危害最为严重。感染后以血性下痢、贫血、消瘦为临床特征。急性暴发可引起大批死亡，慢性发作使幼年动物生长发育受阻，生产性能下降，常给畜牧业造成巨大的经济损失。危害动物的球虫以艾美耳属球虫为主，其发育有裂殖生殖、配子生殖和孢子生殖三个阶段。目前球虫病以药物预防为主，合理使用抗球虫药是控制球虫病的重要措施之一。

1. 分类　抗球虫药种类很多，根据其应用可分为两大类：专用抗球虫药和兼用抗球虫药。

（1）专用抗球虫药（主要用于抗球虫感染）：①硫胺类：氨丙啉、硝酸二甲硫胺等；②聚醚类抗生素：盐霉素、甲基盐霉素、莫能菌素、海南霉素、马杜霉素、山度霉素等；③吡啶酚类：氯羟吡啶等；④喹啉类：乙羟喹啉、丁氧喹啉等；⑤硝苯酰胺类：二硝托胺等；⑥磺胺类：磺胺喹噁啉（SQ）、磺胺氯吡嗪；⑦嗪类：地克珠利、托曲珠利；⑧其他类：尼卡巴嗪、氯苯胍、常山酮等。

（2）兼用抗球虫药（既用于抗微生物感染也用于抗球虫感染）：①磺胺类：磺胺二甲嘧

啶和增效磺胺制剂；②抗菌增效剂：二甲氧苄氨嘧啶；③呋喃类：呋喃唑酮；④抗生素类：林可霉素、硫黏菌素、四环素类。

2. 耐药性　在防治球虫病时，长期以低浓度药物饲喂，可使球虫对某些抗球虫药物产生耐药性，甚至出现交叉耐药现象。耐药性产生的速度因药物品种而异，最慢的是尼卡巴嗪和聚醚类，其次是氨丙啉和二硝托胺，再次为氯苯胍、磺胺类、呋喃类，较快的是氯羟吡啶，最快的是喹啉类。因此，为避免球虫耐药虫株的产生，在使用抗球虫药物时，除了选用高效、低毒、低残留药物，并按规定的用药浓度和用药天数使用，注意轮换用药和联合用药外，还应根据球虫发育的不同阶段，掌握抗球虫药物的作用峰期（峰期是指药物适用于球虫发育的主要阶段），选择最佳的抗球虫药物突击使用。抗球虫药对球虫作用峰期见表 3－1。

表 3－1　抗球虫药的作用峰期

药物名称	抑制球虫生长阶段	作用峰期
喹啉类	第一代孢子体	感染后第一天
氯羟吡啶	第一代繁殖期初期	感染后第一天
莫能霉素	子孢子和第一代裂殖体	感染后第二天
地克珠利	子孢子和第一代裂殖体	感染后第二天
氨丙啉	第一代裂殖体	感染后第三天
二硝托胺	第一代裂殖芽孢	感染后第三天
氯苯胍	主要作用第一代裂殖体，对第二代裂殖体也有作用	感染后第三天
磺胺类	主要作用第二代裂殖体，对第一代裂殖体也有作用	感染后第四天
呋喃类	第二代裂殖体	感染后第四天
尼卡巴嗪	第二代裂殖体	感染后第四天

（二）常用专用抗球虫药的应用

常用专用抗球虫药的作用特点与应用见表 3－2。

表 3－2　常用专用抗球虫药

药物	性状	作用与应用	用法与用量
氯羟吡啶（球落、克球多、克球粉、可爱丹）	白色或浅棕色结晶粉末。难溶于水，性质稳定	抑制球虫孢子体发育，峰期为感染后的第一天。效果比氨丙啉、球痢灵、尼卡巴嗪好，且无明显毒副作用。与甲苄氧喹啉合用，可产生协同效应。主要用于预防禽、兔球虫病。蛋鸡产蛋期禁用	混饲，每 1 000 kg 饲料，鸡 125 g，兔 200 g。休药期，鸡、兔 5 d
莫能霉素（瘤胃素、莫能菌素、莫能星）	白色结晶粉末。有特臭，不溶于水，性质稳定	对子孢子和第一代裂殖体均有抑制作用，峰期为感染后第二天，对鸡柔嫩艾美耳球虫、毒害艾美耳球虫、堆型艾美耳球虫等鸡常见球虫均有高效杀灭作用。另外，还能抗革兰氏阳性菌，促进动物生长发育，增加体重，提高饲料利用率。临床上用于防治鸡、犊牛、羔羊和兔的球虫病。蛋鸡产蛋期禁用	混饲，每 1 000 kg 饲料，禽 90～110 g，兔 20～40 g，羔羊 10～30 g，犊牛 17～33 g。休药期，鸡 3 d

（续）

药物	性状	作用与应用	用法与用量
马杜霉素（加福、抗球王）	其铵盐为白色结晶性粉末。不溶于水。其1%预混剂为黄色或浅褐色粉末	抗球虫活性峰期在子孢子和第一代裂殖体（即感染后第1～2 d）。对其他聚醚类离子载体抗生素已产生耐药性的球虫仍有效。此外，对大多数革兰氏阳性菌和部分真菌有杀灭作用，并有促进动物生长和提高饲料利用率的作用。毒性较大。产蛋期禁用	混饲，每1 000 kg饲料，鸡5 g。休药期，肉鸡5 d
盐霉素（沙利霉素、优素精）	白色或淡黄色结晶粉末。不溶于水	抗球虫效应与莫能菌素相似，对鸡柔嫩、毒害、堆型艾美耳球虫均有明显效果。另外，盐霉素还可作为猪的生长促进剂。火鸡、鸭较敏感不宜应用；蛋鸡产蛋期、马属动物禁用	混饲，每1 000 kg饲料，鸡60 g，猪25～75 g。休药期，肉鸡5 d
甲基盐霉素	白色或浅黄色结晶性粉末。不溶于水	其抗球虫机理和效应与盐霉素大致相同。肉鸡使用本品在每千克体重40 mg时，可对堆型艾美耳球虫、巨型艾美耳球虫产生良好的抗球虫效果、在每千克体重60 mg时，才能对毒害艾美耳球虫有效、在每千克体重80 mg时才能对布氏艾美耳球虫发挥药效	混饲，每1 000 kg饲料，鸡60～80 g；猪（体重20 kg以上）15～30 g
地克珠利（杀球灵、氯嗪苯乙氰）	淡黄色或米黄色粉末。不溶于水，性质较稳定	新型广谱、高效、低毒抗球虫药。主要抑制球虫的子孢子和第一代裂殖体早期阶段，峰期为感染后第二天。抗球虫效果优于莫能菌素、氨丙啉、尼卡巴嗪、氯羟吡啶等。药效期短，应连续用药，以防球虫病再次暴发。产蛋期禁用	混饲，每1 000 kg饲料，禽1 g 混饮，每升水，禽0.5～1 mg
拉沙菌素（拉沙洛西）	为白色或类白色粉末。在甲醇、乙醇中易溶，不溶于水	为广谱高效抗球虫药，属双价聚醚类离子载体抗生素，除用于鸡球虫外，还可用于火鸡、羔羊和犊牛球虫病的防治。本品与泰妙菌素或其他促进生长剂合用，增重效果优于单独用药。蛋鸡产蛋期、马属动物禁用	混饲，每1 000 kg饲料，鸡75～125 g；肉牛10～30 g（肉牛每头每天100～300 mg，草原放牧牛每头每天60～300 mg）
山度霉素	是从变种的玫瑰红马杜拉放线菌培养液中提取后，再进行结构改造的半合成抗生素	本品属单价糖苷聚醚离子载体半合成抗生素，是最新型的聚醚类抗生素。抗球虫机制与莫能菌素相似。山杜霉素对球虫子孢子以及第一代、第二代无性周期的子孢子、裂殖子均有抑杀作用。主要用于预防肉鸡球虫病	混饲，每1 000 kg饲料，肉鸡25 g
托曲珠利（甲苯三嗪酮、百球清）	为无色或浅黄色澄明黏稠液体	对家禽的多种球虫有杀灭作用，作用峰期是球虫裂殖生殖和配子生殖阶段。对鹅、鸽子球虫及对其他抗球虫药耐药的虫株有效。安全范围大，用药动物可耐受10倍以上的推荐剂量，不影响鸡对球虫免疫力的产生。用于防治鸡球虫病	混饮，每升水，鸡25 mg，连用2 d

（续）

药　物	性状	作用与应用	用法与用量
氨丙啉（安保宁、氨丙嘧吡啶）	白色或类白色结晶粉末。易溶于水，有吸湿性	主要作用于第一代裂殖体，峰期为感染后的第三天，对柔嫩、毒害艾美耳球虫高效，乙氧酰胺甲苯酯、磺胺喹噁啉与其合用，增强其抗球虫效力。具有高效、安全、球虫不易对其产生耐药性等特点，也不影响宿主对球虫产生免疫力，是产蛋鸡的主要抗球虫药。禁止与维生素 B_1 同时使用。产蛋期禁用	混饲，每1 000 kg饲料，鸡125～250 mg，连喂3～5 d，接着以每1 000 kg饲料60 mg，再喂14 d； 混饮，每升水，鸡60～240 mg
二硝托胺（球痢灵、二硝苯甲酰胺）	白色或类白色结晶粉末。无臭、无味。不溶于水，性质稳定	对禽类小肠毒害艾美耳球虫高效，对禽类其他球虫、兔球虫也有效。抑制球虫第一代裂殖体，峰期为感染第三天。适用于蛋鸡、肉用种鸡及兔球虫病的防治。蛋鸡产蛋期禁用	混饲，每1 000 kg饲料，鸡125 g。休药期3 d。内服，每千克体重，兔50 mg，每天2次，连喂5 d
磺胺喹噁啉（磺胺喹沙啉）	白色或淡黄色结晶粉末。无臭，其钠盐易溶于水	对鸡巨型、堆型、柔嫩、毒害艾美耳球虫作用较强，与氨丙啉、乙氧酰胺苯甲酯合用，有协同作用。主要抑制球虫第二代裂殖体，峰期为感染后第四天。用于畜禽球虫病的治疗。连续饲喂不超过5 d。蛋鸡产蛋期禁用	磺胺喹噁啉、二甲氧苄胺预混剂：混饲，每1 000 kg饲料，鸡500 g（以磺胺喹噁啉计）。休药期10 d
磺胺氯吡嗪钠（三字球虫粉）	白色或淡黄色粉末。易溶于水	作用特点与磺胺喹噁啉相似。峰期为感染后第四天。临床上主要用于鸡、兔等球虫病的治疗。蛋鸡产蛋期禁用	混饮，每升水，鸡0.3 g，连用3 d。休药期，火鸡4 d，肉鸡1 d
尼卡巴嗪（球虫净、双硝苯脲二甲嘧啶醇）	浅黄色结晶。几乎无味。微溶于水、乙醚及氯仿。性质稳定	对鸡柔嫩艾美耳球虫、布氏艾美耳球虫均有良好的预防效果。其作用峰期在第二代裂殖体（即感染第4天）。对其他球虫药有耐药性虫株，本品仍有效。高温季节慎用，蛋鸡产蛋期禁用	混饲，每1 000 kg饲料，禽125 g。休药期4 d 尼卡巴嗪、乙氧酰胺苯甲酯预混剂：混饲，每1 000 kg饲料，鸡500 g。休药期9 d
常山酮（速丹、卤夫酮）	人工合成的速丹为白色或灰白色结晶性粉末。微溶于水	抗球虫谱较广，对鸡多种球虫有效。主要作用于第一、第二代裂殖体。抗球虫的活性甚至超过聚醚类抗球虫药，与其他抗球虫药物无交叉耐药性。蛋鸡产蛋期禁用	氢溴酸常山酮预混剂（含常山酮0.6%）：混饲，每1 000 kg饲料，鸡500 g。休药期5 d

（三）兼用抗球虫药的应用

此类药物具有抗菌和抗球虫作用，特别是在治疗球虫与细菌混合感染方面效果明显。

（1）磺胺药（SM_2、SDM、SMM）及抗菌增效剂（DVD）及磺胺喹噁啉（专用）、磺胺氯吡嗪（专用）、增效磺胺等，对治疗小肠球虫病，尤其合并细菌感染的病例，治疗效果优于其他抗球虫药。其主要作用于无性繁殖阶段，抑制第二代裂殖体发育，对第一代裂殖体也有作用，抗球虫峰期为感染后的第四天，为此期治疗畜禽球虫感染的首选药。

（2）抗生素类的四环素、硫黏菌素、林可霉素、杆菌肽、维吉尼霉素等，与其他抗球虫药合用，可用于各种球虫病混合肠道细菌感染的防治。

二、抗锥虫药

锥虫病主要以吸血昆虫为传播媒介进行传播，包括马、牛、骆驼伊氏锥虫病（病原为伊氏锥虫）、马媾疫（病原为马媾疫锥虫）等。因此，防治本类疾病时，除应用抗锥虫药物外，平时还应重视消灭其传播媒介——吸血昆虫。

萘磺苯酰脲

【性状】又称苏拉明、那加诺、那加宁。其钠盐为白色或浅红色粉末。易溶于水，难溶于乙醇，其水溶液性质不稳定，宜现用现配。

【作用与应用】为传统上使用的作用最强而毒性最小的抗锥虫药。对锥虫体内的多种酶具有抑制作用，从而影响虫体的同化作用，导致虫体分裂受阻，最后溶解死亡。由于本品被吸收后能与血浆蛋白结合，在体内停留长达 1.5～2 个月，因此不仅有治疗作用，而且可用于预防锥虫病，其预防期马为 1.5～2 个月，骆驼 4 个月。临床上可用于防治马、骆驼、牛等动物的伊氏锥虫病，对布氏锥虫、马媾疫锥虫效果较差。

【注意事项】马属动物对本品最为敏感，治疗量时可出现荨麻疹、局部水肿、体温升高等不良反应，数日后可自然恢复。为减轻不良反应并提高疗效，可并用氯化钙、安钠咖等。

【用法】预防可采用皮下或肌内注射，治疗应采用静脉注射。临用前用灭菌生理盐水配成 10%溶液煮沸灭菌。治疗伊氏锥虫病时，应于 20 d 后再注射一次；治疗马媾疫时，应于 1～1.5 月后重复注射。

【制剂、用法与用量】

一次量，每千克体重，马 10～15 mg，牛 10～20 mg，骆驼 8.5～17 mg。

喹嘧胺

【性状】又称安锥赛。有两种，即甲硫喹嘧胺和喹嘧氯胺。两者均为白色或淡黄色结晶性粉末。无臭，味苦。前者易溶于水，后者难溶于水。

【作用与应用】对伊氏锥虫、马媾疫锥虫、刚果锥虫、活跃锥虫等均有疗效，而对布氏锥虫等疗效较差。其作用主要是抑制虫体代谢，影响虫体细胞的分裂。主要用于治疗马媾疫和马、牛、骆驼的伊氏锥虫病。当剂量不足时，锥虫易对本品产生耐药性。其疗效略低于苏拉明，毒性也略大。

【注意事项】①本品有刺激性，能引起注射部位肿胀、酸痛、硬结，一般在 3～7 d 后消散；②马属动物较敏感，注射后 15 min 至 2 h，出现兴奋、肌肉震颤、出汗、体温升高、腹痛、频排粪尿、口吐白沫、呼吸困难等症状，一般可在 5～6 h 内消失。重症者则需用阿托品解救。

【制剂、用法与用量】

注射用喹嘧胺：500 mg，甲硫喹嘧胺 214 mg 与喹嘧氯胺 286 mg。肌内、皮下注射，一次量，每千克体重，马、牛、骆驼 4～5 mg。临用时以注射用水配成 10%水悬液，剂量大时宜分点注射。

三　氮　脒

【性状】又称贝尼尔、血虫净。为黄色结晶性粉末。无臭，味微苦。易溶于水，微溶于乙醇。遇光、遇热变为橙红色，应遮光、密封保存。

【作用与应用】对锥虫、梨形虫和边虫均有作用，是治疗梨形虫病和锥虫病的高效药，但预防作用差。

（1）抗锥虫作用：能与锥虫的核苷酸产生不可逆性结合，阻断虫体DNA的复制，干扰蛋白质和磷酸甘油酯的合成，使虫体不能分裂繁殖，从而发挥抗锥虫作用。主要用于治疗马媾疫和伊氏锥虫病。

（2）抗梨形虫作用：对各种巴贝斯虫病和牛瑟氏泰勒梨形虫病的治疗作用较好，对牛环形泰勒梨形虫病、边虫感染也有效，是目前治疗梨形虫病较为理想的药物。

【注意事项】①骆驼对本品敏感，禁用；②水牛比黄牛敏感，治疗量时即可出现轻微反应，连续应用会出现毒性反应，故以一次用药为好；③一般动物治疗量无毒性反应。大剂量时会出现先兴奋继而沉郁、疝痛、尿频、肌肉震颤、流汗、流涎、呼吸困难，牛会出现臌胀、卧地不起、体温下降甚至死亡。轻度反应数小时会自行恢复，严重反应时需用阿托品等药物进行对症治疗；④肌内注射局部可出现疼痛、肿胀，经数天至数周可恢复。马较牛、羊重。

【制剂、用法与用量】

注射用三氮脒：1 g。肌内注射，一次量，每千克体重，马3～4 mg，牛、羊3～5 mg，犬3.5 mg。临用时以注射用水或生理盐水配成5%～7%溶液，深层肌内注射。一般1～2次，连用不超过3次，每次间隔24 h。

三、抗梨形虫药

梨形虫是由蜱传播，寄生于宿主红细胞内。多以发热、贫血、黄疸为基本临床症状，常可引起患畜大批死亡。

硫 酸 喹 啉 脲

又称阿卡普林、抗焦虫素。为淡黄色或黄色粉末。易溶于水，水溶液呈酸性。本品是传统的抗梨形虫药物，对马、牛、羊、猪的巴贝斯虫有效，对泰勒虫疗效较差。毒性较大，忌用大剂量。治疗量亦多出现胆碱能神经兴奋症状，但多数可在半小时内消失。为减轻不良反应，可将总剂量分成2份或3份，间隔几小时应用，也可用药前注射小剂量阿托品或肾上腺素。

【制剂、用法与用量】

硫酸喹啉脲注射液：10 mL：0.1 g、5 mL：0.05 g。皮下注射，一次量，每千克体重，马0.6～1 mg，牛1 mg，猪、羊2 mg，犬0.25 mg。

双　脒　苯　脲

【性状】又称咪唑苯脲。为双脒唑啉苯基脲。常用其二盐酸盐或二丙酸盐，均为无色粉末。易溶于水。

【作用与应用】为兼有预防和治疗作用的新型抗梨形虫药，对多种动物的巴贝斯虫病和泰勒虫病均有显著的预防和治疗效果。其疗效和安全范围都优于三氮脒，且毒性较其他抗梨形虫药小，但应用治疗量时，仍有某些动物出现类似抗胆碱酯酶作用的不良反应，一般能自行恢复，症状严重者，可用硫酸阿托品解救。临床上多用于治疗或预防牛、马、犬的巴贝斯虫病。

【注意事项】①禁止静脉注射，较大剂量皮下或肌内注射时，有一定的刺激性；②马属动物较敏感，尤其是驴、骡，忌用高剂量；③在食用组织中残留期较长，休药期为28 d。

【制剂、用法与用量】

二丙酸双脒苯脲注射液：10 mL：1.2 g。皮下、肌内注射，一次量，每千克体重，马2.2～5 mg，牛1～2 mg（锥虫病3 mg），犬6 mg。

青蒿素和青蒿琥酯

【性状】青蒿素为青蒿类植物的提取物；青蒿琥酯为青蒿素的衍生物，为白色结晶性粉末，微溶于水，易溶于有机溶剂。

【作用与应用】青蒿素能破坏原虫各种生物膜的功能，使虫体细胞质和营养物质大量漏失而死亡。具有抑制和杀灭梨形虫、弓形虫、球虫、疟原虫的作用。主要用于环形泰勒虫病、双芽巴贝斯虫病、弓形虫病、球虫病的治疗。具有高效、速效、低毒的特点。

【注意事项】怀孕母牛禁用，不可与酸性药物配伍。

【制剂、用法与用量】

青蒿琥酯片：50 mg。内服，每千克体重，牛5 mg（首次剂量加倍），每天2次，连用2～4 d，羊8 mg，每天2次。

青蒿素混悬注射液：2 mL：100 mg。肌内注射，剂量参照内服用量。

单元三 杀虫药

杀虫药是指对动物体外寄生虫具有杀灭作用的药物。蜱、螨、虱、蚤、蝇、蚊、虻、蝇蛆等节肢动物均属外寄生虫，它们不仅引起动物外寄生虫病，夺取动物的营养、损坏动物毛皮的质量，妨碍增重，给畜牧业造成经济损失，而且还传播许多人畜共患病，严重地危害人体健康。为此，选用高效、安全、经济、方便的杀虫药具有重要意义。

一般说来，所有杀虫药对动物都有一定的毒性，甚至在规定剂量内，也会出现程度不同的不良反应。因此，在使用杀虫药时，除严格掌握剂量与使用方法外，还需密切观察用药后的动物反应，遇有中毒迹象，应立即采取解救措施。

杀虫药的应用有以下几种方式：

1. 局部用药 多用于个体局部杀虫，一般应用粉剂、溶液、混悬液、油剂、乳剂和软膏等剂型局部涂擦、浇淋和撒布等。任何季节均可进行局部用药，剂量亦无明确规定，只要按规定有效浓度使用即可，但用药面积不宜过大，浓度不宜过高。涂擦杀虫药的油剂可经皮肤吸收，使用时应注意。透皮剂（或浇淋剂）中含有促进透皮吸收的药物，浇淋后可经皮肤吸收转运至全身，也具有驱杀内寄生虫的作用。

2. 全身用药 多用于群体杀虫，一般采用喷雾、喷洒、药浴，适用于温暖季节。药浴时需注意药液的浓度、温度以及动物在药浴池中停留的时间。饲料或饮水给药时，杀虫药进入动物消化道内，可杀灭寄生在体内的马胃蝇蛆和羊鼻蝇蛆等；药物经消化道吸收进入血液循环，可杀灭牛皮蝇蛆或吸吮动物血液的体外寄生虫；消化道内未吸收的药物经粪便排出后仍可发挥杀虫作用。全身应用杀虫药时必须注意药液的浓度和剂量。

杀虫药一般对虫卵无效，因而必须间隔一定时间重复用药。

常用的杀虫药包括有机磷类、拟除虫菊酯类和其他杀虫药。

一、有机磷类杀虫药

敌　百　虫

除驱除家畜消化道各种线虫（见驱线虫药）外，对动物体外寄生虫也有很好的杀灭作用。①杀灭羊鼻蝇蛆：按每千克体重 50～75 mg 的剂量内服，或以 2.4%溶液大群喷雾。②杀灭马胃蝇蛆：按每千克体重 50～75 mg 的剂量混入饲料，或按每千克体重 30～40 mg 的剂量配成 15%水溶液胃管投服。③杀灭牛皮蝇蛆：用 2%溶液涂擦或浇洒牛背部；但要控制用药面积不能过大，以防中毒。④杀螨：用 1%～3%溶液局部涂抹或用 0.2%～0.5%溶液药浴。⑤杀蜱、虱、蚤、蝇、蚊：以 0.1%～0.5%溶液喷洒畜体和环境。

皮　蝇　磷

【性状】又称芬氯磷。为白色结晶。几乎不溶于水，易溶于丙酮、四氯化碳、乙醚、二氯甲烷、甲苯。在中性、酸性环境中稳定，但在碱性条件下迅速分解失效。

【作用与应用】本品以防治牛皮蝇蛆效果好而得名，是专供兽用的有机磷杀虫剂。经内服或喷洒于皮肤上，有内吸杀虫作用。主要用于防治牛皮蝇、牛瘤蝇、纹皮蝇等。外用可杀灭虱、蜱、螨、臭虫、蟑螂等。

【注意事项】①母牛产犊前 10 d 内禁用；②泌乳牛禁用，肉牛休药期 10 d。

【制剂、用法与用量】

内服，一次量，每千克体重，牛 100 mg。皮蝇磷乳油（含皮蝇磷 24%），外用、喷淋，每 100 L 水加 1 L。

二　嗪　农

【性状】又称螨净。为无色油状液体，难溶于水，性质不稳定，在酸、碱溶液中均迅速分解。

【作用与应用】为新型广谱有机磷杀虫、杀螨剂，具有触杀、胃毒、熏蒸等作用和较弱的内吸作用。对蝇、蜱、虱及各种螨类均有良好的杀灭效果，灭蚊、灭蝇的药效可维持 6～8 周。

【注意事项】①猫、鸡、鹅、鸭等动物对本品较敏感，对蜜蜂剧毒，慎用。②休药期为 14 d，乳废弃期为 3 d。

【制剂、用法与用量】

药浴浓度：牛 0.06%，羊 0.02%；喷淋浓度：猪 0.025%，牛、羊 0.06%。

辛硫磷

本品是近年来合成的有机磷杀虫药，具有高效、低毒、广谱、杀虫残效期长等特点，对害虫有强触杀及胃毒作用，对蚊、蝇、虱、螨的速杀作用仅次于敌敌畏和胺菊酯，强于马拉硫磷等。对人、畜的毒性较低。辛硫磷室内喷洒滞留残效较长，一般可达 3 个月左右。可用于治疗动物体表寄生虫病，如羊螨病、猪疥螨病。

【制剂、用法与用量】

药浴配成 0.05%乳液，喷洒配成 0.1%乳液。复方辛硫磷胺菊酯乳油，喷雾，加煤油按 1∶80 稀释，灭蚊、灭蝇。

二、拟除虫菊酯类杀虫药

本类杀虫药是根据植物除虫菊中的有效成分——除虫菊酯的化学结构人工合成的一类杀虫药物，具有广谱、高效、速效、残效期长、对人畜毒性低、对环境污染小等优点。本类药物进入动物机体后被迅速降解灭活，因此，不能内服或注射给药。

溴氰菊酯

【性状】又称敌杀死、倍特。为白色结晶性粉末，无味，难溶于水，易溶于丙酮、苯、二甲苯。在阳光、酸、中性溶液中稳定，但在碱性溶液中迅速分解。

【作用与应用】是使用最广泛的一种拟菊酯类杀虫药。对动物体外寄生虫有很强的驱杀作用，具有广谱、高效、速效、残效期长、低残留等优点。对家蝇和蚊的杀灭作用分别为天然除虫菊酯的 1 000 倍及 220 倍。对畜禽外寄生虫，如蚊、家蝇、厩蝇、羊蜱蝇、牛皮蝇、羊痒螨、牛羊各种虱、猪血虱及禽羽虱等均有良好杀灭作用，一次用药能维持药效近 1 个月。本品对于对有机磷、有机氯耐药的虫体仍有高效。本品对鱼剧毒，蜜蜂、家蚕亦敏感。溴氰菊酯乳油含溴氰菊酯 5%，药浴或喷淋，每 1 000 L 水加 100～300 mL。

氰戊菊酯

【性状】纯品为微黄色油状液体，原料药为黄色或棕色黏稠液体。几乎不溶于水，易溶于甲醇、乙醇、二甲苯、丙酮、氯仿等有机溶剂。稳定性好，常温储存稳定性达两年以上。碱性条件下会逐步分解。

【作用与应用】对动物的多种外寄生虫及吸血昆虫如虱、蚤、蜱、螨、蚊、蝇等有良好的杀灭作用，尤其是对有机氯、有机磷化合物敏感的禽，使用较安全。杀虫效力强，效果确切。以触杀为主，兼有胃毒和驱避作用，无内吸和熏蒸作用。有害昆虫接触后，药物迅速进入虫体的神经系统，表现出强烈兴奋、抖动，很快麻痹、瘫痪，最后被击倒杀灭。

【注意事项】①不要与碱性物质混用。配制溶液时，水温以 12 ℃为宜，水温不宜超过 25 ℃，否则会降低药效或失效。②对蜜蜂、鱼虾、家蚕等毒性高，使用时注意不要污染河流、池塘、桑园、养蜂场所。

【制剂、用法与用量】

氰戊菊酯溶液（20%）：药浴、喷淋时每升水，马或牛螨病 20 mg；猪、羊、犬、兔、鸡螨病 80～200 mg；牛、羊、兔、犬、鸡虱及刺皮螨 40～50 mg；杀灭蚤、蚊、蝇、牛虻

40～80 mg。喷雾时稀释成 0.2%的浓度，鸡舍按每平方米 3～5 mL 喷雾，喷雾后密闭 4 h 杀灭鸡羽虱、蚊、蝇、蠓等。

三、其他类杀虫药

双 甲 脒

【性状】又称虫螨脒、阿米曲士。为白色或浅黄色结晶性粉末，无臭，在水中不溶，易溶于丙酮，在乙醇中缓慢分解。

【作用与应用】是一种广谱、高效、低毒的接触性杀虫剂。具有广谱、高效、低毒的特点。对牛、羊、猪、兔的体外寄生虫，如疥螨、痒螨、蜱、虱等的各阶段虫体均有极强的杀灭作用，但其作用缓慢，残效期长，用药后 24 h 才能使虫体解体脱落，一次用药可维持 6～8 周。兽医临床主要用于杀螨，也用于杀灭蜱、虱等动物外寄生虫。本品对鱼有剧毒，马较敏感应慎用；对蜜蜂虽安全无毒，但灭蜂螨时，由于易使蜂产品有药物残留，应禁用。双甲脒乳油含双甲脒 12.5%，药浴、喷淋或涂擦动物体表，每 1 000 L 水加 3～4 L。

环 丙 氨 嗪

【性状】又称灭蝇胺。纯品为无色晶体或结晶性粉末，无臭，微溶于水及乙醇。

【作用与应用】实验证明，它可以延迟幼虫体的生长期，影响蜕皮过程和阻止正常的化蛹，从而导致幼虫体的死亡。可用于控制集约化养殖场几乎所有的蝇类，并可控制跳蚤及防治羊身上的绿蝇属幼虫等。对抗药性蝇株，无交叉抗药性。还可明显降低鸡舍内氨气的含量，大大改善畜禽饲养环境。可用于肉鸡、种鸡、蛋鸡、猪、牛、羊等动物，用于控制动物厩舍内蝇蛆的生长繁殖，杀灭粪池内蝇蛆。

【制剂、用法与用量】

环丙氨嗪预混剂：1%、10%（用于配制 1%的环丙氨嗪预混剂） 以环丙氨嗪计。混饲，每 1 000 kg 饲料，鸡 5 g。连用 4～6 周。

环丙氨嗪可溶性粉（50%）：以本品计。喷洒，每 20 m^2，10 g 加水 15 L；喷雾，每 20 平方米，10 g 加水 5 L。

环丙氨嗪可溶性颗粒（2%）：以本品计。干撒，每 10 m^2，5 g；洒水，每 10 m^2，2.5 g 加水 10 L；喷雾，每 10 m^2，5 g 加水 1～4 L。

非 泼 罗 尼

【性状】又称氟虫腈。属于苯吡唑类，纯品为白色结晶性粉末。难溶于水，水中溶解度为 2 mg/L，易溶于玉米油。

【作用与应用】非泼罗尼毒性中等，对多种寄生虫均有杀灭作用，杀虫活性是有机磷酸酯、氨基甲酸酯的 10 倍以上。主要用于犬、猫体表蚤类，犬蜱及其他体表害虫的防治。

【注意事项】非泼罗尼对鱼和蜜蜂毒性较大，使用时应避免污染鱼塘、河流、湖泊和蜂群所在地。

【制剂、用法与用量】

非泼罗尼喷剂：喷雾时每千克体重，犬、猫 3～6 mL。

非泼罗尼滴剂：外用时滴于皮肤，猫 0.5 mL；犬体重 10 kg 以下用 0.67 mL，体重在 10～20 kg 用 1.34 mL，体重在 20～40 kg 用 2.68 mL，体重 40 kg 以上用 5.36 mL。

复方非泼罗尼滴剂（猫用）：外用时滴于皮肤，每只猫 0.5 mL。

复方非泼罗尼滴剂（犬用）：以本品计。外用：滴于皮肤，犬体重 10 kg 以下用0.67 mL，体重在 10～20 kg 用 1.34 mL，体重在 20～40 kg 用 2.68 mL，体重 40～60 kg 用 4.02 mL。

知识拓展

一、抗蠕虫药的合理选用

抗蠕虫药物的种类很多，根据寄生性蠕虫、宿主对药物的敏感性，药物对虫体的作用特点，提出抗蠕虫药的选药顺序（表 3－3），供兽医临床用药参考。

表 3－3　抗蠕虫药的合理选用

药物类别	畜别	寄生虫	选药顺序
驱线虫药	马	蛔虫、副蛔虫	枸橼酸哌嗪、敌百虫、阿苯达唑
		圆形线虫	阿苯达唑、伊维菌素、枸橼酸哌嗪
		尖尾线虫	阿苯达唑、敌百虫、甲噻嘧啶、伊维菌素
	牛、羊	胃肠道主要线虫	左旋咪唑、伊维菌素、阿苯达唑、敌百虫
		毛首线虫	盐酸羟嘧啶、左旋咪唑、敌百虫
		网尾线虫	左旋咪唑、阿苯达唑、敌百虫
	猪	蛔虫	左旋咪唑、阿苯达唑、伊维菌素、敌百虫
		食道口线虫	噻苯咪唑、枸橼酸哌嗪、敌百虫
		毛首线虫	敌百虫、左旋咪唑、阿苯达唑
		后圆线虫	左旋咪唑、阿苯达唑、伊维菌素
	鸡	蛔虫、异刺线虫	左旋咪唑、阿苯达唑、枸橼酸哌嗪
	犬	胃肠道线虫	伊维菌素、敌百虫、阿苯达唑
驱吸虫药	牛、羊	肝片吸虫	硝氯酚、硫双二氯酚、阿苯达唑
		矛形歧腔吸虫	阿苯达唑、吡喹酮
		前后盘吸虫	硫双二氯酚、氯硝柳胺
	猪	姜片吸虫	敌百虫、硫双二氯酚、吡喹酮
	牛	血吸虫	吡喹酮、敌百虫、硝柳氰醚
驱绦虫药	马	裸头科绦虫	氯硝柳胺、硫双二氯酚
	牛、羊	莫尼茨绦虫	氯硝柳胺、硫双二氯酚
		曲子宫绦虫	氯硝柳胺、硫双二氯酚
		无卵黄腺绦虫	氯硝柳胺、硫双二氯酚
	犬	细粒棘球绦虫	氢溴酸槟榔碱
		复孔绦虫	氯硝柳胺
	鸡	赖利绦虫	氯硝柳胺、阿苯达唑、硫双二氯酚
	鸭、鹅	剑带绦虫	氢溴酸槟榔碱
	家畜	绦虫蚴虫	吡喹酮、阿苯达唑
肝片吸虫与绦虫混合感染			硫双二氯酚、吡喹酮
各种线虫与绦虫混合感染			阿苯达唑

二、抗球虫药的合理应用

1. 重视药物预防，加强饲养管理　目前应用的抗球虫药，多数是抑杀球虫发育过程的无性生殖阶段，待临床出现血便等症状时，球虫发育基本完成了无性生殖而开始进入有性生殖阶段，这时用药为时已晚。动物舍内潮湿，卫生条件恶劣及病鸡、兔或带虫鸡、兔的粪便污染等，均可诱发球虫病。因此，在早期预防用药期间，应加强饲养管理。

2. 合理选用不同作用峰期的药物　一般来说，作用峰期在感染后1～2 d的药物，其抗球虫作用较弱，多用于预防和早期用药；而作用峰期在感染后3～4 d的药物，其抗球虫作用较强，多作为治疗药物。抗球虫药抑制球虫发育阶段的不同，直接影响鸡对球虫产生免疫力。作用于第一代裂殖体的药物，影响鸡产生免疫力，多用于肉鸡，不宜或一般不用于蛋鸡和肉用种鸡；作用于第二代裂殖体的药物，不影响鸡产生免疫力，可用于蛋鸡和肉用种鸡。

3. 采用轮换用药、穿梭用药或联合用药方法　若长期低剂量使用抗球虫药物，可诱发球虫产生耐药性，甚至会对结构相似或作用机理相同的同类药物产生交叉耐药性，以致抗球虫药物的有效性降低或完全无效。实践证明，有计划地在短期内轮换或穿梭使用作用机理不同、抗球虫作用峰期不同的抗球虫药，不仅可减少或避免耐药性的产生，而且可提高药物防治效果。

4. 选择适当的给药方法、注意配伍禁忌　患球虫病的鸡一般食欲减退，甚至废绝，但饮欲正常，甚至增加，因此通过饮水给药可使病鸡获得足够的药量，且混饮给药比混料更方便，治疗性用药宜提倡混饮给药。同时，选择药物时，还要考虑配伍禁忌问题，如莫能霉素、盐霉素禁止与泰妙菌素、竹桃霉素合用，否则会造成鸡只生长发育受阻，甚至中毒死亡。

5. 剂量合理，疗程充足　有些抗球虫药物的推荐治疗量与中毒量很接近，在应用时，要了解饲料中已添加的品种，以避免治疗时重复使用同一种药物，造成药物中毒。如马度米星的预防量为每千克饲料添加5 mg，中毒剂量为每千克饲料添加9 mg，重复用药会造成药物中毒。

6. 严格遵守我国兽药残留和休药期规定，保障动物性食品消费者健康　严格遵守我国《动物性食品中兽药最高残留限量》的规定，认真监控抗球虫药的残留；遵守《中华人民共和国兽药典》（2010年版）关于抗球虫药休药期的规定以及其他有关的注意事项。

复习思考题

一、选择题

1. （　　）驱线虫作用强，安全范围大，且有免疫调节作用。

   A. 敌百虫　　B. 左旋咪唑　　C. 硝氯酚　　D. 敌杀死

2. 下列药物对绦虫有效的是（　　）。

   A. 丙硫咪唑　　B. 左旋咪唑　　C. 伊维菌素　　D. 敌百虫

3.（　　）毒性小，既能内服驱除胃肠道线虫，又可外用驱除畜禽的蜱、螨、虱等体外寄生虫。

A. 三氮脒　　B. 双甲脒　　C. 伊维菌素　　D. 氯硝柳胺

4. 对血吸虫有效的药物是（　　）。

A. 吡喹酮　　B. 丙硫苯咪唑　　C. 氯硝柳胺　　D. 硫酸喹啉脲

5.（　　）对组织滴虫作用强且禽类较敏感。

A. 乙胺嘧啶　　B. 痢特灵　　C. 甲硝唑　　D. SMM

6. 马杜拉霉素混饲的用量是（　　）。

A. 5 mg/kg　　B. 25 mg/kg　　C. 1 mg/kg　　D. 0.04%

7.（　　）杀虫药安全范围大，蜜蜂可用。

A. 双甲脒　　B. 敌杀死　　C. 敌百虫　　D. 溴氰菊酯

8.（　　）对球虫和细菌均有效。

A. SD　　B. SM2　　C. SQ　　D. 氨丙啉

9.（　　）对球虫有效，而对细菌无效。

A. 地克珠利　　B. 痢菌净　　C. 痢特灵　　D. 吡哌酸

10. 抗球虫药要根据（　　）用药。

A. 剂量　　B. 作用峰期　　C. 季节　　D. 改变途径

11. 抗球虫药应用时要注意（　　）以防残留。

A. 休药期　　B. 加大用量　　C. 环境　　D. 长期用药

12. 外用杀死体表的蜱、螨等寄生虫的是（　　）。

A. 丙硫咪唑　　B. 左旋咪唑　　C. 伊维菌素　　D. 氯苯胍

二、简答题

1. 抗蠕虫药分为哪几类？在应用上各有哪些特点？

2. 哪些抗蠕虫药会发生毒性反应？应如何进行解救？

3. 调查本地区抗蠕虫药应用情况，如有抗药情况该怎么办？

4. 专用抗球虫药和兼用抗球虫药各有什么特点？当鸡群出现球虫性血痢时，请拟出一个抗球虫药给药方案。

5. 抗锥虫药与抗梨形虫药各有哪些品种？应该怎样选用？

6. 常用杀虫药有哪些品种？应用时应注意哪些问题？

模块四 作用于消化系统的药物

消化系统疾病是动物比较常见的一类疾病。由于动物种类不同，消化系统解剖结构和生理机能各有特点，因而发病类型和发病率也有差异，如马属动物易发便秘疝，反刍动物易发前胃弛缓、瘤胃积食和瘤胃臌气，犬易发胃肠炎等。

作用于消化系统的药物种类很多，根据作用和临床应用，可分为健胃药、助消化药、瘤胃兴奋药、制酵药、消沫药、泻药和止泻药等。

单元一 健胃药与助消化药

一、健胃药

健胃药是指能提高食欲，促进唾液和胃液分泌，加强消化机能的药物。食欲不振常常不是一种单独的疾病，而是某些疾病的一个症状，治疗时应着重于病因治疗。健胃药主要适用于功能性食欲不振或作为病因治疗的辅助药物。

健胃药按性质与作用可分为苦味健胃药、芳香性健胃药和盐类健胃药。

（一）苦味健胃药

本类药具有强烈的苦味，口服可刺激舌部味觉感受器，反射性地兴奋食物中枢，而使唾液和胃液分泌增多，消化机能加强，食欲提高。当动物消化不良，食欲减退时作用更显著，但应注意必须饲喂前经口给药，不能用胃管投服；用量不宜过大，同一种药物不宜长期反复应用，以免药效降低，动物产生耐受性。

龙 胆

【来源与成分】是龙胆科植物龙胆的干燥根茎和根，粉末为淡棕黄色。本品含龙胆苦苷、龙胆苦素等。应密闭、干燥保存。

【作用与应用】本品味极苦，口服可刺激舌部味觉感受器，反射性地引起食物中枢兴奋，促进消化，改善食欲。主要用于食欲减退，消化不良等。

【制剂、用法与用量】

龙胆末：口服，一次量，马、牛 20～50 g，羊 5～10 g，猪 2～4 g，犬 1～5 g。

龙胆酊：由龙胆末 10 g，加 40%乙醇至 100 mL 制成的褐色液体。口服，一次量，马、牛 50～100 mL，羊 5～15 mL，猪 3～8 mL，犬 1～3 mL。

大 黄

【来源与成分】是蓼科植物大黄的干燥根茎，味苦，内含苦味质、鞣酸和蒽醌苷类大黄素、大黄酚、大黄酸等。

【作用与应用】大黄的作用与用药剂量有关。口服小剂量时，苦味质发挥其苦味健胃作用；中等剂量时，鞣酸发挥收敛止泻作用；大剂量时，因蒽醌苷类被吸收，在体内水解为大黄素和大黄酚等，再由大肠分泌进入肠腔，刺激大肠黏膜，使肠蠕动增强，引起下泻，但致泻后易继发便秘，故用于下泻时常与硫酸钠配伍。此外，大黄还有较强的抗菌作用，对金黄色葡萄球菌、链球菌、大肠杆菌、痢疾杆菌、绿脓杆菌、皮肤真菌均有抑制作用。

临床上主要用作健胃药，也可与硫酸钠配伍治疗大肠便秘。外科上大黄末与石灰（2∶1）配合，撒布创伤，能抗菌消炎，促进伤口愈合；与地榆末配合（2∶1）调油局部涂擦，可治疗烧伤和烫伤。

【制剂、用法与用量】

大黄末：内服（健胃），马 10～25 g，牛 20～40 g，猪 1～2 g，羊 2～4 g，犬 0.5～2 g。内服（泻下），马、牛 100～150 g，猪、羊 30～60 g，驹、犊 10～30 g，仔猪 2～5 g，犬 2～4 g。

大黄苏打片：每片含大黄和碳酸氢钠各 0.15 g，薄荷油适量。内服（健胃及中和胃酸作用），一次量，猪 5～10 g，羔羊 0.5～2 g，兔 0.6～1 g。

马 钱 子 酊

【来源与成分】为马钱科植物番木鳖成熟种子的乙醇制剂，又称番木鳖酊，棕色液体。有效成分为番木鳖碱，亦称士的宁。味极苦，有毒。

【作用与应用】口服后主要发挥苦味健胃作用，常用于治疗消化不良、食欲不振、前胃弛缓、瘤胃积食等。吸收后，可提高脊髓中枢的兴奋性，剂量过大易致中毒。故临床应用时，必须严格控制剂量，连续用药不能超过一周，以免发生蓄积中毒。孕畜禁用，以免发生流产。

【制剂、用法与用量】

马钱子酊：内服，一次量，马 10～20 mL，牛 10～30 mL，羊、猪 1～2.5 mL，犬 0.1～0.6 mL。

马钱子流浸膏：内服，一次量，马 1～2 mL，牛 1～3 mL，羊、猪 0.1～0.25 mL，犬 0.01～0.06 mL。

（二）芳香性健胃药

本类药种类较多，如陈皮、桂皮、豆蔻、茴香、大蒜、姜、辣椒等。它们多数含有挥发油，内服可刺激味觉感受器及消化道黏膜，反射性地增加消化液分泌，促进胃肠蠕动，提高食欲。另外，还有轻度抑菌和制酵作用；一部分挥发油经呼吸道排泄能增加支气管腺的分泌，有轻度祛痰作用。健胃、祛风、制酵、祛痰是本类药的共同特点，临床上常配成复方制剂，用于消化不良，胃肠内轻度发酵和积食等。

陈 皮

为芸香科植物柑橘成熟果食的干燥果皮，内含挥发油、橙皮苷、维生素 B_1 和肌醇等。味苦辛而芳香，有健胃、祛风、祛痰等作用。常与本类其他药物配合，用于消化不良、积食、气胀和咳嗽痰多等。陈皮酊是由 20%陈皮末制成的酊剂，内服，一次量，马、牛 30～100 mL，猪、羊 10～20 mL。

姜

为姜科植物姜的干燥根茎，内含挥发油、姜辣素、姜酮等。

内服有较强的健胃、祛风作用，还能反射性地兴奋中枢神经，促进血液循环，升高血压，增加发汗。临床可用于消化不良、胃肠气胀、四肢厥冷、风湿痹痛、风寒感冒等。由于局部刺激作用较大，可外用作为皮肤刺激药。姜酊是由20%姜末制成的酊剂，内服，一次量，马、牛30～100 mL，羊、猪15～30 mL。临用时加5～10倍水稀释。

大　蒜　酊

由去皮大蒜100 g捣烂加70%酒精1 000 mL，密封浸泡12～14 d过滤制成，为淡绿色液体，主要成分为大蒜素。

内服大蒜酊能刺激胃肠黏膜，增强胃肠蠕动和胃液分泌，有健胃作用。还有明显的抑菌、制酵作用。临床上常用于治疗瘤胃臌气、前胃弛缓、胃扩张、肠臌气、慢性胃肠卡他等。内服，一次量，马、牛50～100 mL，猪、羊10～20 mL，禽2～4 mL。临用前加4倍水稀释。

（三）盐类健胃药

主要有氯化钠、碳酸氢钠、人工盐等。内服少量盐类，通过渗透压作用，可轻度刺激消化道黏膜，反射性地增强胃肠蠕动，消化液分泌增多，提高食欲；又可补充离子，调节体内离子平衡。

氯　化　钠

【性状】又称食盐。为无色透明结晶或白色结晶粉末。味咸，易溶于水，水溶液呈中性。

【药理作用】

（1）健胃作用：内服少量，其咸味刺激舌味觉感受器和口腔黏膜，反射性地增加唾液和胃液分泌，促进食欲。氯化钠到达胃肠时，还继续刺激胃肠黏膜，增加消化液分泌，加强胃肠蠕动。此外，还参与胃液中盐酸的形成，促进消化。

（2）消炎作用：本品1%～3%的溶液洗涤创伤，有轻度刺激、防腐、引流和促进肉芽组织生长的作用。

（3）其他：等渗及高渗氯化钠溶液静脉注射，能补充体液、促进胃肠蠕动（详见调节水、电解质药和瘤胃兴奋药）。

【临床应用】氯化钠内服常用于食欲不振、消化不良；0.9%氯化钠溶液用作多种药物的溶媒，并可冲洗子宫和洗眼；1%～3%的溶液洗涤创伤；10%溶液冲洗化脓创和引流。内服（健胃），一次量，马10～25 g，牛20～50 g，猪2～5 g，羊5～10 g。

【注意事项】猪和家禽对氯化钠比较敏感，应慎用。饲喂含盐多的酱渣、咸鱼粉、卤菜、泔水、肉汤等，应注意中毒。一旦发生中毒，可给予溴化物、脱水药和利尿药解救，并对症治疗。

碳　酸　氢　钠

【性状】又称小苏打。为白色结晶粉末。无臭，味咸。易溶于水，水溶液呈弱碱性。在潮湿空气中可缓慢分解释放二氧化碳变为碳酸钠，应密闭保存。

【药理作用】

（1）健胃作用：碳酸氢钠呈弱碱性，内服后能迅速中和胃酸，缓解幽门括约肌紧张度，对胃卡他性炎症，能溶解黏液，改善消化机能。

（2）增加机体碱储量：内服或注射吸收后，能增加血液中的碱储，降低血液中 H^+ 浓度，临床上常用于防治酸中毒（详见调节酸碱平衡药物）。

（3）碱化尿液：吸收后，部分碳酸氢钠由尿排泄，使尿液的碱性提高，可增加磺胺类药物或水杨酸在尿中的溶解度，减少其在泌尿道析出结晶的副作用。

（4）祛痰作用：内服后，一部分从支气管腺排泄，能增强腺体分泌、兴奋纤毛上皮、溶解黏液、稀释痰液而呈现祛痰作用。

（5）消炎作用：用2%～4%溶液冲洗污物，溶解炎性分泌物，疏松上皮，以减轻炎症。

【临床应用】①与大黄、氧化镁等配伍，治疗慢性消化不良。对胃酸过多所致的消化不良，应饲前给药。②静脉注射5%碳酸氢钠注射液防治重症肠炎、败血症、大面积烧伤等疾病引起的酸中毒。③与磺胺类药物、水杨酸类药物配用以降低这些药物对泌尿道的副作用。④内服祛痰药时，可配合少量碳酸氢钠，便于痰液排出。⑤溶液冲洗治疗子宫、阴道等黏膜的炎症。

【注意事项】中和胃酸时，能迅速产生大量二氧化碳，刺激胃壁，促进胃酸分泌，会继发胃酸过多，并使胃内压增加，故禁用于马胃扩张，以免引起胃破裂。碳酸氢钠水溶液放置过久、强烈振摇或加热能分解放出二氧化碳变为碳酸钠，碱性增强，故应密闭保存。静脉注射碳酸氢钠注射液时，宜稀释为1.25%溶液缓慢静脉注射，勿漏出血管外（详见调节酸碱平衡药物）。

【制剂、用法与用量】

碳酸氢钠片：0.3 g、0.5 g。内服，一次量，马 15～60 g，牛 30～100 g，猪 2～5 g，羊 5～10 g，犬 0.5～2 g。

人 工 盐

【性状】由干燥硫酸钠44%、碳酸氢钠36%、氯化钠18%、硫酸钾2%混合而成。为白色干燥粉末，易溶于水，水溶液呈弱碱性。应密封保存。

【作用与应用】内服少量人工盐，能促进胃肠蠕动和消化液分泌，中和胃酸，加强饲料消化。用于胃肠弛缓、消化不良。内服较大剂量人工盐，同时给予大量饮水，有缓泻作用，可用于便秘初期，此外，还有利胆作用，可用于胆道炎的辅助治疗。本品中碳酸氢钠从支气管腺排出时还有轻微祛痰作用。禁与酸性物质或酸类健胃药、胃蛋白酶等配伍。

【制剂、用法与用量】

内服（健胃），一次量，马、牛 50～150 g，猪、羊 10～30 g，犬 5～10 g。内服（缓泻），马、牛 200～400 g，猪、羊 50～100 g，犬 20～50 g。

二、助消化药

食物的消化主要由胃肠及其附属器官分泌的胃液、胰液、胆汁等来完成。当消化机能减退，消化液分泌不足时，则消化功能紊乱，消化不良。助消化药多为消化液中的主要成分，如稀盐酸、乳酸、淀粉酶、胃蛋白酶、干酵母、胰酶、山楂、麦芽或建曲等。它们用来补充消化液中某些成分的不足，以发挥替代疗法，使消化活动迅速恢复正常。本类药物作用迅速，奏效快，宜对症下药，否则不仅无效，有时反会受害。临床上常与健胃药配合应用。

稀 盐 酸

【性状】为无色澄明液体。无臭，味酸，含盐酸10%，呈强酸性，应置玻璃塞瓶内密封。

【作用与应用】内服稀盐酸能补充胃液中盐酸的不足，使胃蛋白酶原活化为胃蛋白酶，维持胃蛋白酶作用所需的酸性环境。促使幽门括约肌开放，使食糜进入十二指肠。当酸性食糜进入十二指肠时，可反射性地增强胰液和胆汁的分泌，有助于脂肪及其他食物的进一步消化，增加钙、铁等盐类的溶解与吸收。此外，稀盐酸还有一定的抑菌、制酵作用。

临床上主要用于胃酸缺乏引起的消化不良、食欲不振、胃内发酵、前胃弛缓、马骡急性胃扩张、碱中毒等。

【注意事项】用量不宜过大，浓度不宜过高（一般稀释成0.1%～0.2%的浓度应用），否则胃内酸度过高会刺激胃黏膜，反射性地引起幽门括约肌痉挛，影响胃内排空，并出现腹痛。

【用法与用量】

内服，一次量，马 10～20 mL，牛 15～30 mL，猪 1～2 mL，羊 2～5 mL，犬 0.1～0.5 mL，禽 0.1～0.3 mL。

稀醋酸与食醋

【性状】稀醋酸含 6%醋酸，为无色澄明液体。味酸，应密封保存。

【作用与应用】本品具有防腐、制酵和促进消化的作用，用于治疗消化不良、瘤胃臌胀等。食醋含醋酸 2%～10%，应用同稀醋酸。此外，两者外用有防腐、刺激和收敛作用。对挫伤可用食醋或 1%稀醋酸溶液与白陶土混合外敷。治疗子宫或阴道脱时，可用 2%～3%稀醋酸溶液冲洗。

【制剂、用法与用量】

内服，马、牛 50～200 mL，猪、羊 5～20 mL，临用时用水稀释 25～50 倍。

胃 蛋 白 酶

【性状】从牛、羊、猪等动物的胃黏膜中提取制得。为白色或淡黄色粉末。味微酸，有吸湿性，能溶于水，水溶液呈酸性。在 70 ℃以上或碱性条件下，易被破坏失效，在弱酸性条件下则较稳定。

【作用与应用】本品为蛋白质分解酶，可使蛋白质水解为蛋白胨、蛋白胨，有助于消化。常用于胃液不足引起的消化不良，饲前与适量稀盐酸配伍，能提高疗效。

【制剂、用法与用量】

内服，一次量，马、牛 4 000～8 000 IU，猪、羊 800～1 600 IU，驹、犊 1 600～4 000 IU，犬 80～800 IU，猫 80～240 IU。

胰 酶

【性状】从牛、羊、猪的胰脏中提取制得。为淡黄色粉末，能溶于水。含胰蛋白酶、胰脂肪酶、胰淀粉酶等。遇酸、碱、重金属盐或加热易失效。

【作用与应用】本品能消化蛋白质、淀粉和脂肪使其分解为氨基酸、单糖、脂肪酸和甘油，便于吸收。主要用于幼畜消化不良和疾病的恢复期，也用于胰腺机能障碍引起的消化不良。胰酶在中性或弱碱性环境中作用最强，故常与碳酸氢钠同服。

【制剂、用法与用量】

内服，一次量，马、牛 5～10 g，猪、羊 1～2 g，犬 0.2～0.5 g。

乳酶生

【性状】本品是乳酸杆菌的干燥制剂，每克含活乳酸杆菌 1 000 万个以上。为白色粉末，无臭，无味，难溶于水。受热易失效，应于凉暗处保存。

【作用与应用】本品进入肠道后，能分解糖类产生乳酸，使肠内酸度增高，抑制腐败性细菌的繁殖，制止发酵产气。常用于幼畜下痢、消化不良、肠臌气等。应用时不宜与抗菌药、吸附剂、鞣酸、防腐消毒药等配伍；并禁用热水调药，以免影响药效。一般饲前给药。

【制剂、用法与用量】

内服，一次量，驹、犊 10～30 g，猪、羊 2～10 g，犬 0.3～0.5 g。

干酵母

【性状】又称食母生。为麦酒酵母菌的干燥菌体，呈淡黄白色或黄棕色的薄片、颗粒或粉末。有酵母特臭，味微苦。

【作用与应用】本品含 B 族维生素，如维生素 B_1、维生素 B_2、烟酸、维生素 B_6、维生素 B_{12}、叶酸、肌醇及麦芽糖酶、转化酶等。这些成分多为体内酶系统的重要组成物质，能参与体内糖、脂肪、蛋白质的代谢和生物氧化过程，因而能促进消化。常用于食欲不振、消化不良和 B 族维生素缺乏症。

【制剂、用法与用量】

干酵母片：0.3 g、0.5 g。内服，一次量，马、牛 120～150 g，猪、羊 30～60 g，犬 8～12 g。

单元二 抗酸药

抗酸药是指能降低胃内容物酸度的弱碱性无机物质。抗酸药分为易吸收和不易吸收两大类。目前常用的是不易吸收的缓冲性抗酸药，包括碱性抗酸药（氧化镁、氢氧化镁、氢氧化铝）、抑制胃酸分泌药（奥美拉唑、溴丙胺太林、甲吡戊痉平）。

氢氧化镁

【性状】为白色粉末。无臭，无味。几乎不溶于水，不溶于乙醇，溶于稀盐酸。

【作用与应用】内服难吸收，作用较强、较快，可快速调节 pH 至 3.5。中和胃酸时不产生 CO_2。临床用于胃酸过多与胃炎等病症。若持久大量应用，可引发便秘和腹胀等现象。

【制剂、用法与用量】

镁乳：含氢氧化镁8%的水混悬液。内服，一次量，犬5～30 mL，猫5～15 mL。

溴丙胺太林

【性状】又称普鲁本辛。为白色或类白色的结晶粉末。无臭，味极苦。微有引湿性。极易溶于水、乙醇或氯仿中，不溶于乙醚和苯。

【作用与应用】本品为节后抗胆碱药。对胃肠道M胆碱受体选择性高，有类似阿托品样作用。治疗剂量对胃肠道平滑肌的抑制作用强而持久，也会减少唾液、胃液和汗液的分泌。中毒剂量可阻断神经肌肉传导，引起呼吸麻痹。临床用于胃酸过多症及缓解胃肠痉挛。

【制剂、用法与用量】

溴丙胺太林片：15 mg，内服，一次量，小犬5～7.5 mg，中犬15 mg，大犬30 mg，猫5～7.5 mg,每8 h一次。

单元三　制酵药与消沫药

一、制酵药

制酵药是指能抑制细菌的活动，阻止胃肠内容物发酵，使其不产生过量气体的一类药物。主要用于治疗反刍动物的瘤胃臌气，也用于马属动物的胃扩张及肠臌气。常用药物有鱼石脂、甲醛溶液、芳香氨醑等。

鱼石脂

【性状】又称依度。为棕黑色的黏稠液体，有特臭。在热水中溶解，溶液呈弱酸性，易溶于酒精。应密闭在阴凉处保存。

【作用与应用】内服能抑制胃肠道内微生物的繁殖，促进胃肠蠕动，防腐，制酵。外用对局部有温和的刺激作用，能消炎消肿，促进肉芽组织生长。

临床上常用于瘤胃臌气、前胃弛缓、消化不良、急性胃扩张和肠臌气等。治疗马便秘疝，常与泻药配合。用时先用倍量乙醇溶解，然后加水稀释成3%～5%溶液灌服。外用30%～50%软膏局部涂敷，治疗慢性皮炎、蜂窝织炎、肌腱炎、冻疮等。

【制剂、用法与用量】

内服，一次量，马、牛10～30 g，猪、羊1～5 g。

芳香氨醑

【性状】本品是由碳酸铵（3%）、浓氨溶液（6%）、柠檬油（0.5%）、八角茴香油（0.3%）、90%乙醇（75%）以及水等制成的液体制剂。新配制时为无色澄明液体，久置后变黄，具芳香及氨臭味。

【作用与应用】本品中氨、乙醇、茴香所含的茴香醚及挥发油，均有挥发性、局部刺激性和抑菌作用。内服后可制止胃肠道细菌发酵，刺激胃肠蠕动，有利于气体的排出。同时因刺激胃肠道而增加消化液的分泌，可改善消化机能。常用于消化不良、瘤胃臌气、急性肠臌气等。配用氯化铵也可治疗急、慢性支气管炎。

【制剂、用法与用量】

内服，一次量，马、牛 20～100 mL，羊、猪 4～12 mL，犬 0.6～4 mL。

二、消 沫 药

凡能降低液体表面张力，使泡沫迅速破裂的药物，称为消沫药。如二甲硅油、松节油等。

牛的瘤胃臌气一般有两种：一种是瘤胃内游离气体产生过多而又不能排出所引起的，称为气臌胀。这些气体多积聚于瘤胃上方，一般可用制酵药、瘤胃兴奋药，严重的可用套管针排气。另一种是采食了含皂苷较多的苜蓿、紫云英等豆科植物所引起的。皂苷能降低瘤胃内液体的表面张力，产生黏稠性小气泡夹杂于瘤胃内容物中，不能融合成大气泡上升到瘤胃上部通过嗳气排出，这种臌胀称为泡沫性臌胀。此时单独应用制酵药往往无效，必须使用消沫药，使泡沫破裂、融合成大气泡或气体，聚升至瘤胃上部，通过嗳气排出。

二 甲 硅 油

【性状】为二甲基硅氧烷的聚合物。无色或微黄色澄明液体，不溶于水及乙醇。应密封保存。

【作用与应用】内服后能迅速降低瘤胃内泡沫液膜的局部表面张力，使泡沫破裂，融合成大气泡，随嗳气排出，产生消除泡沫作用。其作用迅速，用药 5 min 后起作用，15～30 min 作用最强。常用于治疗瘤胃泡沫性臌胀。

【制剂、用法与用量】

二甲硅油：25 mg、50 mg。内服，一次量，牛 3～5 g，羊 1～2 g。临用前配成 2%～3%酒精溶液，以胃管投服。投服前后给少量温水。

松 节 油

【作用与应用】松节油是常用的皮肤刺激剂之一，也用于消化道疾病。本品少量内服可刺激消化道黏膜，促进胃肠蠕动；有制酵、祛风、消沫作用。可用于治疗瘤胃臌胀、泡沫性臌胀、肠臌气、胃肠弛缓等。应用时加 3～4 倍植物油混合内服，以减少刺激。本品禁用于屠宰家畜、泌乳母畜及有胃肠炎、肾炎的家畜。

【制剂、用法与用量】

内服，一次量，马 15～40 mL，牛 20～60 mL，猪、羊 3～10 mL。

实验 消沫药的作用

【目的】观察松节油、煤油、二甲硅油的消沫作用。

【原理】肥皂水易于产生泡沫，消沫药能够降低肥皂泡的表面张力，使泡沫破裂。

【材料】试管、1%肥皂水、松节油、煤油、2.5%二甲硅油、食用油、正辛醇、自来水、0.9%食盐水、10%食盐水。

【步骤】

(1) 取 1%肥皂水数毫升，分别装入 7 支试管中，振荡使之产生泡沫。

（2）于各试管中分别滴加松节油、煤油（或正辛醇）、2.5%二甲硅油、食用油、自来水、0.9%食盐水、10%食盐水各3～5滴，观察各试管中泡沫消失的速度，并记录各试管中泡沫消失的时间（min）。结果记入表4-1。

表4-1　消沫药的作用观察

试样	松节油	煤油	2.5%二甲硅油	食用油	自来水	0.9%食盐水	10%食盐水
泡沫消失时间（min）							

【作业】撰写实验报告，并说明消沫药的作用特点。

单元四　止吐药和催吐药

一、止吐药

止吐药是一类能抑制呕吐反射，制止呕吐的药物。兽医临床主要用于制止犬、猫、猪及灵长类动物的呕吐反应。

氯苯甲嗪

【性状】又称敏克静。为白色或类白色结晶性粉末。几乎无臭，无味。微溶于水，易溶于乙醇或氯仿。

【作用与应用】制止变态反应性及晕动病所致的呕吐，止吐作用可持续20 h左右。对迷走神经及前庭神经有显著的抑制作用，同时对中枢神经也有一定的抑制。常用于犬、猫等动物的呕吐治疗。

【制剂、用法与用量】

盐酸氯苯甲嗪片：25 mg。内服，一次量，犬25 mg，猫12.5 mg。

甲氧氯普胺

【性状】又名胃复安、灭吐灵。为白色结晶粉末。遇光变成黄色，毒性增强，勿用。

【作用与应用】能抑制催吐化学感受区而呈现强大的中枢性止吐作用。此外，还能作为胃肠推动剂，促进胃蠕动和食物后送，加速胃的排空，改善呕吐症状。用于胃肠胀满、恶心呕吐及药物性呕吐等。

【注意事项】犬、猫妊娠时禁用。禁与阿托品、颠茄等制剂合用，以防止药效降低。

【制剂、用法与用量】

胃复安片：5 mg、10 mg。内服，一次量，犬、猫10～20 mg。

胃复安注射液：1 mL：10 mg、1 mL：20 mg。肌内注射，一次量，犬、猫10～20 mg。

舒必利

又称止吐灵。为中枢止吐药，止吐作用强大。内服止吐效果是氯丙嗪的166倍，皮下注射时是氯丙嗪142倍。兽医临床常用作犬的止吐药，止吐效果优于胃复安（甲氧氯普胺）。内服，一次量，5～10 kg体重，犬0.3～0.5 mg。

二、催吐药

催吐药是指能引起呕吐的药物。催吐作用可由兴奋中枢呕吐化学敏感区引起，如阿扑吗啡；也可通过刺激食道、胃等消化道黏膜，反射性地兴奋呕吐中枢，引起呕吐，如硫酸铜。兽医临床主要用于犬、猫。

阿扑吗啡

【性状】又称去水吗啡。为白色或浅灰色的光泽结晶或结晶性粉末。溶于水和乙醇，水溶液呈中性。无臭。置空气中遇光会变成绿色，勿用。

【作用应用】本品为中枢反射性催吐药，能直接刺激延髓催吐化学感受区，反射性地兴奋呕吐中枢，引起恶心呕吐。内服作用较弱而缓慢，皮下注射作用强烈。

常用于犬清除胃内毒物，猫不用。

【制剂、用法与用量】

阿扑吗啡注射液：皮下注射，一次量，猪10～20 mg，犬2～3 mg，猫1～2 mg。

单元五　瘤胃兴奋药

凡能加强瘤胃平滑肌收缩，促进瘤胃蠕动，加强反刍，消除积食和气胀的药物称为瘤胃兴奋药。饲养管理不当、饲料不良、风寒侵袭、长途运输或某些内科疾病及传染性疾病等都可引起前胃弛缓，使反刍减弱或停止，并进一步引起瘤胃积食或瘤胃臌气等一系列严重疾病，甚至导致动物自体中毒、呼吸困难、心衰而死亡。治疗时除消除病因、加强饲养管理外，还必须应用瘤胃兴奋药来恢复瘤胃机能。

常用瘤胃兴奋药有浓氯化钠注射液、甲氧氯普胺等。拟胆碱药和抗胆碱酯酶药也有兴奋瘤胃的作用。

浓氯化钠注射液

【性状】为10%氯化钠的灭菌水溶液。无色透明，pH 4.5～7.5，专供静脉注射用。

【作用与应用】本品静脉注射后，可提高血液渗透压，增加血容量，改善血液循环，有利于组织的新陈代谢，同时又能刺激血管壁的化学感受器，反射性地兴奋迷走神经，使胃肠的蠕动和分泌加强，当胃肠机能衰弱时，这种作用更加显著。临床上常用于前胃弛缓、瘤胃积食、马便秘疝等。本品作用缓和，疗效好，副作用少，用药后2～4 h作用最强。

【注意事项】静脉注射时，不宜稀释，速度宜缓慢，不可漏出血管外。不宜反复使用，一般只使用一次，必要时第二天再使用一次。心脏衰弱的病畜要慎用。

【制剂、用法与用量】

浓氯化钠注射液：50 mL：5 g、250 mL：25 g。静脉注射，一次量，每千克体重，家畜0.1 g。

单元六　泻药与止泻药

一、泻　　药

泻药是指能促进肠蠕动，增加肠内容积或润滑肠腔、软化粪便，从而促进粪便排出的药物。临床上主要用于治疗便秘或排出消化道内发酵腐败产物和有毒物质，或在服用驱虫药后，用以除去肠内残存的药物和虫体。

根据作用机理可将泻药分为容积性泻药、刺激性泻药、润滑性泻药、神经性泻药四类。

（一）容积性泻药

容积性泻药是指能扩张肠腔容积，产生机械性刺激作用而导致泻下的药物。这类药物大多为盐类，故又称盐类泻药。临床上常用的有硫酸钠、硫酸镁，其水溶液中含有不易被胃肠黏膜吸收的SO_4^{2-}、Mg^{2+}等离子，在肠内形成高渗环境，吸收并保持大量水分，软化粪便，增大肠内容积，并对肠壁产生机械或化学性刺激作用，引起肠蠕动增强，促进粪便排出。

盐类泻药的致泻作用与溶液的浓度和用量有很大关系。高渗溶液才能保持肠腔内水分，并能使体液的水分向肠腔转移，增大肠管容积，发挥致泻作用。硫酸钠的等渗溶液为3.2%，硫酸镁的等渗溶液为4%。致泻时，应配成6%～8%的溶液灌服，主要用于大肠便秘。单胃家畜服药后3～8 h排粪，反刍动物18 h以上排粪。如果与大黄等植物性泻药配伍，可产生协同作用。

盐类溶液浓度过高（10%以上），不仅会延长致泻时间，降低致泻效果，而且进入十二指肠后，能反射性地引起幽门括约肌痉挛，妨碍胃内容物排空，有时甚至可引起肠炎。小肠阻塞时因阻塞部位接近胃，不宜选用盐类泻药，否则，易继发胃扩张。

硫　酸　钠

【性状】又称芒硝。为无色透明大块结晶或颗粒状粉末。味苦而咸，易溶于水。易失去结晶水而风化，应密封保存。

【作用与应用】本品小剂量内服，能适度刺激消化道黏膜，使胃肠的分泌与蠕动增强，故有健胃作用；较大剂量时，在肠内解离出SO_4^{2-}、Na^+，不易被肠黏膜吸收，可保持大量水分，增加肠内容积，稀释肠内容物，刺激肠道蠕动，促进排粪。

主要应用治疗大肠便秘，配成6%～8%溶液灌服。排出肠内毒物或辅助驱虫药排除虫体时，本药较为安全。牛瓣胃阻塞时，可用25%～30%硫酸钠溶液250～300 mL直接注入瓣胃，软化干结食团，有较好的效果。化脓创和瘘管的冲洗、引流，可用10%～20%硫酸钠溶液。

【制剂、用法与用量】

内服（健胃），一次量，马、牛15～50 g，猪、羊3～10 g。致泻，马200～500 g，牛400～800 g，猪25～50 g，羊40～100 g，犬10～25 g，猫2～4 g。用时配成6%～8%溶液。

硫　酸　镁

【性状】为无色针状结晶。味苦而咸，易溶于水，在空气中易风化。须密封保存。

【作用与应用】硫酸镁内服后的致泻作用及用途与硫酸钠相似。此外，内服少量硫酸镁可刺激十二指肠黏膜，反射性地使总胆管括约肌松弛和胆囊排空，故有利胆作用。静脉注射硫酸镁溶液有抑制中枢神经的作用，并能缓解骨骼肌痉挛，详见抗惊厥药。

【制剂、用法与用量】

内服（致泻），马 200～500 g，牛 300～800 g，羊 50～100 g，猪 25～50 g，犬 10～20 g，猫 2～5 g。用时配成 6%～8%溶液。

（二）刺激性泻药

本类药物内服后，在胃内一般无变化，到达肠道后，能分解出有效成分，对肠黏膜产生化学性刺激，反射性地促进肠蠕动和增加肠液分泌，产生泻下作用。临床常用药物有大黄、蓖麻油、芦荟、番泻叶等。

蓖 麻 油

【性状】为大戟科植物蓖麻的种子经压榨而得的植物油。为淡黄色澄明的黏稠液体。微臭，不溶于水，易溶于醇。

【作用与应用】蓖麻油本身无刺激性，有润滑肠道的作用。内服到达十二指肠后，一部分被胰脂肪酶分解为蓖麻油酸和甘油，前者在小肠中与钠结合为蓖麻油酸钠，可刺激肠黏膜，促进肠道蠕动而排粪；后者对肠道起润滑作用。用药后 4～8 h 排粪。主要用于中小家畜的小肠阻塞。对大家畜，特别是牛，效果不确切。

【注意事项】采用冷压法制得的工业用蓖麻油，含蓖麻蛋白毒，不能服用，以免中毒。孕畜、肠炎患畜及应用脂溶性驱虫药时，不能用蓖麻油作为泻药。

【制剂、用法与用量】

内服，一次量，马、牛 200～400 mL，驹、犊 30～80 mL，猪、羊 20～60 mL，犬 5～25 mL，猫 4～10 mL。

（三）润滑性泻药

本类药物又称为油类泻药。内服后，多以原形通过肠道，起润滑肠壁、阻止水分吸收、软化粪便的作用，使粪便易于排出。临床常用药物有液体石蜡和一些植物油，如豆油、菜籽油、棉籽油等。

液 体 石 蜡

【性状】是石油提炼过程中的一种副产品，为无色透明的油状液体。无臭无味，呈中性反应，不溶于水及乙醇。

【作用与应用】本品内服后，在肠道内不发生变化，也不被吸收，被覆于肠黏膜表面，以原形通过肠道，可阻止水分吸收，润滑肠壁而致泻。其泻下作用缓和，无刺激性。临床常用于治疗瘤胃积食、小肠阻塞、孕畜便秘。

【注意事项】本品不宜多次服用，否则会影响脂溶性维生素及钙、磷等的吸收。

【制剂、用法与用量】

液体石蜡：250 g、500 g。内服，一次量，马、牛 500～1 500 mL，羊 100～300 mL，猪 50～100 mL，犬 10～30 mL，兔 5～15 mL，猫 5～10 mL。

此外，食用植物油大量灌服后，除很小部分被吸收或分解外，大部分以原形通过肠道，润滑肠壁，软化粪便，促进排粪。用量大于消沫药。

（四）神经性泻药

包括拟胆碱药（如氨甲酰胆碱等）、抗胆碱酯酶药（如新斯的明等）。它们能兴奋胆碱能神经，增加消化腺分泌，促进胃肠蠕动而致泻。其作用迅速而强大，但副作用也大，宜慎用，并严格控制剂量（详见作用于外周神经系统的药物）。

二、止泻药

止泻药指能制止腹泻的一类药物。根据作用特点，止泻药分为收敛性止泻药、吸附性止泻药、抗菌性止泻药和抑制肠蠕动止泻药四类。

（一）收敛性止泻药

收敛性止泻药通过凝固蛋白质形成保护层，使肠道免受有害因素刺激，减少分泌，起收敛保护黏膜作用。如碱式硝酸铋、碱式碳酸铋等。

碱式碳酸铋

【性状】又称为次碳酸铋。为白色或黄白色粉末，无臭无味，不溶于水和醇，易溶于酸，遇光缓慢变质。

【作用与应用】本品内服后，在胃肠道内能缓慢离解出铋离子，铋离子既能与蛋白质结合呈收敛作用，又能在肠内与硫化氢结合，形成不溶的硫化铋，覆盖在肠黏膜表面，保护肠黏膜，使硫化氢等有害物质对肠黏膜的刺激减少，肠道蠕动变慢而发挥止泻作用。可用于治疗胃肠炎及腹泻。外用时，在炎性组织中能缓慢离解出铋离子，与细菌和组织表层的蛋白质结合，产生收敛和抑菌消炎作用。对烧伤、湿疹可用次碳酸铋粉撒布，10%软膏可用于创伤或溃疡。

【制剂、用法与用量】

次碳酸铋片：0.3 g。内服，一次量，马、牛 15～30 g，羊、猪、驹、犊 2～4 g，犬 0.3～2 g。

（二）吸附性止泻药

这类药物通过表面吸附作用，吸附水、气、病原体及毒物等，减轻其对胃肠道的刺激和损伤，从而达到止泻的目的。如药用炭、白陶土、盐酸地芬诺酯、腐殖酸钠等。

药用炭

【性状】又称为活性炭。是动物骨骼或木材在密闭窑内烧制而成的，研成黑色的微细粉末。无臭无味，不溶于水，在空气中易吸收水分使药效降低，应干燥密封保存。

【作用与应用】药用炭粉末细小，表面积很大（500～800 m^2/g），有很强的吸附性。内服后，能吸附病原微生物、发酵产物、气体、毒物、毒素及生物碱等；并能覆盖在肠黏膜表面，保护肠黏膜免受刺激，使肠道蠕动变慢而发挥止泻作用。临床可用于肠炎、腹泻及中毒等。外用于浅部创伤，有干燥、抑菌、止血和消炎作用。

【注意事项】禁与抗生素、乳酶生合用，否则这两种药会被吸附而降低药效。其吸附作用是可逆的，用于吸附毒物时，应随后给予盐类泻药促使排出。本品也能吸附营养物质，影响吸收，故不宜反复应用。

【制剂、用法与用量】

内服，一次量，马 20～150 g，牛 20～200 g，猪 3～10 g，羊 5～50 g，犬 0.3～2 g。

白 陶 土

【性状】为白色粉末，有脂肪感，不溶于水。

【作用与应用】药用白陶土必须在 150 ℃干燥灭菌 2～3 h。白陶土主要含硅酸铝，有吸附和保护作用。白陶土带阴电荷，只能吸附带阳电荷能物质，如生物碱、碱性染料等。其吸附作用较药用炭弱，临床上用于胃肠炎、幼畜腹泻的治疗及吸附肠道毒物；外用治疗糜烂性湿疹、溃疡和烧伤。白陶土有保水和导热性，与食醋配伍局部冷敷，可用于急性关节炎、蹄叶炎以及日射病、热射病等的治疗。

【制剂、用法与用量】

内服，一次量，马、牛 50～150 g，猪、羊 10～30 g，犬 1～5 g。

盐酸地芬诺酯

又称苯乙哌啶、止泻宁。为哌替啶的衍生物。直接作用于肠平滑肌，抑制肠黏膜感受器，减弱肠蠕动；同时可增强肠的节段性收缩，延缓肠内容物后移，促进肠内水分的再吸收。长期使用能产生依赖性，若配以阿托品可减少依赖性发生。主要用于急慢性功能性腹泻、慢性肠炎等的对症治疗。内服，一次量，犬 2.5 mg、猫 0.6 mg，3 次/d。

（三）抗菌性止泻药

家畜腹泻大多因病原微生物感染所致，临床上首先采取对因治疗措施，选用一些对肠道病原微生物有效的抗菌药物进行治疗，以控制其危害而止泻。许多药物如磺胺脒、痢菌净、庆大霉素、氟本尼考、环丙沙星、黄连素等，均有很好的抗菌止泻作用（见抗微生物药物）。

（四）抑制肠蠕动止泻药

当腹泻不止或伴有剧烈腹痛时，为了防止脱水、减轻疼痛，可选用胃肠平滑肌抑制药，如阿托品、颠茄等，使肠蠕动减慢而止泻。但这些药副作用大，会继发胃肠弛缓，宜控制剂量（见作用于外周神经系统药物）。

实验一 泻药的作用

【目的】观察盐类和油类泻药的泻下作用。

【原理】肠道内高渗透压或黏膜附着力减小都会导致肠道快速排便。

【材料】

（1）动物：家兔。

（2）药品：6.5%硫酸镁溶液、20%硫酸镁溶液、液体石蜡、生理盐水、10%水合氯醛。

（3）器材：兔固定板、手术刀、手术剪、注射器（1 mL）、纱布、药棉、温度计、温水、茶缸、镊子、缝合针、缝合线、针头（6 号）。

【步骤】

（1）取家兔 1 只，称重，按每千克体重 1.5 mL 由耳静脉注入 10%水合氯醛使之麻醉后，仰卧固定。剖开腹腔，找出小肠，观察其正常蠕动和充盈状况。在不损伤肠系膜血管的情况下，用线将肠管结扎成 4 段，使之互不相通，每段长约 3 cm。然后于各段分别注入 6.5%硫酸镁溶液、20%硫酸镁溶液、液体石蜡、生理盐水各 0.5 mL。

（2）注射完毕后，立即将肠管放回腹腔内，用缝线缝合腹壁（或以止血钳夹住），盖以温湿纱布，并注意保温。经 40 min 后，打开腹腔，观察各段肠管充盈情况，以注射器抽取肠管内液体，比较各段肠管内液体的量有无差异。剪开肠管观察肠黏膜充血情况并记录。结果记入表 4-2。

表 4-2 泻药的作用观察

项 目	6.5%硫酸镁溶液	20%硫酸镁溶液	液体石蜡	生理盐水
肠管充盈度				
液体数量（mL）				
肠黏膜颜色				

【作业】

（1）撰写实验报告。

（2）分析各段肠管所产生变化的原因。说明应用盐类泻药以多大浓度为宜，为什么？

实验二 药用炭的吸附作用

【目的】观察并了解药用炭对士的宁的吸附作用。

【原理】药用炭内表面积大，能够吸附士的宁，使其难以发挥药效。

【材料】

（1）动物：青蛙或蟾蜍。

（2）药品：0.01%硝酸士的宁注射液、药用炭、蒸馏水。

（3）器材：试管、漏斗、滤纸、漏斗架、玻璃棒、1 mL 玻璃注射器、5 号针头、天平。

【步骤】

（1）向试管内加入 0.01%硝酸士的宁注射液 2 mL，再加入优质药用炭 0.2 g，仔细搅拌并用滤纸过滤到另一试管中。然后，取 1 mL 滤液注入青蛙或蟾蜍的腹淋巴囊中，观察是否出现反射作用。

（2）于腹淋巴囊中注入未经药用炭吸附的 0.01%硝酸士的宁注射液 1 mL，观察反应。

【作业】撰写实验报告，并说明药用炭的临床意义。

知识拓展

一、健胃药与助消化药的合理选用

健胃药和助消化药可用于治疗动物食欲不振、消化不良，临床上常配伍应用。但食欲不振、消化不良往往是许多全身性疾病或饲养管理不当的表现，因此必须在对因治疗和改善饲养管理的前提下，配合选用本类药物，才能提高疗效。马属动物出现口干而红、舌苔黄、粪干小等消化不良症状时，选用苦味健胃药龙胆酊、大黄酊、陈皮酊等；如果口腔湿润、色青白、舌苔白、粪便松软带水，则选用芳香性健胃药配合人工盐等较好。

当消化不良兼有胃肠弛缓或胃肠内容物异常发酵时，应选用芳香性健胃药，并配合鱼石脂等制酵药。猪的消化不良，一般选用人工盐或大黄苏打片。吮乳幼畜的消化不良，主要选用胃蛋白酶、乳酶生、胰酶等。草食动物吃草不吃料时，亦可选用胃蛋白酶，配合稀盐酸。牛摄入蛋白质丰富的饲料后，在瘤胃内产生大量的氨，影响瘤胃活动，早期可用稀盐酸，疗效良好。

二、制酵药与消沫药的合理选用

由于采食大量容易发酵或腐败变质的饲料导致的臌胀或急性胃扩张，除危急情况应先穿刺放气外，一般可用制酵药治疗，并根据病情，配以消沫药、泻药、瘤胃兴奋药等，促进气体排出。在常用制酵药中，甲醛作用最强，但它对胃肠黏膜刺激也最强，并能杀死胃内有益的微生物（如纤毛虫），因此除严重臌胀外，一般不用。鱼石脂制酵效果较好，刺激作用缓和，临床比较常用，常与酒精、大蒜酊等配合应用。泡沫性臌胀，若选用制酵药，只能制止气体的产生，对已形成的泡沫无消除作用，因此必须选用消沫药，在不确定泡沫性臌胀类型的情况下，用硅油加制酵药比较可靠。

三、泻药的合理选用

大肠便秘的早、中期，一般首选盐类泻药如硫酸钠、硫酸镁，也可大剂量灌服人工盐缓泻。小肠阻塞的早、中期，一般可选植物油、液体石蜡，其优点是容积小、无刺激性，有润滑作用，不能选用盐类泻药，因其容积过大，有继发胃扩张的危险。排出肠内毒物时，一般选用盐类泻药，不能选用油类泻药，否则会促进脂溶性毒物的吸收而加重病情。便秘后期，阻塞局部肠壁会发生淤血、炎症、麻痹、坏死等病变，一般只能选用油类泻药，并配合消炎、强心、补液等措施，效果不好时宜考虑手术治疗。应用泻药，要防止因泻下作用太猛、水分排出过多而导致病畜脱水或继发肠炎，因此，对此类药，一般只投药一次，不宜多次用药，用药前应给予充足饮水。对孕畜、幼畜及老弱患畜，选用润滑性泻药为佳。

四、止泻药的合理选用

腹泻是机体的一种保护性反应，能促进细菌、毒物或腐败分解产物的排出。因此，腹泻的早期不应立即使用止泻药，应先用泻药排出有害物质，再用止泻药。剧烈或长期腹泻，不仅影响营养物质吸收，严重的会引起机体脱水及钾、钠、氯等电解质紊乱，这时必须立即应用止泻药，并补充水分和电解质，采取综合治疗方法。治疗腹泻，应先查明原因，根据情况选用止泻药。如细菌性腹泻，应给予相应的抗菌药，一般不用收敛药和吸附药；因大量毒物引起的腹泻，不要急于止泻，应先用盐类泻药促进毒物排出，待大部分毒物从消化道排出后，方可用碱式碳酸铋等保护胃肠黏膜，或用活性炭吸附毒物，并随后再次给予盐类泻药以排出药用炭吸附物；对一般性急性水泻，往往导致脱水、电解质紊乱，应先补液，再用止泻药。

复习思考题

一、选择题

1. 松节油内服可用于（　　）。
A. 止泻　B. 镇吐　C. 中和胃酸
D. 制酵健胃　E. 解胃肠痉挛

2. 苦味健胃药口服可刺激（　　），反射性兴奋食物中枢，而使唾液和胃液分泌增多，消化机能加强，食欲提高。
A. 舌部味觉感受器　B. 胃　C. 十二指肠
D. 喉部　E. 咽部

3. 龙胆属于（　　）。
A. 催吐药　B. 芳香性健胃药　C. 抗酸药
D. 苦味健胃药　E. 盐类健胃药

4. 马钱子毒性大，口服治疗消化不良时，连续用药不能超过（　　），否则有中毒危险。
A. 1 d　B. 3 d　C. 7 d
D. 10 d　E. 15 d

5. 可用于非肉用、非乳用草食动物制酵的药是（　　）。
A. 二甲硅油　B. 蓖麻油　C. 甲醛溶液
D. 菜籽油　E. 煤酚皂溶液

6. 能使胃蛋白酶活性增强的药物是（　　）。
A. 胰酶　B. 稀盐酸　C. 乳酶生
D. 抗酸药　E. 氯化钠

7. 酵母片是（　　）。
A. 胃肠解痉药　B. 抗酸药　C. 干燥活酵母制剂
D. 生乳剂　E. 瘤胃兴奋药

8. 可与驱虫药配伍的泻下药是（　　）。
A. 硫酸镁　B. 蓖麻油　C. 植物油
D. 食用油　E. 以上都是

9. 属于瘤胃兴奋药的是（　　）。
A. 毛果云香碱　B. 浓氯化钠液　C. 鱼石脂
D. 灭吐灵　E. 新斯的明

10. 能够增强助消化药胰酶作用的药物是（　　）。
A. 稀盐酸　B. 稀醋酸　C. 0.9%氯化钠
D. 碳酸氢钠　E. 松节油

11. 以下有抑菌、制酵作用的药物是（　　）。
A. 陈皮　B. 大蒜酊　C. 氯化钠
D. 鱼石脂　E. 植物油

12. 以下可用作犬类止吐的药物是（　　）。
A. 氯苯甲嗪　B. 阿扑吗啡　C. 甲氧氯普胺
D. 舒必利　E. 硫酸铜

13. 当动物剧烈腹泻需要止泻时，适宜选用下列药物中的（　　）。
A. 鞣酸蛋白　B. 新斯的明　C. 氨甲酰甲胆碱
D. 毛果芸香碱　E. 二甲硅油

14. 吗丁啉属胃动力药，在人医临床用得较多，近年来也常用于治疗猫等动物因胃肠运动不足导致的积食性消化不良症，可用以下（　　）药代替。
A. 氨甲酰甲胆碱　B. 阿托品　C. 碱式碳酸铋
D. 盐酸地芬诺酯　E. 胃复安

15. 活菌药物，如乳酶生，不能与（　　）配伍。
A. 抗生素　B. 维生素　C. 药用炭
D. 白陶土　E. 大蒜酊

二、简答题

1. 大黄的作用与用量有何关系？大黄致泻后又为何易继发便秘？
2. 反刍动物采食紫苜蓿发生瘤胃臌气，为何不能选用鱼石脂？适合选用什么药？
3. 止泻药分为哪几类？细菌性腹泻时，临床上如何选用止泻药？
4. 吮乳幼畜发生消化不良时，主要选用什么药？幼龄动物发生便秘时，宜如何用药？

三、案例分析

1. 某育肥牛采食、反刍、嗳气停止；精神委顿，目光呆滞，行动迟缓而不稳，偶有低头左顾、不安、颈肌微颤、后肢踢腹动作；鼻镜干燥，腹部膨大，排少量稀而酸臭粪便。经查，其呼吸、心跳增加，体温正常，腹部坚实，拳压凹陷恢复缓慢，胃肠蠕动几无，叩诊半浊音，似有潺潺声。主诉：近日该牛数次偷食大猪颗粒精饲料，数量不详。据此，某兽医直接开如下处方给予治疗：

Rp
（1）硫酸钠　800 g
碳酸氢钠　800 g
常水　2 000 mL
用法：拌匀，胃管一次灌服。
（2）0.1%新斯的明注射液　20 mL
用法：一次肌内注射。2 h 重复 1 次。
（3）5%碳酸氢钠注射液　750 mL
10%葡萄糖注射液　2 000 mL
复方氯化钠注射液　5 000 mL
25%维生素 C 注射液　40 mL
1%地塞米松　3 mL
用法：同时混配，一次静脉注射。1 次/d，连用 2～3 d。

该处方用药是否合理？为什么？

2. 某猪场一窝20日龄仔猪突发腹泻，排白色或灰白色糊状稀便、腥臭味。经查多数仔猪体温不高，个别体温略有上升，排泄物涂片镜检可见大量大肠杆菌。疑为仔猪白痢，兽药开出如下处方：

Rp

(1) 庆大霉素注射液　　8万～12万U

5%维生素B_1注射液　　2～4 mL

用法：一次肌内注射，2次/d，连用2～3 d。

(2) 黄连素　　1～2 g

活性炭　　2 g

用法：一次灌服，2次/d，连用2～3 d。

(3) 食盐　　3.5 g

氯化钾　　1.5 g

小苏打　　2.0 g

葡萄糖粉　　20 g

用法：加温开水1 000 mL溶解，置洁净盆中，自由饮用。

此处方是否合理？为什么？

模块五　作用于呼吸系统的药物

呼吸系统是由呼吸道和肺组成的，在呼吸中枢的调节下，进行正常的气体交换，因其直接与外界接触，环境的剧烈变化，如寒冷、潮湿、烟尘、异物及病原微生物侵入等，都会对呼吸系统造成影响，导致呼吸系统疾病的发生。咳、痰、喘是呼吸系统疾病的常见症状，三者往往同时存在，互为因果。如痰多则咳，久咳则喘，重剧的痰、咳、喘会严重影响呼吸系统和循环系统的正常机能。引起呼吸系统疾病的原因很多，如病原微生物和寄生虫侵入、化学性刺激、气候骤变、过敏反应、神经功能失调等。临床上除对因治疗外，还应配合祛痰、镇咳、平喘药等对症治疗。

根据呼吸系统药物作用的特点将其分为三类，即祛痰、镇咳、平喘药，它们常配伍应用。

单元一　祛 痰 药

祛痰药是指能促进气管与支气管分泌，使痰液变稀，易于排出的药物。在正常生理情况下，呼吸道内就有少量痰液分泌，覆盖在气管与支气管黏膜表面，对黏膜起保护作用。病理情况下，由于刺激与炎症等，黏液分泌增多，且呼吸道黏膜上皮细胞变性，纤毛运动减弱，使痰液不能顺利排出，滞留在呼吸道内，水分被吸收，并在呼吸气流的影响下，痰液更加黏稠，附着在呼吸道内壁，造成呼吸障碍。在应用抗微生物药等对因治疗的同时，还应使用祛痰药辅助治疗，以缓解症状。

氯　化　铵

【性状】又称卤砂、氯化铔。为白色结晶性粉末。无臭，味咸。易溶于水，有吸湿性，应密闭保存。

【作用与应用】内服能刺激胃黏膜，经迷走神经反射，引起支气管腺体分泌增加。同时，吸收后的氯化铵一部分经呼吸道排出，可带出一定量水分，使稠痰变稀，黏度下降，易于咳出。此外，氯化铵还有酸化体液、尿液及轻微的利尿作用。临床常用于呼吸道炎症初期，痰液黏稠不易咳出的病例；也可纠正碱中毒。

【注意事项】禁与碱性药物、重金属盐、磺胺类药物等配用。单胃动物用后偶有呕吐反应。肝、肾机能障碍时，慎用或禁用。

【制剂、用法与用量】

氯化铵片：0.3 g。内服，一次量，马 8～15 g，牛 10～25 g，猪 1～2 g，羊 2～5 g，犬、猫0.2～1 g。3 次/d。

碘　化　钾

【性状】为无色透明结晶或白色颗粒状粉末。易溶于水，能溶于乙醇。微有吸湿性，应密封遮光保存。

【作用与应用】内服后部分从呼吸道腺体排出，刺激支气管黏膜，使腺体分泌增加，痰液变稀，易于咳出，呈现祛痰作用。因本品刺激性较强，不适于急性支气管炎症，常用于亚急性或慢性支气管炎的治疗。局部病灶注射，可治疗牛放线菌病。作为助溶剂，用于配制碘酊或复方碘溶液等。

【制剂、用法与用量】

碘化钾片：10 mg。内服，一次量，马、牛 5～10 g，猪、羊 1～3 g，犬 0.2～1 g。

乙酰半胱氨酸

【性状】又称痰易净、易咳净，为白色结晶性粉末，可溶于水及乙醇。

【作用与应用】为黏痰溶解性祛痰药。乙酰半胱氨酸结构中所含的巯基（—SH），能使痰液中所含的黏性成分糖蛋白多肽链中的二硫键（—S—S—）断裂，痰液黏度降低，而易于咳出。对脓性、非脓性痰液均有效。用于治疗急慢性支气管炎、支气管扩张、气喘、肺炎等。

【制剂、用法与用量】

常用 10%～20%溶液喷雾至咽喉部。中等动物 2～5 mL，2～3 次/d；5%溶液直接滴入气管内（或经气管插管），马、牛 3～5 mL，2～4 次/d。

实验　祛痰药对纤毛上皮细胞运动的影响

【目的】观察祛痰药氯化铵对纤毛上皮细胞运动的影响。

【原理】上呼吸道上皮细胞纤毛向下或向后运动，下呼吸道上皮细胞纤毛向上或向前运动，小木屑在蛙上呼吸道黏膜上，受其上皮细胞纤毛麦浪式的推动移向咽部或食道口。

【材料】

（1）动物：蛙或蟾蜍。

（2）药品：1∶3 000 氯化铵溶液（临用前配制）、生理盐水（含 NaCl 0.65%）。

（3）器材：蛙板、镊子、秒表、滴管、图钉及大头针、粗棉线、小木屑。

【步骤】

（1）取较大的蛙或蟾蜍一只。仰卧固定于蛙板上。将下颌掰开，用针牵引粗棉线贯穿下颌与舌，拉向后方，固定在钉牢的两后肢之间的图钉上，并以大头针钉住上颌，充分暴露上颌黏膜面，使口腔大张开。用滴管吸取生理盐水，反复冲洗上颚黏膜上的黏液。见图 5-1。

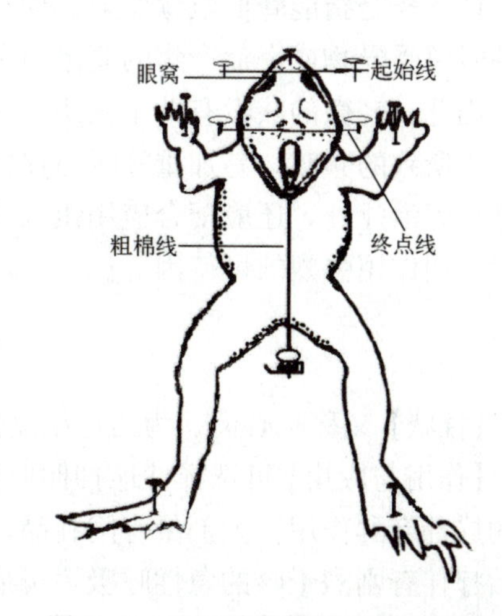

图 5-1　蛙口腔黏膜纤毛运动观察

（2）以两眼窝前缘所在口腔位置用细线横向标为起始线，于中间处的黏膜上用尖镊子放置一块用生理盐水浸润的圆形芝麻粒大的小木屑，由于黏膜上皮的纤毛上皮细胞的纤毛运动，小木屑向咽部食道口方向移动，在上下颌之间横置一细线，作为终点线。当木屑移动到食道口，即终点线时，应立即用镊子取出木屑，以免进入食道。在木屑移动时，要准确测定木屑由始点至食道口终点所需要的时间（s），并记录。反复做3次实验。

（3）在黏膜上滴入浓度为1∶3000氯化铵溶液3滴，3～5 min后用生理盐水洗去药液，再将木屑置于原处，重新测定它们从某点移至食道口所需要的时间。再以同法测试3次，各求出所需时间的平均值，结果记入表5-1。

表5-1 祛痰药对纤毛上皮细胞运动的影响

实验次序	木屑从起始线到终点线所需时间（min）	
	给药前	给药后
第一次		
第二次		
第三次		
平均值		

（4）比较用药前后的时间有何不同，并解释原因。

【作业】

（1）撰写实验报告。

（2）通过实验，讨论氯化铵祛痰作用的特点。

单元二 镇咳药

镇咳药是指能降低咳嗽反射、抑制咳嗽中枢兴奋性，减轻或制止咳嗽的药物。咳嗽主要是呼吸道受异物或炎症产物的刺激而引起的防御性反射，可清除进入呼吸道的异物或炎性产物。因此，轻微的咳嗽有助于祛痰，对机体有利，此时不宜镇咳。但频繁而剧烈的干咳或胸膜炎等所致的频咳，易加重呼吸道损伤，造成肺气肿、心脏功能障碍等不良后果，因此，除积极对因治疗外，还应配合应用镇咳药。如甘草合剂、喷托维林等药物，以缓解咳嗽症状，一般不用作用强烈的可待因等。

喷托维林

【性状】又称咳必清。为白色结晶性粉末，有吸湿性，易溶于水，水溶液呈酸性。

【作用与应用】可选择性地抑制咳嗽中枢。部分经呼吸道排出时，对呼吸道黏膜产生轻度的局部麻醉作用。大剂量有阿托品样作用，可使痉挛的支气管平滑肌松弛。常与祛痰药合用治疗伴有剧烈干咳的急性呼吸道炎症。

【注意事项】心功能不全并伴有肺淤血的患病动物忌用。大剂量易产生腹胀和便秘。

【制剂、用法与用量】

枸橼酸喷托维林片：25 mg。内服，一次量，马、牛 0.5～1 g，猪、羊 0.05～0.1 g。

甘　草

【性状】为豆科甘草属植物甘草的根和根状茎，味甜。

【作用与应用】主要成分是甘草甜素，即甘草酸。甘草酸水解产生甘草次酸及葡萄糖醛酸。前者有镇咳作用，并能促进咽喉及支气管腺体分泌，发挥祛痰作用；后者有解毒及抗炎作用。故本品有镇咳、祛痰、平喘作用。适用于一般炎性咳嗽。

【制剂、用法与用量】

复方甘草合剂：由甘草流浸膏 12%、复方樟脑酊 12%、酒石酸锑钾 0.024%、亚硝酸乙酯醑 3%、甘油 12%和蒸馏水适量制成。内服，一次量，马、牛 50～100 mL，猪、羊 10～30 mL。

甘草流浸膏：含甘草酸 7%。内服，马、牛 15～30 mL；羊、猪 5～15 mL。

可　待　因

【性状】为植物生物碱，常用药品为其磷酸盐，一般为白色结晶针状粉末，无臭。水中易溶。

【作用与应用】本品易吸收，经肝脏代谢后多随尿排出。本品能抑制延脑的咳嗽中枢，对咳嗽中枢选择性强，镇咳效果好，适用于无痰干咳。本品易产生成瘾性。

【制剂、用法与用量】

磷酸可待因片：15 mg、30 mg。内服，一次量，马、牛 0.2～2 g，犬 1～2 mg，猫 0.25～4 mg。

单元三　平 喘 药

平喘药是指能解除支气管平滑肌痉挛，扩张支气管，缓解气喘症状的药物。如氨茶碱、麻黄碱、盐酸异丙肾上腺素等。此外，某些抗过敏药，也能减轻或消除因变态反应引起的气喘。

氨　茶　碱

【性状】为白色淡黄色颗粒或粉末。微有氨臭，味苦。易溶于水，水溶液呈碱性。在空气中吸收二氧化碳并析出茶碱，应避光密闭保存。

【作用与应用】具有兴奋呼吸中枢、强心、松弛平滑肌等作用，其中松弛支气管平滑肌的作用较突出。当支气管平滑肌处于痉挛状态时，氨茶碱的作用更为明显。临床上主要用于缓解支气管哮喘症状，也用于心功能不全或肺气肿的患畜，如牛、马肺气肿，犬的心性气喘症。

【注意事项】对局部有刺激性，应深部肌内注射或静脉注射。静脉注射剂量不宜过大，速度不能太快，否则会引起心悸、心律失常、血压骤降等严重反应。应以葡萄糖溶液稀释至 2.5%以下浓度缓慢注入。不宜与维生素 C 等酸性药物配伍。

【制剂、用法与用量】

氨茶碱片：0.05 g、0.1 g、0.2 g。内服，一次量，每千克体重，马 5～10 mg，犬、猫 10～15 mg。

氨茶碱注射液：2 mL：0.25 g、2 mL：0.5 g、5 mL：1.25 g。肌内注射或静脉注射，一次量，马、牛 1～2 g，猪、羊 0.25～0.5 g，犬 0.05～0.1 g。

麻 黄 碱

【性状】本品为从麻黄科植物麻黄中提取的一种生物碱，白色结晶，无臭，味苦，易溶于水，能溶于醇。

【作用与应用】麻黄碱的作用与肾上腺素相似，但松弛平滑肌、扩张支气管的作用比肾上腺素缓和而持久。本品性质稳定，可以内服。吸收后易通过血脑屏障，有明显的中枢兴奋作用。临床上常用于治疗支气管哮喘；也可与祛痰药配合用于急、慢性支气管炎的治疗，以缓解支气管痉挛及咳嗽。

【注意事项】本品中枢兴奋的作用较强，用量过大，动物易产生躁动不安，甚至发生惊厥等中毒症状，严重时可用巴比妥类等缓解。

【制剂、用法与用量】

盐酸麻黄碱片：25 mg。内服，一次量，马、牛 50～500 mg，猪 20～50 mg，羊 20～100 mg，犬 10～30 mg，猫 25 mg。

针剂：1 mL：30 mg、5 mL：150 mg。皮下注射，一次量，马、牛 50～300 mg，猪、羊 20～50 mg，犬 10～30 mg。

知 识 拓 展

祛痰、镇咳、平喘药的合理选用

祛痰、镇咳、平喘药均为对症治疗药，用药时必须考虑对因治疗，并针对病情选药。呼吸道炎症初期，痰液黏稠不易咳出，可选用氯化铵祛痰；而呼吸道感染并伴有发热等全身症状时，应以抗微生物药控制感染为主，同时辅以氯化铵祛痰。碘化钾刺激性较强，不适于急性支气管炎。痰液黏稠度高，表现频繁无痛性咳嗽且难以咳出时，可选用碘化钾或其他刺激性药物如桉叶油、松节油等祛痰，后两种药可蒸气吸入。

多痰性咳嗽或轻度咳嗽，不应选用镇咳药止咳，只有用祛痰药将痰排出后，咳嗽才会减轻或停止。对长时间频繁剧烈的疼痛性干咳，应选用镇咳药可待因（有强镇咳、镇痛作用，但有成瘾性并抑制呼吸中枢，已列入禁用药物）等止咳，现多用祛痰药与镇咳药配伍的复方制剂，如复方甘草合剂、复方枸橼酸喷托维林糖浆等。对急性呼吸道炎症初期出现的干咳，可选用喷托维林；小动物干咳、急慢性支气管炎、过敏性哮喘还可选用二氧丙嗪。

治疗气喘，应着重对因治疗。由于平喘药对中枢神经和心血管系统有一定副作用，故在选用平喘药时应慎重。一般轻度气喘，可选用麻黄碱或氨茶碱平喘，辅以氯化铵、碘化钾等祛痰药进行治疗。不宜用可待因或喷托维林等镇咳药，因能阻止痰液的咳出，反而会加重气喘。糖皮质激素、异丙肾上腺素等均有平喘作用，适用于过敏性气喘。

复习思考题

一、选择题

1. 呼吸系统疾病的主要外在表现是（　　）。
   A. 咳　　B. 喘　　C. 多痰　　D. 腹泻
2. 祛痰药是（　　）。
   A. 促进气管与支气管分泌　　B. 使痰液变稀，易于排出的药物
   C. 促进纤毛运动的药物　　D. 辅助治疗的药物
3. 能够刺激胃黏膜，反射性地引起呼吸道分泌，使痰液变稀易于咳出的药物是(　　)。
   A. 氨茶碱　　B. 氯化铵　　C. 碘化钾　　D. 乙酰半胱氨酸
4. 同时具有祛痰、镇咳、平喘、解毒、抗炎作用的药物是（　　）。
   A. 氨茶碱　　B. 氯化铵　　C. 喷托维林　　D. 甘草流浸膏
5. 一般剂量，通过松弛支气管平滑肌产生平喘作用的药物是（　　）。
   A. 氨茶碱　　B. 氯化铵　　C. 喷托维林　　D. 可待因
6. 喷托维林的特点是（　　）。
   A. 选择性抑制咳嗽中枢，大剂量有阿托品样作用，可单独用于多痰咳嗽
   B. 选择性抑制咳嗽中枢，对呼吸道黏膜有局麻作用，适用于剧烈干咳
   C. 小剂量有阿托品样作用。
   D. 大剂量有祛痰作用。
7. 除氨茶碱、麻黄碱可用于治疗气喘外，以下药物可用于迅速治疗过敏性气喘的是(　　)。
   A. 色甘酸钠　　B. 糖皮质激素　　C. 异丙肾上腺素　　D. 二氧丙嗪

二、简答题

1. 对于那些炎性呼吸系统疾病伴有严重咳嗽甚至干呕的，如何使用镇咳药更合理？
2. 使用麻黄碱应注意哪些问题？
3. 为什么氯化铵不能与磺胺药配伍使用？

三、案例分析

1. 冬季，某宠物医院一病犬有咳嗽、支气管啰音、呼吸加快、微热（39.1 ℃）症状，经查诊断为犬支气管炎。兽医开具处方如下：

Rp

(1) 注射用氨苄青霉素　　0.5 g
　　注射用水　　3.0 mL
　　用法：肌内注射，2 次/d，连用 3 d。
(2) 可待因　　10 mg
　　用法：口服，3 次/d，连用 3 d。

该处方用药是否合理？为什么？

模块六　作用于血液循环系统的药物

单元一　强心苷

强心苷是一类能选择性地作用于心脏，加强心肌收缩力，改善心脏功能的药物。强心苷存在于洋地黄、毒毛旋花、羊角拗、夹竹桃、铃兰、福寿草、万年青等植物中，经分离提取而得。

强心苷有较严格的适应证，主要用于慢性心功能不全。这种疾病是由于毒物或细菌毒素、过劳、重症贫血、维生素 B_1 缺乏、心肌炎、瓣膜病等，使心肌受到损害，心肌收缩力减弱，心输出量不能满足机体组织代谢的需要。此时，心脏发挥其代偿适应功能，若病因不除，时间一久，心脏则失去代偿能力，发生心功能不全。此病以静脉系统充血为特征，故又称充血性心力衰竭，同时伴有呼吸困难、水肿和发绀等症状。

强心苷至今仍是治疗充血性心力衰竭的首选药物，临床主用于治疗各种原因引起的慢性心功能不全。各类强心苷对心脏作用的性质相同，都是加强心肌收缩力、减慢心率、抑制传导，使心输出量增加，减轻淤血症状，消除水肿。但其作用强弱、快慢、长短不同。为了便于临床选用，一般按其作用快慢分为两类。

慢作用类：作用出现慢，维持时间长，在体内代谢缓慢，蓄积性大，适用于慢性心功能不全。有洋地黄（叶粉）、洋地黄毒苷。

快作用类：作用出现快，维持时间短，在体内代谢快，蓄积性小，适用于急性心功能不全或慢性心功能不全的急性发作。有毒毛花苷 K、西地兰、地高辛等。

洋地黄毒苷

【性状】为白色和类白色的结晶粉末。无臭。在水中不溶，在乙醇或乙醚中微溶。

【药动学】单胃动物内服给药吸收迅速，但在反刍动物因瘤胃微生物的破坏，内服洋地黄毒苷往往不能获得预期可靠的效果。本品蛋白结合率高（犬 70%～90%），在尿毒症患病动物蛋白结合率通常不改变。半衰期个体间差异较大，在犬的半衰期为 8～49 小时。在肾衰患畜半衰期通常保持不变。在猫半衰期很长（达 100 h），一般不推荐用于猫。

【作用与应用】本品对心脏具有高度选择作用，治疗剂量能明显加强衰竭心脏的收缩力（即正性肌力作用），使每搏输出量增加；同时可使心肌收缩敏捷，使心动周期的收缩期缩短，舒张期延长，有利于静脉回流，增加每搏输出量。强心苷对心功能不全患畜的心率和节律的主要作用是减慢心率和房室传导速率（负性心率和频率）。在洋地黄毒苷作用下，衰竭的心功能得到改善，使得流经肾脏的血流量和肾小球滤过功能加强，继发产生利尿作用。中毒剂量则因抑制心脏的传导系统和兴奋异位节律点而出现各种心律失常的中毒症状。

洋地黄制剂的应用方法一般分为两个步骤：首先在短期内给予较大剂量以达到显著的疗

效，这个量称为全效量（亦称饱和量或洋地黄化量），达到全效量的标准是心脏功能改善，心率减慢接近正常，尿量增加；然后每天给予较小剂量以维持疗效，这个量称为维持量，维持量约为全效量的 1/10。全效量的给药方法有缓给法和速给法两种。

速给法：适用于急性、病情较重的病畜。静脉注射洋地黄毒苷注射液，首次注射全效量的 1/2，以后每隔 2 h 注射全效量的 1/10。达到洋地黄化后，每天给予一次维持量（全效量的 1/10）。应用维持量的时间长短随病情而定，往往需要维持用药 1～2 周或更长时间，其量也可按病情作适当调整。

缓给法：适用于慢性、病情较轻的病畜。内服洋地黄酊，将洋地黄酊全效量分为 8 剂，每8 h内服一剂。其中首次投药量为全效量的 1/3，第二次为全效量的 1/6，第三次及以后每次为全效量的 1/12。

主用于慢性充血性心力衰竭，阵发性室性心动过速和心房颤动等。

【注意事项】①洋地黄安全范围窄，易于中毒，必须严格控制用量。中毒症状有精神抑郁、运动失调、厌食、呕吐、腹泻、严重虚弱、脱水和心律不齐等。犬最常见的心律不齐包括心脏房室传导阻滞、室上性心动过速、室性心悸。中毒的有效治疗方法是立即停药，维持体液和电解质平衡，停止使用排钾利尿药，内服或注射补充钾盐。中度及严重中毒引起的心率失常，应用抗心率失常药如苯妥英钠或利多卡因治疗。②由于洋地黄具有蓄积作用，在用药前应先询问用药史，只有在 2 周内未曾用过洋地黄的病畜才能按常规给药。③用药期间，不宜使用肾上腺素、麻黄碱及钙剂，以免增强毒性。④禁用于急性心肌炎、心内膜炎、牛创伤性心包炎及主动脉瓣闭锁不全病例。⑤动物处于休克、贫血、尿毒症等情况下，不宜使用本品。除非有充血性心力衰竭发生。⑥成年反刍动物内服无效。

【制剂、用法与用量】

全效量，洋地黄毒苷注射液静脉注射，家畜每 100 kg 体重，马、牛 0.6～1.2 mg，犬 0.1～1 mg；维持量应酌情减少。

洋地黄酊，内服，一日量，马 20～50 mL，猪 2～3 mL，犬 0.5～1 mL。

地　高　辛

【性状】为白色结晶或结晶性粉末。无臭，味苦。不溶于水，在稀醇中微溶。

【药动学】为由毛花洋地黄中提纯制得的中效强心苷，排泄较快，蓄积性较小，比洋地黄毒苷安全。犬内服吸收 65%～75%，反刍动物吸收不规则。静脉注射通常 15～30 min 生效，1 h 作用达高峰。

【作用与应用】其作用同洋地黄毒苷。临床主要用于充血性心力衰竭。

【制剂、用法与用量】

地高辛片：0.25 mg/片。内服，初次量，马每千克体重 0.02 mg，之后，每千克体重 0.01 mg，每天两次；小型犬每千克体重 0.001 mg，大型犬每千克体重 0.005 mg；猫每千克体重 0.004 mg。

地高辛注射液：2 mL：0.5 mg，静脉注射，一次量每千克体重 2.5～5μg，每天两次。

毒 毛 花 苷 K

【性状】为白色或微黄色粉末。遇光易变质，在水或乙醇（90%）中溶解。

【药动学】本品内服吸收很少，且吸收不规则。静脉注射作用快，3～10 min 即显效，0.5～2 h 作用达高峰，作用持续时间 10～12 h。本品在体内排泄快，蓄积性小。

【作用与应用】其作用同洋地黄毒苷。临床主要用于充血性心力衰竭。

【制剂、用法与用量】

毒毛花苷 K 注射液：静脉注射，一次量，马、牛 1.25～3.75 mg，犬 0.25～0.5 mg。用 5%葡萄糖注射液进行 10～20 倍稀释，缓慢注射。

【注意事项】参见洋地黄毒苷。

单元二 止血药

凡能促进血液凝固和制止出血的药物称为止血药。

凝血过程是一个复杂的生化反应过程，它的重要环节首先是形成凝血酶原激活物——凝血活素，促使凝血酶原转变为凝血酶。在凝血酶的催化下，将纤维蛋白原转变为密集的纤维蛋白丝网，网住血小板和血细胞，形成血凝块。凝血过程可分为三个步骤：

1. 凝血活素的形成 凝血活素的形成有两个途径：

（1）血液系统机制：当血管损伤，血液内原来无活性的接触因子Ⅻ，与创面或异物接触被激活，并与血小板因子、Ca^{2+}及血液中的一些凝血因子（Ⅺ、Ⅸ、Ⅷ、Ⅹ、Ⅴ）起反应，形成凝血活素。

（2）组织系统机制：各种组织中含有一种能促进凝血的脂蛋白，称为组织因子。当组织受损伤，组织因子被释放出来，同血液相混合，并与 Ca^{2+} 及一些凝血因子（Ⅶ、Ⅹ、Ⅴ）起反应，形成凝血活素。

2. 凝血酶的形成 在凝血活素和 Ca^{2+} 的参与下，血浆中无活性的凝血酶原转变为有活性的凝血酶。

3. 纤维蛋白的形成 血浆中处于溶解状态的纤维蛋白原在凝血酶的作用下转变为纤维蛋白单体，然后发生多分子聚合作用，形成纤维蛋白多聚体，即不溶性纤维蛋白细丝，将血细胞包藏于其中，形成血凝块，堵住创口，制止出血。

正常血液中还存在着纤维蛋白溶解系统，简称纤溶系统。其主要包括纤维蛋白溶酶原（纤溶酶原）及其激活因子，能使血液中形成的少量纤维蛋白再溶解。机体内的凝血和抗凝之间相互作用，保持着动态平衡（图 6-1）。

临床上将止血药分为局部止血药和全身止血药两类。

一、局部止血药

明 胶 海 绵

【性状】本品是由明胶制成的，为白色、质轻、多孔性海绵状物，切成适当大小及形状，经灭菌后供使用。在水中不溶，可被胃蛋白酶溶解消化，有强吸水性。

【作用与应用】具有多孔和表面粗糙的特点，敷于出血部位，能吸收大量血液，并促使血小板破裂释出凝血因子而促进血液凝固。另外，吸收性明胶海绵敷于出血处，对创面渗血有机械性压迫止血作用。

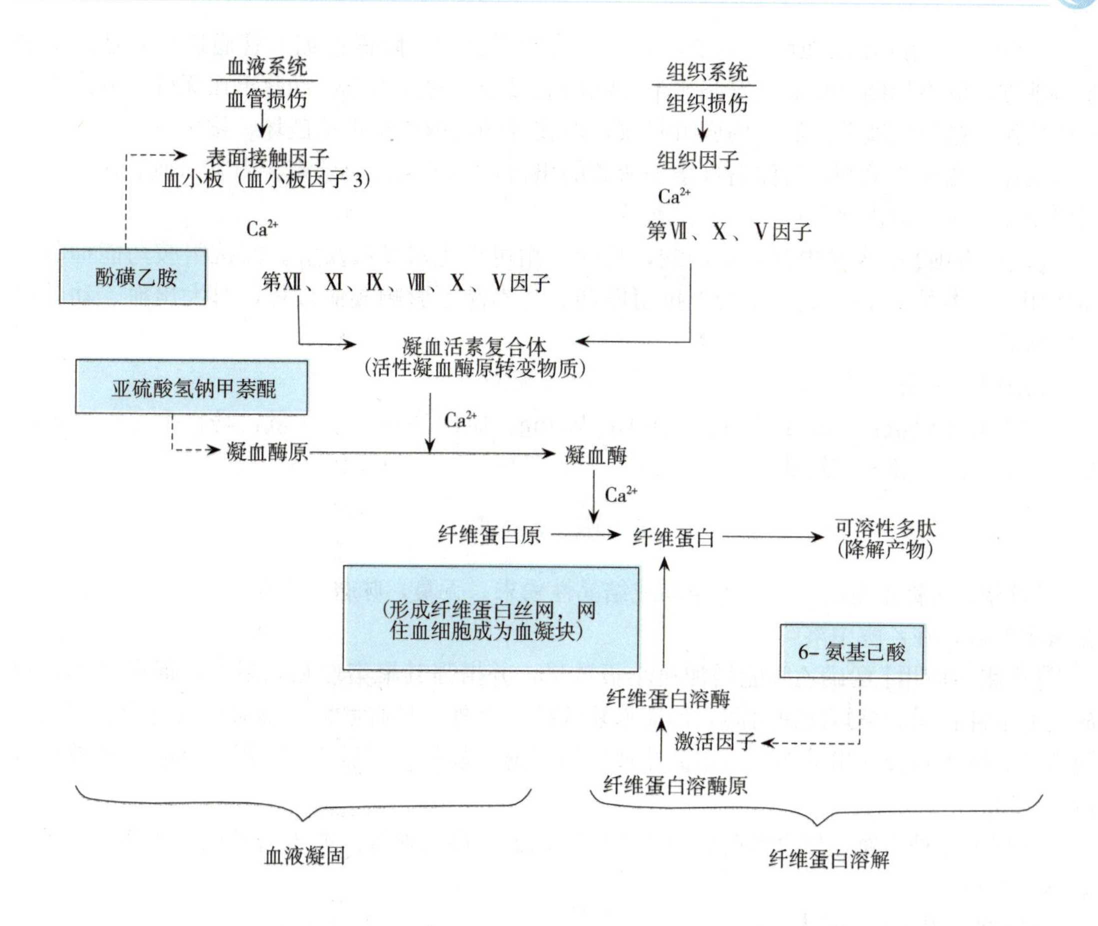

图 6 - 1　血液凝固、纤维蛋白溶解及止血药作用的环节
（虚线表示止血药作用的环节）

用于创口渗血区止血，如外伤性出血、手术止血、毛细血管渗血、鼻出血等。

【注意事项】①本品为灭菌制品，使用过程中要求无菌操作，以防污染。②包装打开后不宜再消毒，以免延长吸收时间。

【制剂、用法与用量】

根据出血创面的形状，将本品切成所需大小，贴于出血处，再用干纱布压迫。

另外，0.1%盐酸肾上腺素溶液、5%明矾溶液等，也常用作局部止血药。

二、全身止血药

按其作用机理可分为三类：作用于血管的止血药，如安络血等；影响凝血过程的止血药，如酚磺乙胺、亚硫酸氢钠甲萘醌；抗纤维蛋白溶解的止血药，如 6 -氨基己酸、凝血酸等。

安　络　血

【性状】又称安特诺新。为橘红色结晶或结晶性粉末。无臭，无味。在水、乙醇中极微溶解。

【作用与应用】本品能增强毛细血管对损伤的抵抗力，降低毛细血管通透性脆性，促进断裂毛细血管端回缩而止血。安络血不影响凝血过程，对大出血、动脉出血无效。安络血的某些作用能被抗组胺药抑制。内服可吸收，但在胃肠道内可被迅速破坏、排出。

临床主要用于毛细血管渗透性增加所致的出血，如鼻出血、紫癜、内脏出血、血尿、视网膜出血、手术后出血及产后子宫出血等。

【注意事项】①本品中含有水杨酸，长期应用可产生水杨酸反应。②抗组胺药能抑制本品作用，用本品前 48 h 应停止给予抗组胺药。③本品不影响凝血过程，对大出血、动脉出血疗效差。

【制剂、用法与用量】

安络血注射液：1 mL：5 mg、2 mL：10 mg。肌内注射，一次量，马、牛 5～20 mL，猪、羊 2～4 mL。2～3 次/d。

酚磺乙胺

【性状】又称止血敏。为白色结晶或结晶性粉末。无臭，味苦。有引湿性，遇光易变质。在水中易溶，在乙醇中溶解。

【作用与应用】酚磺乙胺能增加血小板数量，并增强其聚集性和黏附力，促进血小板释放凝血活性物质，缩短凝血时间，加速血块收缩。此外，还有增强毛细血管抵抗力、降低其通透性、减少血液渗出等作用。本品止血作用迅速，静脉注射后 1 h 作用达高峰，药效可维持 4～6 h。

适用于各种出血，如手术前后出血、内脏出血、鼻出血等。亦可与其他止血药（如维生素 K）并用。

【制剂、用法与用量】

酚磺乙胺注射液：1 mL：0.25 g、2 mL：0.5 g。肌内、静脉注射，一次量，马、牛 1.25～2.5 g，猪、羊 0.25～0.5 g。用于预防外科手术出血时，一般在手术前 15～30 min 用药。

维生素 K

【来源与性质】维生素 K 有天然和人工合成两个来源。K_1、K_2 来源于天然。K_1 来源于植物性食物和动物性食物；K_2 来源于细菌产物，如动物肠道寄生菌的合成产物。K_1 为黄色至橙色澄清的黏稠液体，无臭或几乎无臭，遇光易分解，在植物油中易溶，在乙醇中略溶，在水中不溶。K_3 和 K_4 均为人工合成品，前者为亚硫酸氢钠甲萘醌，后者为乙酰甲萘醌。K_3 为白色结晶性粉末，无臭或微有特臭，有引湿性，遇光易分解，在水中易溶。

【作用与应用】维生素 K 为肝脏合成凝血酶原（因子Ⅱ）的必需物质，还参与凝血因子Ⅶ、Ⅸ、Ⅹ的合成。缺乏维生素 K 可致上述凝血因子合成障碍，影响凝血过程而导致出血倾向或出血。通常哺乳动物大肠内的细菌能合成维生素 K，一般不会出现维生素 K 缺乏症，但连续给予广谱抗菌药物会因抑制肠内细菌，引起维生素 K 缺乏；维生素 K 吸收、利用出现障碍，也会发生维生素 K 缺乏而致出血，此时给予维生素 K 可达到止血目的。

天然的维生素 K_1、维生素 K_2 是脂溶性的，其吸收有赖于胆汁的增溶作用，胆汁缺乏时则吸收不良。维生素 K_3 因溶于水，内服可直接吸收，也可肌内注射给药。吸收后的维生素 K 随 β 脂蛋白转运，在肝内被利用。

用于维生素 K 缺乏所致的出血（毛细血管性及实质性出血，如胃肠、子宫、鼻及肺出血）和各种原因引起的维生素 K 缺乏症。

【注意事项】①较大剂量的水杨酸类、磺胺药等可影响维生素 K 的效应。②巴比妥类可诱导维生素 K 代谢加速，不宜合用。③肌内注射部位可出现疼痛、肿胀等。④较大剂量的维生素 K_3 可致幼畜溶血性贫血、高胆红素血症及黄疸，应严格掌握用法、用量，不宜长期大量应用。⑤维生素 K_3 可损害肝脏，肝功能不良患畜宜改用维生素 K_1。⑥静脉注射速度宜缓慢，成年家畜每分钟不应超过 10 mg，新生仔畜或幼畜每分钟不应超过 5 mg。由于在静脉注射期间或注射后可出现包括死亡在内的严重反应，因此静脉注射只限于其他途径无法应用情况下。⑦注射液可用生理盐水、5%葡萄糖注射液或 5%葡萄糖生理盐水稀释，稀释后应立即注射，未用完部分应弃之不用。

【制剂、用法与用量】

亚硫酸氢钠甲萘醌注射液：1 mL：4 mg、10 mL：40 mg。肌内注射，一次量，马、牛 100～300 mg，猪、羊 30～50 mg，犬 10～30 mg，禽 2～4 mg。2～3 次/d。

维生素 K_1 注射液：1 mL：10 mg。肌内、静脉注射，一次量，每千克体重，犊牛 1 mg，犬、猫 0.5～2 mg。

6-氨基己酸

【性状】为白色或黄色结晶性粉末。无气味，味苦。能溶于水，其 3.52%水溶液为等渗溶液。密封保存。

【作用与应用】6-氨基己酸是抗纤维蛋白溶解药，能抑制血液中纤维蛋白溶酶原的活性因子，阻碍纤维蛋白溶酶原转变为纤维蛋白溶酶，从而抑制纤维蛋白的溶解，达到止血作用。高浓度时，有直接抑制纤维蛋白溶酶的作用。

适用于纤维蛋白溶解症所致的出血，如大型外科手术出血，淋巴结、肺、脾、上呼吸道、子宫及卵巢出血等。

【注意事项】本品主要由肾排泄，在尿中浓度高，容易形成凝块，造成尿路阻塞，故泌尿系统手术后，血尿时慎用或不用。本品不能阻止小动脉出血，在手术时如有活动性动脉出血，须结扎止血。对一般出血不要滥用。

【制剂、用法与用量】

6-氨基己酸注射液：10 mL：1 g、10 mL：2 g。静脉滴注，首次量，马、牛 20～30 g，加于 500 mL 生理盐水或 5%葡萄糖溶液中；猪、羊 4～6 g，加入 100 mL 5%葡萄糖溶液或生理盐水中。维持量，马、牛 3～6 g，猪、羊 1～1.58 克。1 次/d。

单元三　抗凝血药

凡能延缓或阻止血液凝固的药物称为抗凝血药，简称抗凝剂。常用抗凝血药有肝素钠、枸橼酸钠等。这些药物通过影响凝血过程中的不同环节而发挥抗凝血作用，临床常用于输血、血样保存、实验室血样检查、体外循环以及防治具有血栓形成倾向的疾病。

枸橼酸钠

【性状】又称柠檬酸钠。为无色结晶或白色结晶性粉末。无臭，味咸。在湿空气中微有潮解性，在热空气中有风化性。在水中易溶，在乙醇中不溶。

【作用与应用】钙离子参与凝血过程的每一个步骤，缺乏这一凝血因子时，血液便不能凝固。本品含有的枸橼酸根离子能与血浆中钙离子形成难解离的可溶性络合物，使血中钙离子浓度迅速减少而产生抗凝血作用。

主要用于血液样品的抗凝，防止体外血液凝固，已很少用于输血。

【注意事项】大量输血时，应另注射适量钙剂，以预防低血钙。

【制剂、用法与用量】

枸橼酸钠注射液：间接输血，每 100 mL 血液添加 10 mL。

草酸钠

【性状】为白色无臭结晶性粉末。能溶于水，不溶于醇，水溶液近中性。

【作用与应用】草酸根离子能与血浆中钙离子结合成不溶性的草酸钙，从而降低血浆中的钙离子浓度，阻止血液凝固。可用于实验室血样的抗凝，每 100 mL 血液中加入 2%草酸钠溶液 10 mL 即可。草酸钠毒性很大，仅供外用，严禁用于输血或体内抗凝。

肝素

【性状】肝素是动物体内天然的抗凝血因素。药用肝素是从牛、羊、猪的肺，肝和小肠黏膜提取的一种黏多糖硫酸酯。为白色粉末。易溶于水，1 mg 的效价不得少于 150 U。

【作用与应用】肝素在体内、体外都有很强的抗凝血作用。肝素抗凝血的原理是对抗凝血活素，阻碍凝血酶原转变为凝血酶，在较低浓度时就有这种作用；对抗凝血酶，阻碍纤维蛋白原转变为纤维蛋白，其本身抗凝血酶的作用不大，但能与血浆中的一种 α 球蛋白共同作用，使凝血酶不能发挥作用；阻止血小板的凝集和裂解。所以，肝素影响血液凝固过程的各个环节，最终使纤维蛋白不能形成。

主要用作输血、体外循环、动物交叉循环等的抗凝剂，用作化验室血样的抗凝剂和防治血栓、栓塞性疾病。

【注意事项】肝素应用过量，可引起各种黏膜出血、关节积血、伤口出血等，如发生严重出血，可静脉注射硫酸鱼精蛋白急救（鱼精蛋白是肝素的对抗剂）；肝素禁用于出血性素质和伴有凝血迟缓的各种疾病；肝疾病时，慎用。

【制剂、用法与用量】

肝素钠注射液：1 mL：12 500 U。治疗血栓、栓塞症，皮下、静脉注射，一次量，每千克体重，犬 150～250 U，猫 250～375 U，3 次/d。治疗弥散性血管内凝血，马 25～100 U，小动物75 U。

实验一 止血药及抗凝血药的作用

【目的】观察止血药及抗凝血药对机体的作用。

【材料】

（1）动物：兔。

（2）药品：维生素 K_3 注射液、安络血注射液、生理盐水、4%枸橼酸钠溶液、0.02%肝素钠注射液。

（3）器材：载玻片、平皿、大头针、湿润棉花、试管。

【步骤】

（1）取家兔 3 只，分别测定其正常的血凝时间。测定血凝时间通常有毛细血管法和针挑血滴法两种。下面介绍针挑血滴法：按照耳缘静脉采血的操作程序，滴取血液一滴于清洁玻片上，血滴直径约 5 mm，放置在有湿润棉花的平皿上（防止血液干燥，如空气相对湿度在 90%以上，可以直接在室内进行）。每隔半分钟用大头针横过血滴向上挑一次，直至针尖能挑起纤维蛋白丝为止。记录从血滴滴于玻片上至能挑起纤维蛋白丝的时间（血凝时间）。连续做 3 次，取平均值。

（2）各兔分别注射下列各药。

甲兔：每千克体重肌内注射 3.84 mg/mL 维生素 K_3 注射液 1 mL。

乙兔：每千克体重静脉注射 0.5%安络血注射液 0.5 mL。

丙兔：每千克体重作为对照，每千克体重静脉注射生理盐水 1 mL。

（3）注射完毕后 10 min，再测定血液凝固时间，以后每 10 min 测定一次，共 3 次。比较各种药物的作用。结果记入表 6－1。

表 6－1　止血药作用观察

兔号	药物	血凝时间					
		给药前			给药后		
		第 1 次	第 2 次	第 3 次	10 min	20 min	30 min
甲	维生素 K_3						
乙	安络血						
丙	生理盐水						

（4）上述实验完毕之后，从丙兔心脏采血 3 mL，于下列 3 个试管中，各放入血液 1 mL。

甲试管：内有 0.1 mL 的 4%枸橼酸钠溶液。

乙试管：内有 0.1 mL 的 0.02%肝素钠注射液。

丙试管：内有 0.1 mL 的生理盐水。

血液放入试管后，摇动片刻，然后置于试管架上，20 min 左右观察各试管中血液有无凝固现象。结果记入表 6－2。

表 6－2　抗凝血药作用观察

试管	加入的药物	20 min 后血液凝固情况
甲		
乙		
丙		

【作业】通过本实验和联系课堂所学，讨论各种止血药、抗凝血药的作用特点。写出实训报告。

实验二　不同浓度枸橼酸钠对凝血的作用

【目的】观察不同浓度枸橼酸钠对体外动物血液的作用，从而掌握枸橼酸钠的应用。

【材料】

(1) 动物：家兔。

(2) 药品：生理盐水、4%枸橼酸钠溶液。

(3) 器材：小试管、试管架、穿刺针、玻璃注射器（5 mL）、针头（12号）、恒温水浴锅、秒表、1 mL 吸管、特种铅笔、小玻璃棒。

【步骤】

(1) 取小试管 4 支，编号。前 3 管分别加入生理盐水、4%枸橼酸钠溶液、10%枸橼酸钠溶液各 0.1 mL，第四管空白对照。从家兔心脏穿刺取血约 4 mL，迅速向每支试管中各加入兔血 0.9 mL，充分混匀后，放入 37 ℃±0.5 ℃恒温水浴中。

(2) 启动秒表计时，每隔 30 s 将试管轻轻倾斜一次，观察血液是否流动，直到出现血凝为止。分别记录各试管的血凝时间。

【注意事项】①小试管的管径大小应均匀，清洁干燥。②心脏穿刺取血动作要快，以免血液在注射器内凝固。③兔血加入小试管后，应立即用小玻璃棒搅拌混匀，搅拌时应避免产生气泡。

【作业】讨论各管出现的结果，分析其原因，并说明其在临床上的意义，写出实训报告。

单元四　抗贫血药

抗贫血药是指能增进机体造血机能、补充造血必需物质、改善贫血状态的药物。

单位容积循环血液中红细胞数和血红蛋白量低于正常时称为贫血。贫血的种类很多，病因各异，治疗药物也不同。临床上按病因可分为 3 种类型，即缺铁性贫血、巨幼红细胞性贫血和再生障碍性贫血。兽医临床常用的抗贫血药主要是指用于防治缺铁性贫血和巨幼红细胞性贫血的药物。缺铁性贫血是由于机体摄入的铁不足或损失过多，导致供造血用的铁不足引起的。兽医临床上常见的缺铁性贫血有哺乳期仔猪贫血、急慢性失血性贫血等，铁剂（如硫酸亚铁、右旋糖酐铁等）是防治缺铁性贫血的有效药物。巨幼红细胞性贫血则可用叶酸和维生素 B_{12} 治疗。

硫酸亚铁

【性状】为淡蓝绿色柱状结晶或颗粒。无臭，味咸涩。在干燥空气中即风化，在湿空气中即迅速氧化变质，表面生成黄棕色的碱式硫酸铁。在水中易溶，在乙醇中不溶。

【药动学】内服铁盐吸收过程复杂，受许多因素影响，如日粮、体内铁储存状况，红细胞生成水平以及给药剂量。铁盐主要以 Fe^{2+} 形式在十二指肠和空肠上段吸收，进入血循环后，Fe^{2+} 被氧化为 Fe^{3+}，再与转铁蛋白结合成血浆铁，转运至肝、脾、骨髓等组织中，与这些组织中的去铁铁蛋白结合成铁蛋白而储存，并最终参与血红蛋白的合成。缺铁性贫血时，铁的吸收和转运增加。铁的代谢发生在一个近乎封闭的系统内，血红蛋白破坏所释放的铁可被机体重新利用，只有少量的铁通过毛发、肠道、皮肤等细胞的脱落排泄，另有少量的铁经尿、胆汁和乳汁排泄。

【作用与应用】铁为构成血红蛋白、肌红蛋白和多种酶（细胞色素氧化酶、琥珀酸脱氢酶、黄嘌呤氧化酶等）的重要成分。因此，铁缺乏不仅引起贫血，还可能影响其他生理功能。通常正常的日粮摄入足以维持体内铁的平衡，但吮乳期或生长期幼畜、妊娠期或泌乳期母畜因需铁量增加易摄入量不足，胃酸缺乏、慢性腹泻等导致肠道吸收铁的功能减退，慢性失血使体内储铁耗竭，急性大出血后恢复期等，均使铁的需要量增加，补铁能纠正因铁缺乏引起的异常生理症状和血红蛋白水平的下降。

本品用于防治缺铁性贫血，如慢性失血、营养不良、孕畜及哺乳期仔猪贫血等。

【注意事项】①内服对胃肠道黏膜有刺激性，可致呕吐（猪、犬）、腹痛等，宜在饲后投药；禁用于消化道溃疡、肠炎等；大量内服可引起肠坏死、出血，严重时可致休克。②稀盐酸可促进 Fe^{3+} 转变为 Fe^{2+}，有助于铁剂的吸收，与稀盐酸合用可提高疗效；维生素 C 为还原物质，能防止 Fe^{2+} 被氧化，因而利于铁的吸收。③钙剂、磷酸盐类、含鞣酸药物、抗酸药等均可使铁沉淀，妨碍其吸收，应避免与它们同服。④铁剂与四环素类可形成络合物，互相妨碍吸收。⑤铁能与肠道内硫化氢结合生成硫化铁，使硫化氢减少，减少了对肠蠕动的刺激作用，可致便秘，并排黑粪。

【制剂、用法与用量】

硫酸亚铁：配成 0.2%～1%溶液，内服。一次量，马、牛 2～10 g，猪、羊 0.5～3 g，犬 0.05～0.5 g，猫 0.05～0.1 g。

右旋糖酐铁注射液

【性状】为右旋糖酐与铁的络合物的灭菌胶体溶液，深褐色，需避光保存。

【作用与应用】本品作用同硫酸亚铁。肌内注射后右旋糖酐铁主要通过淋巴系统缓慢吸收。注射后 3 d 内约有 60%的铁被吸收，1～3 周后吸收达到 90%，余下的药物可能在数月内被缓慢吸收。肝、脾和骨髓巨噬细胞能逐步从血浆中清除吸收的药物。从右旋糖酐中解离的铁立即与蛋白分子结合形成含铁血黄素、铁蛋白或转铁蛋白，而右旋糖酐则被代谢或排泄。

适用于重症缺铁性贫血或不宜内服铁剂的缺铁性贫血。临床主要用于仔猪缺铁性贫血。

【注意事项】①猪注射铁剂偶尔会出现不良反应，临床表现为肌肉软弱，站立不稳，严重时可致死亡。②肌内注射时可引起局部疼痛，应深部肌内注射。超过 4 周龄的猪注射有机铁，可引起臀部肌肉着色。③需防冻，久置可发生沉淀。

【制剂、用法与用量】

右旋糖酐铁注射液：2 mL：0.2 g（Fe）、10 mL：1 g（Fe）。肌内注射，一次量，仔猪 100～200 mg。

维　生　素 B_{12}

【性状】又称氰钴胺，含有金属元素钴。为深红色结晶或结晶性粉末。无臭，无味，引湿性强。水或乙醇中略溶。应遮光、密封保存。

【作用与应用】本品具有广泛的生理作用。为合成核苷酸的重要辅酶的成分，参与体内甲基转换及叶酸代谢。主要表现在促进红细胞的发育和成熟，使机体造血机能处于正常状态；促进核酸和蛋白质的合成；促进糖类、脂肪和蛋白质的代谢及维持正常的能量代谢；维持神经髓鞘完整性及神经功能的正常。维生素 B_{12} 缺乏时，机体的细胞、组织生长发育将受抑制；红细胞生成减少尤为明显，可引起动物恶性贫血。此外，其他组织代谢也发生障碍，如神经系统损害等。

反刍动物瘤胃内微生物可直接利用饲料中的钴合成维生素 B_{12}，故一般较少发生缺乏症。饲料中的维生素 B_{12} 进入消化道后经一系列的过程最终在回肠末端被吸收。维生素 B_{12} 在血液中与 α 和 β 球蛋白结合转运至全身各组织，其中大部分分布于肝。维生素 B_{12} 主要从尿和胆汁排泄。

用于维生素 B_{12} 缺乏所致的贫血和幼畜生长迟缓等。

【注意事项】在防治巨幼红细胞贫血症时，本品与叶酸配合应用可取得更为理想的效果。

【制剂、用法与用量】

维生素 B_{12} 注射液：1 mL：0.1 mg、1 mL：0.5 mg、1 mL：1 mg。肌内注射，一次量，马、牛 1～2 mg，羊、猪 0.3～0.4 mg，犬、猫 0.1 mg。每天或隔天一次，持续 7～10 次。

叶　酸

【性状】叶酸广泛存在于酵母、绿叶蔬菜、豆饼、苜蓿粉、麸皮、籽实类中，动物内脏、肌肉、蛋类含量很多。药用叶酸多为人工合成品，为黄色或橙黄色结晶性粉末。无臭、无味。极难溶于水，在氢氧化钠或碳酸钠的稀溶液中易溶。遇光失效，应遮光储存。

【作用与应用】叶酸是核酸和某些氨基酸合成所必需的物质。参与体内多种氨基酸、嘌呤及嘧啶的合成和代谢，并与维生素 B_{12} 共同促进红细胞的生长和成熟。叶酸缺乏时，核酸合成减少，细胞分裂与发育不完全。主要病理表现为巨幼红细胞性贫血，腹泻，皮肤功能受损，生长发育受阻等。家畜消化道内微生物能合成叶酸，一般不易发生缺乏症。但长期使用磺胺类等肠道抗菌药时，家畜也可能发生叶酸缺乏症。雏鸡、猪、狐、水貂等必须从饲料中摄取补充叶酸。

主用于防治因叶酸缺乏所致的畜禽贫血症，与维生素 B_{12} 合用效果更好。

【注意事项】①对甲氧苄啶、乙胺嘧啶等所致的巨幼红细胞性贫血无效。②对维生素 B_{12} 缺乏所致的恶性贫血，大剂量叶酸治疗可纠正血象，但不能改善神经症状。

【制剂、用法与用量】

叶酸片：5 mg。内服，一次量，犬、猫 2.5～5 mg。

单元五　血容量扩充药

凡能补充血容量或代替血浆作用的药物称为血容量扩充药。目前临床上主要选用血浆代用品，如右旋糖酐、羟乙基淀粉等高分子化合物等，它们具有一定的胶体渗透压，能维持一定时间的血容量，无抗原性和不良反应。血液制品是最完美的血容量扩充剂，但来源有限，其应用受到一定限制。

葡　萄　糖

【性状】为无色、白色结晶性或颗粒性粉末。无臭，味甜。在水中易溶，在乙醇中微溶。

【作用与应用】

（1）补液：5%葡萄糖溶液与体液等渗，输入机体后很快被组织利用，并供给机体水分。

（2）供给能量：葡萄糖在体内氧化代谢放出能量，供机体需要。

（3）解毒：葡萄糖进入机体后，一部分合成肝糖原，增强肝脏的解毒能力；另一部分在肝中被氧化成葡萄糖醛酸，与毒物结合从尿中排出而解毒，并增加组织内高能磷酸化合物的含量，为解毒提供能量。

（4）强心利尿：葡萄糖能供给心脏能量，改善心肌营养，增强心脏功能，继而产生利尿作用。

（5）脱水：静脉注射高渗葡萄糖溶液，提高血浆渗透压使组织脱水，从而消除脑水肿和肺水肿等。但作用较弱，维持时间短，易引起脑内压回升。

葡萄糖可用于如下病症的辅助治疗：①下痢、呕吐、重伤、失血等导致体内损失大量水分时，可静脉注射5%～10%葡萄糖溶液。②不能摄食的重病衰竭患畜，可用以补充营养。③仔猪低血糖症、牛酮血症。④农药、化学药物及细菌毒素等中毒病解救的辅助治疗。

【注意事项】高渗注射液应缓慢注射，以免加重心脏负担，且勿漏出血管外。葡萄糖氯化钠注射液，低血钾症患畜慎用；肝、肾功能不全患畜注意控制剂量，易致水钠潴留。

【制剂、用法与用量】

5%、10%、25%、50%葡萄糖溶液：静脉注射。一次量，马、牛50～250 g，猪、羊10～50 g，犬5～25 g。

葡萄糖氯化钠注射液：100 mL含葡萄糖5 g与氯化钠0.9 g。静脉注射，一次量，马、牛1 000～3 000 mL，猪、羊250～500 mL，犬100～500 mL。

右　旋　糖　酐

【性状】为葡萄糖聚合物。根据相对分子质量的大小分为中分子（平均相对分子质量7万）、低分子（平均相对分子质量4万）和小分子（平均相对分子质量1万）3种右旋糖酐。前两种临床上比较常用，分别称为右旋糖酐70和右旋糖酐40。

【作用与应用】

（1）补充血容量：静脉注射右旋糖酐70和右旋糖酐40能提高血浆胶体渗透压，吸收血管外的水分而扩充血容量，维持血压。右旋糖酐70因相对分子质量大，不易透过血管，由肾排泄较慢，一次静脉注射，可维持作用12 h；右旋糖酐40相对分子质量较小，从肾排泄较快，一次静脉注射，可维持作用3 h左右。

（2）改善微循环：右旋糖酐40可引起红细胞解聚，降低血液黏滞性，从而改善微循环和组织灌注，使静脉回流量和心搏输出量增加；抑制凝血因子的激活，使凝血因子活性降低，有抗血栓形成的作用。

（3）渗透性利尿作用：右旋糖酐40从肾排泄时，在肾小管中不能被重吸收，使肾小管内的渗透压升高，产生渗透性利尿作用。

小分子右旋糖酐扩容作用弱，但改善循环和利尿的作用好，临床主要用于解除弥漫性血管凝血和急性肾中毒。

主要用于扩充和维持血容量，治疗失血、创伤、烧伤及中毒性休克。

【注意事项】①与维生素 B_{12} 混合可发生变化。②与卡那霉素，庆大霉素合用可增加其毒性。③静脉注射宜缓慢，用量过大可致出血，如鼻出血、皮肤黏膜出血、创面渗血、血尿等。④充血性心力衰竭和有出血性疾病的患畜禁用，肝、肾疾病患畜慎用。⑤偶见过敏反应（发热、荨麻疹等），此时应立即停止输入，必要时注射苯海拉明或肾上腺素。⑥失血量如超过 35%时应用本品可继发严重贫血，须采取输血疗法。

【制剂、用法与用量】

① 右旋糖酐 70 葡萄糖注射液，500 mL：30 g 右旋糖酐 70 与 25 g 葡萄糖；②右旋糖酐 70 氯化钠注射液，500 mL：30 g 右旋糖酐 70 与 4.5 g 氯化钠；③右旋糖酐 40 葡萄糖注射液，500 mL：30 g 右旋糖酐 40 与 25 g 葡萄糖；④右旋糖酐 40 氯化钠注射液，500 mL：30 g右旋糖酐 40 与 4.5 g 氯化钠。4 种制剂均可静脉注射，一次量，马、牛 500～1 000 mL，羊、猪 250～500 mL。

知识拓展

一、临床常用强心药的合理选用

作用于心脏的药物很多，有些是直接兴奋心肌，有些是通过神经调节来影响心脏的机能活动。常用的强心药有强心苷、咖啡因、樟脑及肾上腺素等。临床上必须根据药理学的作用原理，结合疾病性质，合理选用。

1. 强心苷类 对心脏有高度的选择性，作用特点是加强心肌收缩力，使收缩期缩短，舒张期延长，并减慢心率，有利于心脏的休息和功能的恢复。继而缓解呼吸困难、消除水肿等症状。慢作用类主要用于慢性心功能不全，快作用类主要用于急性心功能不全或慢性心功能不全的急性发作。

2. 咖啡因、樟脑 是中枢兴奋药，有强心作用。其作用比较迅速，持续时间较短。适用于过劳、高热、中毒、中暑等过程中的急性心脏衰弱。在这种情况下，机体的主要矛盾不在心脏，而在于这些疾病引起的畜体机能障碍，血管紧张力减退，回心血量减少，心输出量不足，心搏动加快，心肌陷于疲劳，造成心力衰竭。应用咖啡因、樟脑，能调整畜体机能，增强心肌收缩力，改善循环。

3. 肾上腺素 肾上腺素的强心作用快而有力，它能提高心肌兴奋性，扩张冠状血管，改善心肌缺血、缺氧状态。肾上腺素不用于心力衰竭的治疗，适用于麻醉过度、溺水等心搏骤停时的心脏复搏。

二、止血药的合理选用

出血的原因很多，在临床上应用止血药时，要根据出血原因、出血性质并结合各种药物的功能和特点选用。

（1）较大的静脉、动脉出血，必须采取结扎、用止血钳或烧烙等方法止血。

（2）体表小血管、毛细血管的出血，可采用局部压迫或用明胶海绵等局部止血药。

（3）出血性紫癜、鼻出血、外科小手术出血等，可用安络血，以增强毛细血管对损伤的抵抗力，促进断端毛细血管回缩。

（4）手术前后预防出血和止血、消化道出血、肾出血、肺出血等，可选用酚磺乙胺，以增加血小板生成，并促使释放凝血活性物质。

（5）防治幼雏出血性疾病，选用维生素 K 为宜。

（6）纤维蛋白溶解症所致的出血，如外科手术的出血、肺出血、脾出血、呼吸道出血、消化道出血、产后子宫出血等，选用抗纤维蛋白溶解药 6-氨基己酸为宜。

复习思考题

一、选择题

1. 强心苷的药理作用不包括（　　）。
   A. 正性肌力作用　B. 减慢心率和房室传导　C. 利尿作用　D. 加强血液循环作用
2. 用于治疗充血性心力衰竭的药物是（　　）。
   A. 强心苷　B. 肾上腺素　C. 咖啡因　D. 麻黄碱
3. 外用于皮肤、黏膜的止血的药物是（　　）。
   A. 枸橼酸钠　B. 三氯化铁　C. 安络血　D. 肝素
4. 常用的抗凝血药是（　　）。
   A. 维生素 K　B. 安络血　C. 肝素　D. 硫酸亚铁
5. 维生素 K 是（　　）。
   A. 促凝血药　B. 抗凝血药　C. 抗贫血药　D. 助消化药
6. 肝素为常用的（　　）。
   A. 促凝血药　B. 止血药　C. 抗贫血药　D. 强心药
7. 枸橼酸钠的抗凝机理是（　　）。
   A. 枸橼酸根离子与血浆中钙离子形成复合物　B. 阻止血小板凝集
   C. 抑制凝血酶原转化为凝血酶　D. 抑制凝血因子的作用
8. 右旋糖酐铁注射液适宜防治（　　）类贫血。
   A. 哺乳期仔猪缺铁　B. 再生障碍
   C. 溶血　D. 巨幼红细胞
9. 影响凝血因子的促凝血药是（　　）。
   A. 维生素 K　B. 氨甲环酸
   C. 明胶海绵　D. 安特诺新

二、病例分析

1. 一只被诊断患有犬细小病毒病的病犬，发病第二天出现番茄样粪便，恶臭，第三天精神萎靡，出现血便，根据学过的知识，可用哪些药物止血？

2. 新生 14 日龄仔猪，精神不振、活力减弱、吮乳力不足、消瘦、被毛粗乱、皮肤和黏膜苍白、有轻度的黄疸现象、下痢，临床症状符合仔猪贫血症，可选用什么补铁制剂？

三、简答题

1. 举例说明抗凝血药物的分类及机制。
2. 列出 3 种具有强心作用的代表性药物，并分别简述其强心作用的特点及适应证。
3. 铁剂在临床上有何用途？其不良反应有哪些？
4. 简述葡萄糖、右旋糖酐的作用与应用。

模块七　作用于泌尿生殖系统的药物

单元一　利尿药与脱水药

一、利尿药

利尿药是一类作用于肾脏，增加电解质和水的排泄，使尿量增多的药物。利尿药通过影响肾小球的滤过、肾小管的重吸收和分泌等功能，特别是影响肾小管的重吸收而实现其利尿作用。临床主要用于治疗各种类型的水肿，急性肾功能衰竭及促进毒物的排出。

尿液的形成过程包括肾小球滤过、肾小管和集合管的重吸收及分泌三个环节。利尿药主要通过影响肾小管的重吸收和再分泌而产生作用（图 7－1）。根据作用强度和部位，利尿药可分为高效利尿药（呋塞米、依他尼酸、布美他尼）、中效利尿药（氢氯噻嗪、氯噻嗪、氯噻酮）、低效利尿药（螺内酯、氨苯喋啶、阿米洛利）三类。

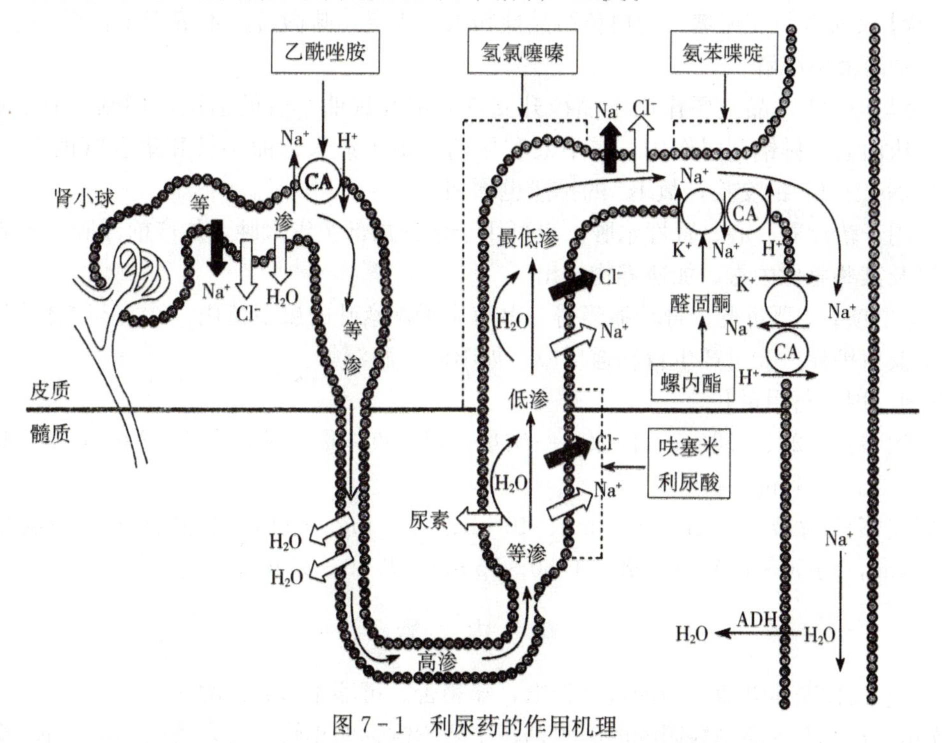

图 7－1　利尿药的作用机理

呋　塞　米

【性状】又称速尿、呋喃苯胺酸。为白色或类白色结晶性粉末。无臭、几乎无味。水中不溶，乙醇中略溶。遮光、密封保存。

【作用与应用】本品主要作用于肾小管髓袢升支髓质部，抑制其对 Cl^- 和 Na^+ 的重吸收，对升支的皮质部也有作用。其结果是管腔液 Na^+、Cl^- 浓度升高，从而导致水、Na^+、Cl^- 排泄增多。由于 Na^+ 重吸收减少，远曲小管 Na^+ 浓度升高，促进 Na^+—K^+ 和 Na^+—H^+ 交换增加，K^+、H^+ 排泄增多。伴随 Cl^-、Na^+、K^+ 的排出，带走大量水分，而产生强大的利尿作用。另外，速尿还可增加尿中 Ca^{2+}、Mg^{2+} 的排出量。

临床上适用于各种原因引起的水肿，如全身水肿、喉部水肿、乳房水肿等。尤其对肺水肿疗效较好，并可促进尿道上部结石的排出。

【注意事项】①反复应用会出现脱水、低血钾与低血氯症，应用时要掌握剂量及给药次数，并与氯化钾或保钾性利尿药配合使用。②大剂量静脉注射可能使犬听觉丧失。③无尿患畜禁用；电解质紊乱或肝损害的患畜慎用。④禁与洋地黄、氨基糖苷类抗生素配伍。

【制剂、用法与用量】

呋塞米片：20 mg，50 mg。内服，一次量，每千克体重，马、牛、羊、猪 2 mg，犬、猫 2.5～5 mg。

呋塞米注射液：2 mL：20 mg、10 mL：100 mg。肌内、静脉注射，一次量，每千克体重，马、牛、羊、猪 0.5～1 mg，犬、猫 1～5 mg。

氢氯噻嗪

【性状】又称双氢克尿噻。为白色结晶性粉末，无臭，味微苦，不溶于水，微溶于乙醇，在氢氧化钠溶液中溶解。

【作用与应用】本品主要作用于髓袢升支皮质部和远曲小管的前段，抑制 Na^+、Cl^- 的重吸收，从而起到排钠利尿作用，属中效利尿药。由于流入远曲小管和集合管的 Na^+ 的增加，促进 Na^+—K^+ 的交换，故 K^+ 的排泄也增加。

临床用于治疗肝、心、肾性水肿。也可用于治疗局部组织水肿，如产前浮肿，牛乳房水肿等，以及某些急性中毒，加速毒物排出。

【注意事项】①严重肝、肾功能障碍和电解质平衡紊乱的患畜慎用。②宜与氯化钾合用，以免发生低血钾症。③可产生胃肠道反应，如呕吐、腹泻等。

【制剂、用法与用量】

氢氯噻嗪片：25、250 mg。内服，一次量，每千克体重，马、牛 1～2 mg，羊、猪 2～3 mg，犬、猫 3～4 mg。

氢氯噻嗪注射液：5 mL：125 mg、10 mL：250 mg。肌内、静脉注射，一次量，牛 100～250 mg，马 50～150 mg，猪、羊 50～75 mg，犬 10～25 mg。

螺内酯

【性状】又称安体舒通。为淡黄色粉末，味稍苦。可溶于水和乙醇。

【作用与应用】本品是醛固酮的颉颃剂。主要影响远曲小管与集合管的 Na^+—K^+ 交换过程，抑制 K^+ 的排出，起保 K^+ 排 Na^+ 作用，故称保钾性利尿药。在排 Na^+ 的同时，带走 Cl^- 和水分而产生利尿作用。

由于本品利尿作用较弱，很少单独应用，常与强效、中效利尿药合用治疗各种水肿，并能纠正失钾的不良反应。

【制剂、用法与用量】

螺内酯片：20 mg。内服，一次量，每千克体重，犬、猫 2～4 mg。

二、脱 水 药

脱水药又称渗透性利尿药，是一种非电解质类物质。脱水药在体内不被代谢或代谢较慢，但能迅速提高血浆渗透压，且很容易从肾小球滤过，在肾小管内不被重吸收或吸收很少，从而提高肾小管内渗透压。因此，临床上可以使用足够大的剂量，以显著增加血浆渗透压、肾小球滤过率和肾小管内液量，产生利尿脱水作用。临床主要用于消除脑水肿等局部组织水肿。

甘　露　醇

【性状】为白色结晶性粉末。无臭，味甜。能溶于水，微溶于乙醇。

【作用与应用】①脱水作用。静脉注射高渗甘露醇后可提高血浆渗透压，使组织（包括眼、脑、脑脊液）细胞间液水分向血浆转移，产生组织脱水作用，从而可降低颅内压和眼内压。②利尿作用。由于本品在体内不被代谢，易经肾小球滤过，并很少被肾小管重吸收，在肾小管内形成高渗，从而产生利尿作用。此外，还能防止肾毒素在小管液的蓄积，对肾起保护作用。

临床用于预防急性肾功能衰竭，降低眼内压和颅内压，加速某些毒素的排泄，以及辅助其他利尿药以迅速减轻水肿或腹水。

【注意事项】①严重脱水、肺充血或肺水肿、充血性心力衰竭以及进行性肾功能衰竭患畜禁用。②脱水动物在使用前应补充适当体液。③缓慢静脉注射，禁止漏注到血管外。④大剂量或长期应用可引起水和电解质平衡紊乱。

【制剂、用法与用量】

甘露醇注射液：100 mL：20 g、250 mL：50 g。静脉注射，一次量，牛、马 1 000～2 000 mL，猪、羊 100～250 mL。

山　梨　醇

【性状】为白色结晶性粉末。无臭，味甜。有引湿性。在水中易溶，在乙醇中微溶。

【作用与应用】本品为甘露醇的同分异构体，作用和应用与甘露醇相似。进入体内后，因部分在肝转化为果糖，因此相同浓度的山梨醇作用效果较甘露醇弱。

【临床应用】同甘露醇。

【制剂、用法与用量】山梨醇注射液。用法与用量同甘露醇。

实验　利尿药与脱水药的作用

【目的】观察呋塞米和甘露醇对家兔的利尿、脱水作用，掌握其作用特点及应用。

【材料】

（1）动物：家兔。

（2）药品：生理盐水、2%戊巴比妥钠注射液或 10%乌拉坦注射液、20%甘露醇注射液、1%呋塞米注射液。

(3) 器材：电子秤、注射器（2 mL、10 mL）、针头（7 号）、兔解剖台、手术剪、手术刀、缝针、缝线、止血钳、镊子、棉花、酒精棉盒、培养皿。

【步骤】

(1) 取家兔 3 只称重，由耳静脉分别注入 2%戊巴比妥钠注射液（每千克体重 45 mg）使之麻醉，仰卧固定在兔解剖台上，以酒精消毒腹部皮肤，于耻骨联合前缘腹中线切开皮肤 2～3 cm，分离腹壁肌肉，剪开腹膜，暴露腹腔，找出膀胱，用套有小橡皮管的 7 号针头从膀胱底部刺入约 2 cm，以线连同膀胱一起结扎，固定针头，培养皿置于小橡皮管外口之下，以备承接尿液，分别记录正常 10 min 内尿液的体积。然后分别静脉注射生理盐水 25 mL，观察 10 min 并记录每兔尿液体积。

(2) 甲兔静脉注射生理盐水 25 mL，观察 10 min 并记录尿液体积。

(3) 乙兔由耳静脉缓慢注入 1%呋塞米（每千克体重 0.5 mL），记录给药时间，观察经多长时间后尿量开始增多，从增多时起记录 10 min 尿液的体积。

(4) 丙兔由耳静脉缓慢注入 20%甘露醇（每千克体重 10 mL），记录给药时间，观察经多长时间后尿量开始增多，从增多时起记录 10 min 尿液的体积。

结果记入表 7-1。

表 7-1 利尿药与脱水药作用观察

药名	给药时间	尿量增多时间	10 min 内尿液体积
给药前			
生理盐水			
1%呋塞米注射液			
20%甘露醇注射液			

【作业】根据实验结果，分析甘露醇与呋塞米对家兔利尿作用的特点，并从理论上分析出现这些特点的原因，写出实验报告。

单元二 性激素和促性腺激素

一、性激素

性激素是由动物性腺分泌的甾体类激素，包括雌激素、孕激素及雄激素。其分泌主要受下丘脑-垂体前叶的调节。下丘脑分泌促性腺激素释放激素（GnRH），它促进垂体前叶分泌促性腺激素，即卵泡刺激素（FSH）和黄体生成素（LH）。在 FSH 和 LH 的相互作用下，促进性腺分泌雌激素、孕激素及雄激素。当性激素增加到一定水平时，又可通过负反馈作用，使下丘脑促性腺激素释放激素和垂体前叶促性腺激素的分泌减少（图 7-2）。临床应用的性激素制剂多为人工合成品及其衍生物。应用此类药物的目的在于补充体内性激素不足、防治产科疾病、诱导同期发情及提高动物繁殖力等。

(一) 雌激素类

苯甲酸雌二醇

【性状】为白色结晶性粉末，无臭。在乙醇或植物油中微溶，在水中不溶。

【作用与应用】能促进雌性器官和副性征的正常生长及发育。引起子宫颈黏膜细胞增大和分泌增加，阴道黏膜增厚，促进子宫内膜增生和增加子宫平滑肌张力，增强子宫对催产素的敏感性，也可增强输卵管平滑肌收缩。本品能增加骨骼钙盐沉积，加速骨骺闭合和骨的形成；有适度促进蛋白质合成以及增加水、钠潴留的作用。另外，雌二醇还能影响来自垂体腺的促性腺激素的释放，从而抑制泌乳、排卵以及雄性激素的分泌。

用于发情不明显动物的催情及胎衣、死胎的排出。

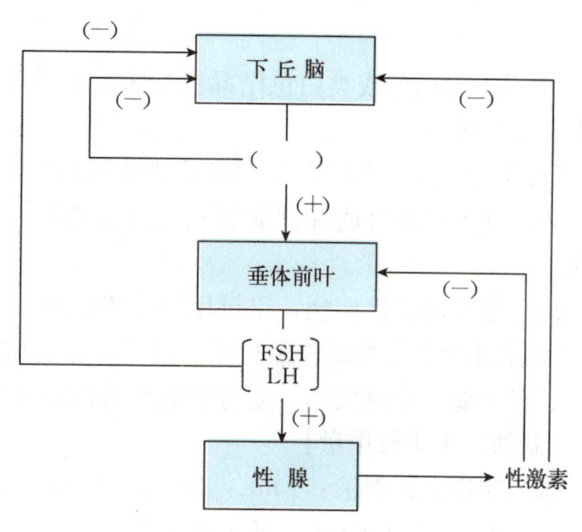

图 7-2　生殖激素调节
（+）兴奋　（−）抑制

【注意事项】①妊娠早期的动物禁用，以免引起流产或胎儿畸形。②可以作治疗用，但不得在动物性食品中检出。③在犬、猫等小动物，可引起血液恶液质，多见于年老动物或大剂量应用时。起初血小板和白细胞增多，但逐渐发展为血小板和白细胞下降，严重者可致再生障碍性贫血。④过量使用可引起囊性子宫内膜增生和子宫蓄脓；在牛可引起发情期延长，卵泡囊肿等。⑤休药期 28 d，弃奶期 7 d。

【制剂、用法与用量】

苯甲酸雌二醇注射液：为雌二醇苯甲酸酯的灭菌油溶液，1 mL：1 mg、1 mL：2 mg。肌内注射，一次量，马 10～20 mg，牛 5～20 mg，羊 1～3 mg，猪 3～10 mg，犬、狐 0.2～0.5 mg，猫、貂、兔 0.1～0.2 mg。

（二）雄激素类

丙　酸　睾　酮

【性状】为白色结晶或类白色结晶性粉末。无臭，在水中不溶，在乙醇中易溶，在植物油中略溶。

【作用与应用】本品的药理作用与天然睾酮相同，可促进雄性生殖器官及副性征的发育、成熟；引起性欲及性兴奋；还能对抗雌激素的作用，抑制母畜发情。睾酮还具有同化作用，可促进蛋白质合成，引起氮、钠、钾、磷的潴留，减少钙的排泄。通过兴奋红细胞生成刺激因子，刺激红细胞生成。

用于雄激素缺乏症的辅助治疗。

【注意事项】①具有水钠潴留作用，肾、心或肝功能不全病畜慎用。②可以作治疗用，但不得在动物性食品中检出。

【制剂、用法与用量】

丙酸睾酮注射液：1 mL：25 mg、1 mL：50 mg。肌内、皮下注射，一次量，每千克体重，家畜 0.25～0.5 mg。母鸡醒抱，肌内注射 12.5 mg。

苯丙酸诺龙

【性状】为白色或类白色结晶性粉末，有特殊臭，在乙醇中溶解，在植物油中略溶，在水中几乎不溶。

【作用与应用】本品为人工合成的睾酮衍生物，其蛋白质同化作用较强，雄激素活性较弱。能促进蛋白质合成和抑制蛋白质异化作用，并有促进骨组织生长、刺激红细胞生成等作用。

用于慢性消耗性疾病，也可用于某些贫血性疾病的辅助治疗。

【注意事项】①可以作治疗用，但不得在动物性食品中检出。②禁止作为促生长剂应用。③肝、肾功能不全时慎用。④可引起繁殖机能异常。⑤休药期 28 d，弃奶期 7 d。

【制剂、用法与用量】

苯丙酸诺龙注射液：1 mL：10 mg、1 mL：25 mg。皮下、肌内注射，一次量，每千克体重，家畜 0.2～1.0 mg，每两周一次。

（三）孕激素类

黄体酮

【性状】又称孕酮。为白色或类白色的结晶性粉末。无臭，无味。在乙醇、乙醚或植物油中溶解，在水中不溶。

【作用与应用】在雌激素作用的基础上，黄体酮可促进子宫内膜及腺体发育，抑制子宫肌收缩，减弱子宫肌对催产素的反应，起安胎作用；通过反馈机制抑制垂体前叶促叶腺激素和下丘脑促性腺激素释放激素分泌减少，抑制发情和排卵。另外，与雌激素共同作用，刺激乳腺腺泡发育，为泌乳作准备。

用于治疗习惯性或先兆性流产、牛卵巢囊肿引起的慕雄狂；也用于母畜同期发情。

【注意事项】①长期应用可使妊娠期延长。②泌乳奶牛禁用，休药期 30 d。

【制剂、用法与用量】

黄体酮注射液：1 mL：10 mg、1 mL：50 mg。肌内注射，一次量，马、牛 50～100 mg，羊、猪 15～25 mg，犬 2～5 mg。

复方黄体酮缓释圈：每一个螺旋形弹性圈含黄体酮 1.55 g，用于控制母牛同期发情，插入阴道内，一次量，每头牛一个弹性橡胶圈，12 d 后取出残余胶圈，并在 48～72 h 内配种。

二、促性腺激素和促性腺激素释放激素

促卵泡素

【性状】又称垂体促卵泡素、卵泡刺激素。本品是从猪、羊的脑垂体前叶中提取的激素，为白色或类白色的冻干块状物或粉末。易溶于水。应密封在冷暗处保存。

【作用与应用】在垂体促黄体素的协同作用下，本品能促进卵巢卵泡生长发育和雌激素的分泌，引起正常发情。促进公畜精原细胞的增殖和精子形成。

用于治疗卵巢静止，持久黄体，卵泡发育停滞等。

【注意事项】用药前，必须检查卵巢变化，并依此修正剂量和用药次数。剂量过大或长期应用，可引起卵巢囊肿；对单胎动物超数排卵则成为不良反应。

【制剂、用法与用量】

注射用垂体促卵泡素：50 mg。肌内注射，一次量，马、驴 200～300 IU，每天或隔天一次，2～5 次为一疗程；乳牛 100～150 IU，隔 2 d 一次，2～3 次为一疗程。临用前，以灭菌生理盐水 2～5 mL 稀释。

促黄体激素

【性状】又称垂体促黄体素、黄体生成素。本品是从猪、羊的脑垂体前叶中提取的，属于一种糖蛋白。为白色或类白色的冻干块状物。易溶于水。应密封在冷暗处保存。

【作用与应用】在垂体促卵泡素的协同作用下，本品能促进卵泡最后成熟，诱发成熟卵泡排卵，排卵后卵巢形成黄体。对公畜则作用于睾丸间质细胞，增加睾丸酮的分泌，提高公畜性欲，在卵泡刺激素的协同作用下促进精子形成。

用于治疗排卵延迟、卵巢囊肿和习惯性流产等。

【注意事项】治疗卵巢囊肿时，剂量应加倍。

【制剂、用法与用量】

注射用垂体促黄体素：25 mg。肌内注射，一次量，马 200～300 IU，牛 100～200 IU。临用前，用灭菌生理盐水 2～5 mL 稀释。

绒促性素

【性状】为白色或类白色的粉末。在水中溶解，在乙醇、丙酮或乙醚中不溶。

【作用与应用】主要具有促黄体素（LH）样作用，也有较弱的促卵泡素（FSH）样作用。对母畜可促进卵泡成熟、排卵和黄体生成，并刺激黄体分泌孕激素；对未成熟卵泡无作用。对公畜可促进睾丸间质细胞分泌雄激素，促使性器官、副性征的发育和成熟，使隐睾病畜的睾丸下降，并促进精子生成。

临床主要用于诱导排卵、同期发情，治疗习惯性流产、卵巢囊肿和公畜性机能减退。

【注意事项】①不宜长期应用，以免产生抗体和抑制垂体促性腺功能。②本品溶液极不稳定，且不耐热，应在短时间内用完。

【制剂、用法与用量】

注射用绒促性素：500 IU、1 000 IU、2 000 IU、5 000 IU。肌内注射，一次量，马、牛 1 000～5 000 IU，羊 100～500 IU，猪 500～1 000 IU，犬 100～500 IU，一周 2～3 次。

血促性素

【性状】又称马促性腺激素。本品为孕马血清中提取的血清促性腺激素，为白色或类白色粉末。

【作用与应用】主要表现促卵泡素（FSH）样作用，也有轻度促黄体素（LH）样作用。可促使卵泡发育和成熟，引起发情，促进成熟卵泡排卵。对公畜能促进雄激素分泌，提高性欲。

主用于母畜催情和促进卵泡发育，也用于胚胎移植时的超数排卵。

【注意事项】参见绒促性素。

【制剂、用法与用量】

马促性腺激素粉针：400 IU、1 000 IU、3 000 IU。皮下、肌内注射，一次量，催情，马、牛 1 000～2 000 IU，羊 100～500 IU，猪 200～800 IU，犬 25～200 IU，猫 25～100 IU，兔、水貂 30～50 IU；超数排卵，母牛 2000～4 000 IU，母羊 600～1 000 IU。临用前，用灭菌生理盐水 2～5 mL 稀释。

三、前列腺素

甲基前列腺素 $F_{2\alpha}$

【性状】为棕色油状或块状物。有异臭，在乙醇、丙酮、乙醚中易溶，在水中极微溶解。

【作用与应用】具有溶解黄体，增强子宫平滑肌张力和收缩力等作用。

主要用于同期发情、同期分娩；也用于治疗持久性黄体、诱导分娩和排出死胎，以及治疗子宫内膜炎等。

【注意事项】①妊娠母畜忌用，以免引起流产。②治疗持久黄体时用药前应仔细进行直肠检查，以便针对性地治疗。③大剂量应用可产生腹泻、阵痛等不良反应。④休药期，牛、猪、羊 1 d。

【制剂、用法与用量】

甲基前列腺素 $F_{2\alpha}$ 注射液：肌内注射或宫颈内注射，一次量，每千克体重，马、牛 2～4 mg，羊、猪 1～2 mg 。

氯 前 列 醇

【性状】为淡黄色油状黏稠液体。在三氯甲烷中易溶，在无水乙醇或甲醇中溶解，在水中不溶，在 10%碳酸钠溶液中溶解。

【作用与应用】为人工合成的前列腺素 $F_{2\alpha}$ 的同系物。具有强大的溶解黄体作用，能迅速引起黄体消退，并抑制其分泌；对子宫平滑肌也具有直接兴奋作用，可引起子宫平滑肌收缩，子宫颈松弛。对性周期正常的动物，治疗后通常在 2～5 d 内发情。妊娠 10～150 d 的怀孕牛，通常在注射用药后 2～3 d 出现流产。

用于诱导母畜同期发情，治疗母牛持久黄体、黄体囊肿和卵泡囊肿等疾病；亦可用于妊娠猪、羊的同期分娩，以及治疗产后子宫复原不全、胎衣不下、子宫内膜炎和子宫蓄脓等。

【注意事项】①不需要流产的妊娠动物禁用。②因药物可诱导流产及急性支气管痉挛，因此妊娠妇女和患有哮喘及其他呼吸道疾病的人员操作时应特别小心。③氯前列醇易通过皮肤吸收，不慎接触后应立即用肥皂和水进行清洗。④不能与非类固醇类抗炎药同时应用。⑤休药期，牛、猪 1 d。

【制剂、用法与用量】

氯前列醇注射液：牛肌内注射 2～4 mL，宫内注射 1～2 mL；猪肌内注射 1 mL。

单元三 子宫收缩药

能选择性地兴奋子宫平滑肌，引起子宫收缩的药物称为子宫收缩药。常用的药物有缩宫素、垂体后叶素、麦角制剂和益母草。临床上用于催产、排出胎衣、治疗产后子宫出血、产后子宫复原等。

缩　宫　素

【性状】又称催产素，从牛或猪脑垂体后叶中提取或化学合成。为白色结晶性粉末。能溶于水，水溶液呈酸性。

【作用与应用】能选择性地兴奋子宫，加强子宫平滑肌的收缩。其兴奋子宫平滑肌作用因剂量大小、体内激素水平而不同。妊娠早期子宫对缩宫素不敏感，妊娠后期敏感性逐渐增加，临产时达到最强，产后逐渐降低。小剂量能增加妊娠末期子宫肌的节律性收缩，使收缩舒张均匀；大剂量则能引起子宫平滑肌强直性收缩，使子宫肌层内的血管受压迫而起止血作用。雌激素可提高子宫对缩宫素的敏感性，而孕激素则相反。催产时，缩宫素对子宫体的收缩作用强，对子宫颈的收缩作用较弱，有利于胎儿娩出。此外，缩宫素能促进乳腺腺泡和腺导管周围的肌上皮细胞收缩，有利于排乳。

小剂量用于产前子宫收缩无力时的催产、引产；较大剂量治疗产后出血；治疗胎衣不下和子宫复原不全，依情况配合使用雌激素。

【注意事项】产道阻塞、胎位不正、骨盆狭窄及子宫颈尚未开放时忌用于催产。

【制剂、用法与用量】

缩宫素注射液：1 mL：10 IU。皮下、肌内注射，一次量，马、牛 30～100 IU，羊、猪 10～50 IU，犬 2～10 IU。

垂体后叶素

为垂体后叶水溶性成分的灭菌水溶液。本品含缩宫素和加压素，对子宫的作用与缩宫素相同，其所含加压素有抗利尿和升高血压的作用。临床应用同缩宫素。

【注意事项】①临产时，若产道阻塞、胎位不正、骨盆狭窄、子宫颈尚未开放等禁用。②用量大时可引起血压升高、少尿及腹痛。

【制剂、用法与用量】

垂体后叶素注射液：1 mL：10 IU。皮下、肌内注射，一次量，马、牛 30～100 IU，羊、猪 10～50 IU，犬 2～10 IU，猫 2～5 IU。

马来酸麦角新碱

【性状】为白色或类白色的结晶性粉末。无臭，微有引湿性，遇光易变质。在水中略溶，在乙醇中微溶。

【作用与应用】能选择性地作用于子宫平滑肌，作用强而持久。临产前子宫或分娩后子宫最敏感。麦角新碱对子宫体和子宫颈都具有兴奋效应，稍大剂量即引起强直性收缩，故不适于催产和引产。但由于子宫肌强直性收缩，机械压迫肌纤维中的血管，可阻止出血。

治疗产后子宫出血、产后子宫复原不全等。

【注意事项】①胎儿未娩出前或胎盘未剥离排出前均禁用。②不宜与缩宫素及其他麦角制剂联用。

【制剂、用法与用量】

马来酸麦角新碱注射液：1 mL：0.2 mg、1 mL：0.5 mg。肌内、静脉注射，一次量，马、牛 5～15 mg，羊、猪 0.5～1.0 mg，犬 0.1～0.5 mg。

知识拓展

一、利尿药与脱水药的合理选用

（1）中度、轻度心性水肿除按常规应用强心苷外，一般选氢氯噻嗪。重度心性水肿除用强心苷外，首选速尿。

（2）急性肾功能衰竭时，一般首选大剂量呋塞米。急性肾炎所引起的水肿，一般不选利尿药，宜选高渗葡萄糖及中药。

（3）各种因素引起的脑水肿，首选甘露醇，次选呋塞米。

（4）肺充血引起的肺水肿，选甘露醇。

（5）心功能降低，肾循环障碍且肾小球滤过率下降，可用氨茶碱。

（6）无论哪种水肿，如较长时间应用利尿药、脱水药，都要补充钾或与保钾性利尿药并用。

二、子宫收缩药的合理选用

（1）引产，猪、马、羊可选用地诺前列腺素（$PGF_{2\alpha}$）。

（2）难产，选用缩宫素或垂体后叶素。

（3）胎衣不下，可用大剂量缩宫素或小剂量麦角新碱，亦可选拟胆碱药。

（4）排出死胎，首选缩宫素，亦可用小剂量麦角新碱。

（5）产后子宫出血，首选麦角新碱，次选大剂量缩宫素。

（6）产后子宫复位不全，可选麦角新碱。

复习思考题

一、选择题

1. 属于高效利尿药的是（　　）。

   A. 呋喃苯胺酸　　B. 安体舒通　　C. 双氢氯噻嗪　　D. 尿素

2. 竞争性颉颃醛固酮的利尿药是（　　）。

   A. 氢氯噻嗪　　B. 螺内酯　　C. 呋塞米　　D. 氨苯喋啶

3. 动物多次使用高效利尿药易出现的不良反应是（　　）。

   A. 低血糖症　　B. 低血钾症　　C. 高氯性血症　　D. 高血钾症

4. 甘露醇是（　　）。

   A. 血容量扩充剂　　B. 强效利尿药　　C. 脱水药　　D. 镇静药

5. 促进动物正常产道生产应选用（　　）。

   A. 缩宫素　　B. 麦角新碱　　C. 乙酰胆碱　　D. 黄体酮

6. 不能用于动物催产或引产的药物是（　　）。
A. 垂体后叶素　B. 缩宫素　C. 麦角新碱　D. 催产素
7. 临床上用于保胎，预防流产的药物是（　　）。
A. 垂体后叶素　B. 黄体酮　C. 乙烯雌酚　D. 丙酸睾丸酮
8. 不能用于同期发情的药物是（　　）。
A. 黄体酮　B. 马促性腺素　C. 苯丙酸诺龙　D. 氯前列醇
9. 兽医临床用于治疗持久黄体和催产或引产的药物是（　　）。
A. 前列腺素 $F_{2\alpha}$　B. 催产素　C. 脑垂体后叶素　D. 雌二醇

二、病例分析

1. 一头母牛产后出现一部分土红色的胎衣垂挂于阴门外，上面有脐带血管断端和大大小小的子叶，大多数胎衣滞留在子宫体内，由阴门排出污红色混有胎衣碎片的恶臭液体。表现精神沉郁、食欲减退，有时发现弓背、举尾和努责，卧地不起等症状 。根据学过的知识，可选择哪些子宫收缩药来促使胎衣排出？

2. 一头病猪食欲废绝，呼吸急促，体温 39.5 ℃，眼球结膜发绀，静脉怒张，呈犬坐状，鼻盘温润。叩诊肺区时呈现浊音。采用兽用 16 号输液针头进行胸腔探测，发现流出液体，即确诊为肺水肿。根据本单元所学的内容，叙述针对肺水肿可用的利尿药和脱水药有哪些。

三、简答题

1. 常用的强效利尿药有哪些？简述其作用、用途和主要的不良反应。
2. 简述呋塞米的利尿作用机制及应用。
3. 如何合理选用子宫收缩药？
4. 前列腺素 $F_{2\alpha}$ 类激素使用时应注意什么？
5. 孕激素在兽医临床和畜牧生产上有何用途？

模块八　作用于中枢神经系统的药物

作用于中枢神经系统的药物分为两大类：一类是中枢兴奋药，包括大脑兴奋药如咖啡因，脑干兴奋药如尼可刹米、回苏灵，脊髓兴奋药如士的宁；另一类是中枢抑制药，包括全身麻醉药如水合氯醛、氯胺酮，化学保定药如赛拉唑，镇静药如盐酸氯丙嗪，抗惊厥药如硫酸镁、巴比妥类等。

单元一　全身麻醉药与化学保定药

一、全身麻醉药

（一）概念与分类

1. 概念　全身麻醉药简称全麻药，是一类能可逆地广泛性地抑制中枢神经系统功能，使动物的意识、感觉、反射机能和肌肉张力出现不同程度的减弱或消失，但仍保持延脑生命中枢功能的药物。主要用于外科手术前的麻醉。

2. 分类　全麻药根据给药途径的不同，分为吸入麻醉药（如氟烷、氧化亚氮）和非吸入麻醉药（如水合氯醛、氯胺酮等）两大类。吸入麻醉药具有吸收迅速，排出也迅速的优点，但缺点是使用时比较复杂且需一定的设备，基层难以实行，故临床多使用非吸入麻醉药。

（二）麻醉方式

为了缩短诱导期，减少麻醉药用量，增强麻醉效果，防止不良反应的发生，临床上常采用以下几种联合用药的麻醉方式。

1. 麻醉前给药　在麻醉前给予某种药物，以减少全麻药的毒副作用和用量，扩大安全范围，这种给药方法称为麻醉前给药。如在麻醉前给予阿托品，可以防止在麻醉中因唾液腺和支气管腺分泌过多而引起的异物性肺炎，并可阻断迷走神经对心脏的影响，防止反射性心率减慢或骤停。

2. 混合麻醉　将两种或两种以上的麻醉药混合在一起进行麻醉，以增强麻醉强度，降低毒性。如水合氯醛＋酒精、水合氯醛＋硫酸镁等。

3. 配合麻醉　以某种全麻药为主，同时配合局麻药进行的麻醉。如先用水合氯醛达到浅麻醉，然后在术部使用盐酸普鲁卡因进行局麻。这种麻醉安全范围大，用途广，临床应用较多。

4. 基础麻醉　先用一种麻醉药浅麻醉，作为基础，再用其他药物维持麻醉深度，可减轻麻醉药不良反应及增强麻醉效果。

（三）常用药物

水 合 氯 醛

【性状】为白色或无色透明结晶。有刺激性，特臭，味微苦。在空气中逐渐挥发，易潮解，极易溶于水，易溶于乙醇、乙醚和氯仿。水溶液放置时间过久或遇碱性溶液、日光、热逐渐分解，产生三氯醋酸和盐酸，酸度增高，因此配制注射剂时不可煮沸灭菌，应遮光、密封保存。

【药动学】内服或直肠灌注均易吸收，大部分在肝内还原为作用稍弱的三氯乙醇，并且很快与葡萄糖醛酸结合成氯醛尿酸、经肾排泄，少量以原形排出。

【作用】对中枢神经系统能产生较强的抑制作用，主要抑制脑干网状结构上行激动系统。小剂量镇静，中剂量催眠，大剂量可产生抗惊厥和麻醉作用。作为麻醉药具有吸收快，兴奋期短，麻醉期长（1～2 h），无蓄积作用等优点。但由于其麻醉剂量与中毒剂量很接近，而且对心脏和呼吸中枢的毒性较大，深麻醉时安全范围小，苏醒期长，所以水合氯醛不是一种理想的全麻药。

临床上多与酒精或硫酸镁合用。也可用水合氯醛进行浅麻醉，同时配合使用盐酸普鲁卡因。

【应用】

(1) 作为全麻药：常用于马属动物、猪、犬、禽类。可内服、灌肠或静脉注射给药，猪可腹腔注射，广泛用于外科手术中。

(2) 作为镇静、解痉和抗惊厥药：用于过度兴奋、痉挛性疝痛、痉挛性咳嗽、母猪异嗜癖、子宫脱或直肠脱的整复、肠阻塞、胃扩张、消化道和膀胱括约肌痉挛以及破伤风、士的宁中毒引起的惊厥发作等。

【注意事项】①水合氯醛刺激性大，静脉注射时，不能漏出血管外，内服和灌肠时，用10%的淀粉浆配成5%～10%的浓度。②水合氯醛能抑制体温调节中枢，使体温下降1～3 ℃，故在寒冷季节要注意保温。③静脉注射时，先注入2/3的剂量，余下1/3的剂量缓慢注入，待动物出现后躯摇摆、站立不稳时，立即停止注射并辅助其缓慢倒卧。④有心脏、肝、肾疾病的患畜禁用。⑤牛、羊应用易导致腺体大量分泌和瘤胃膨胀，故应慎用，且在应用前注射阿托品。

【制剂、用法与用量】

水合氯醛粉：内服，镇静，一次量，马、牛10～25 g，猪、羊2～4 g，犬0.3～1 g。内服，催眠，一次量，马30～50 g，猪、羊5～10 g。灌肠，催眠，一次量，马30～60 g，猪、羊5～10 g。静脉注射，麻醉，一次量，每千克体重，马0.08～0.12 g，猪0.15～0.17 g，骆驼0.1～0.11 g。

水合氯醛硫酸镁注射液：50 mL、100 mL（含8%水合氯醛、5%硫酸镁、0.9%氯化钠的灭菌水溶液）。静脉注射，镇静，一次量，马100～200 mL；麻醉，一次量，马200～400 mL。

水合氯醛酒精注射液：100 mL、250 mL（含5%水合氯醛、15%乙醇的灭菌水溶液）。静脉注射，抗惊厥、镇静，一次量，马、牛100～200 mL；麻醉，一次量，马、牛300～500 mL。

氯　胺　酮

【性状】又称开他敏。为白色结晶性粉末，溶于水，水溶液呈酸性（pH 3.5～5.5），微溶于乙醇。应遮光、密闭保存。

【药动学】吸收后首先大量分布于脑组织，继而又迅速地再分布于其他组织，易通过胎盘屏障，所以作用时间短。在肝内迅速地转化成苯环己酮而随尿排出，代谢产物仍具轻度的麻醉作用。

【药理作用】是一种新型镇痛性麻醉药，其作用与经典的全麻药不同，它能选择性地阻断痛觉冲动经丘脑向大脑皮质传导，同时又对网状结构及边缘系统有兴奋作用，引起感觉与意识的分离，这种双重效应称为分离麻醉。故氯胺酮为分离麻醉药。

氯胺酮静脉注射 1 min 后或肌内注射 3～5 min 即可产生作用，与其他麻醉药不同的特点是动物意识模糊而不完全丧失，睁眼凝视或眼球转动，咽、喉反射依然存在，骨骼肌张力增加呈木僵样，但痛觉完全消失。因此，不能用反射反应与肌肉松弛度来判定麻醉深度。氯胺酮毒性小，常用剂量对心血管系统无明显抑制作用。

【应用】单独使用时，仅适用于不需要肌肉松弛的小手术和诊疗操作等。兽医临床常将氯胺酮作为马、牛、猪、羊及野生动物的基础麻醉和镇静保定药（麻醉前给药可用阿托品，复合麻醉可用赛拉嗪、氯丙嗪等），多以静脉注射方式给药，作用快，维持时间短。如马静脉注射，一次量，每千克体重 1 mg，1 min 后即出现四肢无力，脉搏一时性增数，痛觉消失，后躯摇摆，随后卧倒，可获得约 10 min 的麻醉效果，大约 30 min 恢复正常状态。

【注意事项】驴、骡对该药不敏感，不宜应用。

【制剂、用法与用量】

盐酸氯胺酮注射液：2 mL：100 mg、10 mL：100 mg。静脉注射，一次量，每千克体重，马、牛 2～3 mg；羊、猪 2～4 mg。肌内注射，一次量，每千克体重，羊、猪 10～15 mg，犬 10～20 mg，猫 20～30 mg，灵长类动物 5～10 mg，熊 8～10 mg，鹿 10 mg，水貂 6～14 mg。

巴比妥类

巴比妥类药物主要是抑制脑干网状结构上行激动系统，随着剂量的增加，产生镇静、催眠、抗惊厥和麻醉作用。按其作用时间长短的不同，分为长效（苯巴比妥钠）、中效（异戊巴比妥钠）、短效（戊巴比妥钠）和超短效（硫喷妥钠）4 种类型。兽医临床上，常用戊巴比妥或硫喷妥作为基础麻醉药或全身麻醉药。

苯巴比妥

【性状】其钠盐为白色结晶性颗粒或粉末。无臭，味微苦，有引湿性。易溶于水，可溶于乙醇。

【药动学】内服、肌内注射均易吸收，分布于各组织及体液中，但以肝、脑浓度最高。由于本品脂溶性低，透过血脑屏障速率也很低，故见效慢。内服后 1～2 h，肌内注射后20～30 min 见效。一次静脉注射半衰期犬 92.6 h，马 28 h，驹 12.8 h，反刍兽体内代谢快。因在肾小管内可部分被重吸收，故消除慢。

【作用与应用】属长效巴比妥类药物。具有抑制中枢神经系统的作用，剂量由小到大可产生镇静、催眠、抗惊厥和麻醉作用，尤其抗惊厥较为明显，甚至在低于催眠剂量时也可产生抗惊厥作用，这是因为本品对大脑皮层运动区有较强的抑制作用。临床上可用于减轻脑炎、破伤风等疾病引起的兴奋、惊厥以及缓解中枢神经过度兴奋引起的中毒症状。

【注意事项】用量过大抑制呼吸中枢时，可用安钠咖、尼可刹米等中枢兴奋药解救。肾功能障碍的患病动物禁用。苯巴比妥钠药液呈碱性，禁与酸性药液配伍，以免发生沉淀。

【制剂、用法与用量】

苯巴比妥片：15 mg、30 mg、100 mg。内服，一次量，每千克体重，犬、猫 6～12 mg，2 次/d。

注射用苯巴比妥钠：0.1 g、0.5 g。肌内注射，一次量，羊、猪 0.25～1 g；每千克体重，马、牛 10～15 mg，犬、猫 6～12 mg。

戊巴比妥

【性状】其钠盐为白色结晶性颗粒或粉末。无臭，味微苦，有引湿性。极易溶于水，在乙醇中易溶，在乙醚中几乎不溶。水溶液呈碱性反应，久置易分解，加热分解更快。

【药动学】口服易吸收，吸收后迅速分布，易通过胎盘屏障，较易通过血脑屏障。主要在肝代谢失活，从肾排出。反刍兽代谢迅速，如绵羊血浆半衰期 1.11 h，山羊半衰期 0.91 h。

【作用与应用】属于短效巴比妥类药物。作用与苯巴比妥相似，只是显效快，维持时间较短，麻醉时间羊为 15～30 min，犬为 1～2 h。苏醒期长，一般需 6～18 h 才能完全恢复，猫可长达 24～72 h。主要用作中、小动物的全身麻醉，成年马、牛的复合麻醉（如戊巴比妥与水合氯醛、硫喷妥钠配伍，或与盐酸普鲁卡因等进行复合麻醉），也可用作各种动物的镇静药、基础麻醉药、抗惊厥药以及中枢神经兴奋药中毒的解救。

【不良反应】大剂量对呼吸中枢和心血管运动中枢有明显的抑制作用，减少血液中红细胞、白细胞数，加快血沉，延长凝血时间。对肾也有一定的影响。

【制剂、用法与用量】

注射用戊巴比妥钠　0.1 g。静脉注射，麻醉，一次量，每千克体重，马、牛 15～20 mg，羊 30 mg，猪 10～25 mg，犬 25～30 mg。肌内、静脉注射，镇静，每千克体重，马、牛、猪、羊 5～15 mg。

硫喷妥

【性状】其钠盐为乳白色或淡黄色粉末。有蒜臭，味苦。有引湿性，易溶于水，水溶液不稳定，放置后缓慢分解。煮沸时产生沉淀。

【药动学】硫喷妥钠静脉注射后，迅速分布于脑、肝、肾等组织，最后蓄积于脂肪组织内。因其脂溶性高，极易通过血脑屏障，也能通过胎盘屏障。脑中的药物浓度随即迅速降低，故作用时间短。硫喷妥钠在肝经脱氢、脱硫后形成无作用的巴比妥酸，由尿排出。

【作用与应用】本品属于超短效巴比妥类药物。静脉注射后动物迅速进入麻醉状态，持续时间很短，如犬每千克体重静脉注射 15～17 mg，麻醉可持续 7～10 min；静脉注射 18～22 mg，麻醉可持续 10～15 min。麻醉诱导期（仅持续 0.5～3 min）和苏醒期也较短。加大剂量或重复给药，可增强麻醉强度和延长麻醉时间。临床上用作牛、猪、犬的全麻药或基础麻醉药以及马属动物的基础麻醉药。此外，本品的抗惊厥作用较戊巴比妥强，作为抗惊厥药，用于中枢兴奋药中毒、脑炎、破伤风的治疗。由于硫喷妥钠作用持续时间短，临床使用时应及时补给作用时间较长的药物。

【注意事项】①反刍动物在麻醉前需注射阿托品，以减少腺体分泌。②肝、肾功能不全时禁用。③若导致呼吸和血液循环抑制时，可用戊四氮等解救。

【制剂、用法与用量】

注射用硫喷妥钠：0.5 g、1 g。静脉注射，一次量，每千克体重，马 7.5～11 mg，牛 10～15 mg，犊牛 15～20 mg，猪、羊 10～25 mg，犬、猫 20～25 mg。临用时用注射用水或生理盐水配成 2.5%溶液。

速 眠 新

又称 846 合剂。为保定宁（静松灵＋EDTA）、氟哌啶醇和双氢埃托啡等药物制成的复方制剂。

【作用与应用】是全身麻醉剂，具有中枢性镇痛、镇静和肌肉松弛作用，麻醉时间为 40～90 min。东莨菪碱和阿托品类药物可以颉颃本药对心血管功能的抑制作用。本品用于大小动物的保定及麻醉。

【注意事项】对心血管系统、呼吸系统有一定的抑制作用，使心率减慢、呼吸次数减少，危重病例、心脏病、呼吸系统疾病禁用。

【制剂、用法与用量】

速眠新注射液：1.5 mL。一次量，每千克体重，纯种犬 0.04～0.08 mL，杂种犬0.08～0.1 mL，兔 0.1～0.2 mL，大鼠 0.8～1.2 mL，小鼠 1.0～1.5 mL，猫 0.3～0.4 mL，猴 0.1～0.2 mL。肌内注射，一次量，每 100 千克体重，黄牛、奶牛、马属动物 1.0～1.5 mL，牦牛 0.4～0.8 mL，熊、虎 3～5 mL。用于镇静或静脉给药时，剂量应降至上述剂量的 1/3～1/2。

舒 泰

为含唑拉西泮（肌松剂）和替拉他明（镇静剂）的分离麻醉剂。具备良好的麻醉、止痛、肌松作用，且安全性高、苏醒快、副作用少、无心肺功能抑制、无癫痫反应和短暂的体温下降，无肝与肾毒性，喉头、脸部与咽部的反射仍然维持。本品由法国维克制药集团研制生产，常制成注射液。

【作用与应用】麻醉迅速，静脉注射后 1 min 即可进入外科麻醉状态，肌内注射后 5～8 min 麻醉；用药后，动物处于熟睡状态，肌肉松弛，不会有疼痛感觉，安全而且恢复迅速，身体麻醉的同时伴随着轻微地失去知觉和意识；本品降低痛觉反射达到了深度止痛，肌肉松弛效果与吸入型麻醉剂类似。

主要用于小动物的外科手术。

【注意事项】①用药前建议禁食 12 h。②体温必须时时检测，注意保温。③用药期间眼睛张开并伴有瞳孔扩张，可用眼膏避免角膜干燥。④舒泰混合后可以在 4 ℃冰箱中保存 8 d。⑤舒泰可用于癫痫症患畜、糖尿病患畜和心脏功能不佳患畜。⑥麻前给药，阿托品每千克体重 0.04 mg 或胃长宁（又称格隆溴铵，抗胆碱药）每千克体重 0.01 mg。抗胆碱药能松弛平滑肌、抑制腺体分泌，利于呼吸道通畅，可降低迷走神经的兴奋，使心率加快。

【制剂、用法与用量】

舒泰注射液：20 mL：20 mg、50 mL：50 mg、100 mL：100 mg。

小于 30 min 的小手术，静脉注射，每千克体重 4 mg；肌内注射，每千克体重 7 mg，追加剂量是每千克体重 2.5 mg。

大于 30 min 的大手术，静脉注射，每千克体重 7 mg；肌内注射，每千克体重 10 mg，追加剂量是每千克体重 2～3 mg。健康动物大手术：静脉注射，每千克体重 5 mg，追加剂量是每千克体重 5 mg。老年动物大手术：静脉注射，麻醉前给药，每千克体重 2.5 mg 进行基础麻醉，麻醉剂量是每千克体重 5 mg；追加剂量是每千克体重 2.5 mg。

二、化学保定药

指在不影响动物意识和感觉的情况下，使动物安静、嗜睡和肌肉松弛，停止抗拒和挣扎，以达到类似保定效果的药物。此类药物近年发展迅速，在动物园、经济动物饲养场中野生动物锯茸、繁殖配种、诊治疾病以及野外野生动物的捕捉，和马、牛等大家畜的运输、人工授精、治疗检查等工作，都有重要的实用价值。也可用于各种动物的全身麻醉。目前，国内兽医临床常用赛拉唑、赛拉嗪及其制剂。

赛　拉　唑

【性状】又称静松灵、二甲苯胺噻唑。为白色结晶性粉末，味微苦。不溶于水，可溶于乙醇、氯仿和丙酮中，可与盐酸结合制成易溶于水的盐酸赛拉唑。

【药动学】静脉注射后 1 min、肌内注射后 10～15 min 呈现良好的镇痛和镇静作用。但种属差异较大，对马属动物作用稍差。

【作用与应用】赛拉唑由我国合成。对于各种家畜，特别是反刍动物具有良好的镇静、镇痛、肌松和麻醉作用。其作用的强度和持续的时间与给药剂量有关，小剂量起镇静作用，用药后很快安静，头颈低下，下唇及下眼睑下垂，四肢站立不稳，精神沉郁，流涎，持续约 1 h。此外，动物全身肌肉松弛，针刺反应迟钝。大剂量起麻醉作用，持续 1～2 h，且在用药过程中无兴奋不安的表现。牛最敏感，用药后进入睡眠状态。猪、兔及野生动物敏感性差。治疗剂量范围内，往往表现唾液增加、汗液增多。另外，多数动物呼吸减慢、血压微降，可逐渐恢复正常。

临床上主要作为镇静保定药，使狂躁兴奋、难于控制的动物安静，便于诊疗和外科操作的顺利进行，也常用于捕捉野生动物和制服动物园内凶禽猛兽；作为配合麻醉药，与普鲁卡因配合使用，用于锯角、锯茸、去势和剖宫术、穿鼻术等手术。

【注意事项】牛大剂量应用时，应先停饲一定时间，并且麻醉前注射阿托品；手术时应采用伏卧姿势，并将头部放低，以免唾液及瘤胃液吸入肺内，同时应防止瘤胃臌气。妊娠后期牛不宜应用。马静脉注射速度宜慢，给药前先注射小剂量阿托品，以免心脏传导阻滞。给犬、猫用药，可引起呕吐。有呼吸抑制、心脏病、肾功能不全等症状的患病动物慎用。

【制剂、用法与用量】

盐酸赛拉唑注射液：5 mL：0.1 g、10 mL：0.2 g。肌内注射，一次量，每千克体重，马、骡 0.5～1.2 mg，驴 1～3 mg，黄牛、牦牛 0.2～0.6 mg，水牛 0.4～1 mg，羊 1～3 mg，鹿 2～5 mg。

赛　拉　嗪

【作用与应用】又称隆朋。其作用、应用及注意事项与赛拉唑相似。临床可用于各种动物的镇静和镇痛，达到化学保定效果。也可与其他麻醉药合用于外科手术。有时也用于猫的催吐。

【制剂、用法与用量】

盐酸赛拉嗪注射液：5 mL：0.1 g；10 mL：0.2 g。肌内注射，一次量，每千克体重，马 1～2 mg，牛 0.1～0.3 mg，羊 0.1～0.2 mg，犬、猫 1～2 mg，鹿 0.1～0.3 mg。

单元二　镇静药和抗惊厥药

一、镇 静 药

镇静药是指能使中枢神经系统产生轻度的抑制作用，减弱其机能活动，从而起到缓和激动，消除躁动、不安，恢复安静的一类药物。其特点是对中枢神经抑制作用有明显的剂量依赖关系，小剂量镇静，较大剂量催眠，大剂量时还可呈现抗惊厥和麻醉作用。临床上应用的镇静药有地西泮、氯丙嗪、溴化物等。

地　西　泮

【性状】又称安定、苯甲二氮唑。为白色或淡黄色结晶性粉末。无臭，味微苦。易溶于乙醇，不溶于水，应密闭保存。

【作用与应用】为长效类的苯二氮卓类药物。具有镇静、催眠、抗惊厥、抗癫痫及中枢性肌肉松弛作用。小于镇静剂量的地西泮可明显缓解狂躁不安等症状，较大剂量时可产生镇静、中枢性肌松作用，使兴奋不安的动物安静，使有攻击性、狂躁的动物驯服，易于接近和管理。还具有较好的抗癫痫作用，对癫痫持续状态疗效显著，对电惊厥、戊四氮与士的宁等中毒所引起的惊厥有强效。主要用于各种动物（家畜、野生动物）镇静、催眠、保定、抗惊厥、抗癫痫、基础麻醉及麻醉前给药，治疗犬癫痫、破伤风及士的宁中毒、防止水貂等野生动物攻击，作为牛和猪麻醉前给药等。

【注意事项】肝、肾功能障碍的患病动物慎用，孕畜忌用。与镇痛药（如哌替啶）合用时，应将后者的剂量减少 1/3。对食品动物，禁止用作促生长剂。静脉注射宜缓慢，以防造成心血管和呼吸抑制。

【制剂、用法与用量】

地西泮片：2.5 mg、5 mg。内服，一次量，犬 5～10 mg，猪 2～5 mg，水貂 0.5～1 mg。

地西泮注射液：2 mL：10 mg。肌内或静脉注射，一次量，每千克体重，马 0.1～0.15 mg，牛、羊、猪 0.5～1 mg，犬、猫 0.6～1.2 mg，水貂 0.5～1 mg。

盐 酸 氯 丙 嗪

【性状】又称冬眠灵、氯普马嗪。盐酸氯丙嗪是人工合成品，为白色或乳白色结晶性粉末。有微臭，味极苦。有吸湿性。易溶于水和乙醇，水溶液呈酸性反应。粉末或水溶液遇空气、阳光和氧化剂逐渐变成黄色、粉红色，最后呈棕紫色，毒性随之增强。应遮光、密封保存。

【药动学】内服或注射均易吸收。吸收后分布于全身，肺中浓度最高。脑组织中浓度较其他器官浓度低，但比血中浓度高数倍，可透过胎盘屏障。主要在肝内代谢，其代谢产物与葡萄糖醛酸或硫酸结合，经尿或粪便排出。氯丙嗪在体内残留时间长，停药后 6～18 个月在尿中仍可测出其微量代谢物。

【药理作用】氯丙嗪作用广泛，对中枢神经、植物神经和内分泌系统都有一定的作用。

（1）对中枢神经系统有镇静作用：能使精神不安或狂躁的动物转入安定和嗜睡状态，使性情凶猛的动物驯服，易于接近，呈现较强的中枢安定作用。此时，动物对各种刺激还有感觉，但反应迟钝，加大剂量也不能引起麻醉。本品还有一定的镇痛作用。

（2）止吐作用：小剂量时能抑制延髓的化学催吐区，大剂量时能直接抑制延髓的呕吐中枢，但对刺激消化道或前庭器官反射性兴奋呕吐中枢引起的呕吐无效。

（3）降温作用：大剂量时能抑制体温调节中枢和植物神经中枢，降低基础代谢，使体温下降 1～2 ℃，使动物处于深睡状态，从而利于中枢神经及各重要生命器官的机能得到保护和改善。本品与一般解热药不同，能使动物正常体温降低。

（4）对植物神经系统的作用：氯丙嗪对 α 受体有阻断作用，使小血管扩张，应避免与肾上腺素合用。有抗 M 胆碱作用，并能减弱胃肠蠕动，减少唾液腺和支气管腺分泌。长期大量应用时，可出现口腔干燥、便秘等副作用。

（5）对内分泌系统的作用：本品可抑制下丘脑多种释放因子和抑制因子的分泌，从而影响垂体前叶的分泌机能。如大剂量的氯丙嗪能抑制促卵泡素和促黄体素的释放，引起性功能紊乱，出现性周期抑制和排卵障碍。

（6）抗休克作用：氯丙嗪阻断外周 α 受体，直接扩张血管、解除小动脉与小静脉痉挛，可改善微循环。同时本品扩张大静脉的作用大于动脉系统的作用，从而降低心脏前负荷，在左心衰竭时可改善心功能。

【应用】

（1）作镇静安定药：可使暴躁的动物、野生动物安定，以便于驯服和接近；对有食仔猪恶癖的母猪，可使其安静；也可用于缓解脑炎、破伤风的兴奋症状以及作为食道梗塞、痉挛疝的辅助治疗药。

（2）作麻醉前给药：麻醉前 20～30 min 肌内注射或静脉注射氯丙嗪，能显著增强麻醉药的作用、延长麻醉时间和减少毒性，又可使麻醉药用量减少 1/3～1/2。

（3）作镇痛、降温和抗休克药：用于外科小手术以镇痛；对于严重外伤、烧伤、骨折等使用氯丙嗪有止痛和防止发生休克的作用；高温季节运输畜禽时，应用本品可减轻因炎热等不利因素产生的应激反应，降低死亡率。

【注意事项】禁用作食品动物的促生长剂。过量使用引起的低血压，禁用肾上腺素解救，但可选用去甲肾上腺素。静脉注射前应进行稀释，注射速度宜慢。有黄疸、肝炎、肾炎的病畜及年老体弱动物慎用。

【制剂、用法与用量】

盐酸氯丙嗪注射液：2 mL：0.05 g、10 mL：0.25 g。肌内注射，一次量，每千克体重，牛、马 0.5～1 mg，猪、羊 1～2 mg，犬、猫 1～3 mg，虎 4 mg，熊 2.5 mg，单峰骆驼 1.5～2.5 mg，野牛 2.5 mg，恒河猴、豺 2 mg。

二、抗惊厥药

抗惊厥药是指能抑制中枢神经系统，解除骨骼肌非自主性强烈收缩的药物。主要用于全身强直性痉挛或间歇性痉挛的对症治疗。如癫痫样发作、破伤风、士的宁中毒及农药中毒等。常用药物有硫酸镁注射液、巴比妥类（如苯巴比妥钠、戊巴比妥钠等）、水合氯醛、地西泮等。

硫酸镁注射液

本品为硫酸镁灭菌水溶液。

【作用与应用】硫酸镁注射液肌内或静脉注射，其镁离子可抑制中枢神经系统，随着剂量的增加而产生镇静、抗惊厥和全身麻醉作用。但产生麻醉作用时剂量即能麻痹呼吸中枢，故不适于单独作麻醉药，多与水合氯醛配伍使用。镁离子抑制中枢神经系统的机理尚不清楚。其抗惊厥作用主要是能阻断运动神经末梢释放乙酰胆碱，并能减弱运动终板对乙酰胆碱的敏感性，从而阻断运动中枢向骨骼肌兴奋的传导，使肌肉松弛。常用于因破伤风和士的宁中毒引起的惊厥和治疗膈肌痉挛、胆道痉挛等。

【不良反应】硫酸镁注射液安全范围小，稍微过量或注射速度过快时，能使动物呼吸中枢麻痹、血压下降、心脏传导阻滞、肌腱反射消失。如不及时抢救，动物将很快死亡。一旦出现中毒症状时，应立即静脉注射5%氯化钙注射液解救。钙离子与镁离子在化学性质上很相似，能互相竞争神经细胞膜上的同一受体，钙离子浓度增加时，可以排斥镁离子与受体结合，从而解除镁离子对中枢神经系统的抑制作用。

【制剂、用法与用量】

硫酸镁注射液：20 mL：5 g、50 mL：12.5 g、100 mL：25 g。肌内注射或静脉注射，一次量，牛、马10～25 g，猪、羊2.5～7.5 g，犬1～2 g。

实验　水合氯醛的全身麻醉作用及氯丙嗪的增强麻醉作用

【目的】观察水合氯醛的全身麻醉作用及主要体征变化，掌握氯丙嗪的增强麻醉作用。

【材料】

（1）动物：家兔。

（2）药品：10%水合氯醛溶液、2.5%氯丙嗪注射液。

（3）器材：注射器（10 mL）、针头（5号、6号）、测瞳尺、人用导尿管、洗耳球、体温计、兔开口器、听诊器、酒精棉球、剪毛剪、台秤等。

【步骤】

（1）取健康家兔两只，首先称取体重，然后观察其正常生理特征（呼吸数、脉搏数、瞳孔大小、肌肉紧张度、角膜反射、痛觉、体温等）并记录。

（2）以不同给药途径分别给予10%水合氯醛淀粉浆溶液和10%水合氯醛注射液，并记录给药时间。

第一只家兔，用胃管（或以人用导尿管代替）向胃内灌入10%水合氯醛淀粉浆溶液，剂量为每千克体重0.3～0.4 g。此种给药途径，可以观察到家兔在麻醉过程中首先出现肌肉紧张度降低；其次是后肢麻醉，此时家兔躯体前部尚能支撑；再次是前躯部位进入麻醉，但头部仍能支撑；最后完全进入侧卧麻醉状态。记录进入麻醉的时间和开始苏醒的时间。

第二只家兔，由耳静脉缓慢注入 10%水合氯醛注射液。水合氯醛剂量为每千克体重 0.12～0.15 g。静脉注射的麻醉过程没有胃内明显变化，家兔迅速倒卧进入全身麻醉状态。记录进入麻醉的时间及开始苏醒的时间。

结果记入表 8-1。

表 8-1　水合氯醛的作用观察

项　目	正　常	灌服给药	静脉注射给药
呼吸数（次/min）			
脉搏数（次/min）			
瞳孔大小（mm）			
肌肉紧张度			
痛觉			
体温（℃）			
角膜反射			
开始给药时间（h，min）			
产生麻醉时间（h，min）			
开始苏醒时间（h，min）			

（3）取健康家兔 3 只，称重，观察其正常情况，如呼吸、脉搏、体温、痛觉反射、翻正反射、瞳孔大小、角膜反射、骨骼肌紧张度等。

（4）分别给各只家兔注射药物。甲兔按每千克体重 1.2 mL 的全麻醉量，静脉注射 10%水合氯醛溶液；乙兔按每千克体重 0.6 mL 的半麻醉量，静脉注射 10%水合氯醛溶液；丙兔先按每千克体重 0.12 mL 的剂量静脉注射 2.5%氯丙嗪注射液，然后再按每千克体重0.6 mL 的半麻醉量，静脉注射 10%水合氯醛溶液。

（5）分别观察各家兔的反应及体征。结果记入表 8-2。

表 8-2　水合氯醛、氯丙嗪的作用观察

兔号	体重（kg）	药物	麻醉时间		痛觉反射		角膜反射		肌肉紧张度	
			出现时间	麻醉时间	用药前	用药后	用药前	用药后	用药前	用药后
甲		全麻量水合氯醛								
乙		半麻量水合氯醛								
丙		氯丙嗪+半麻量水合氯醛								

【作业】

（1）撰写实验报告。

(2) 讨论：家兔全身麻醉时，观察的体征有哪些？为什么以不同给药途径给予水合氯醛时，家兔进入麻醉期的表现不完全一样？氯丙嗪作为麻醉前给药有什么好处？

【附】本实验有关生理常数及反射检查法

(1) 体温检查：将家兔头朝后夹于检查者左腋下，左手提起兔尾，右手持体温计甩至35 ℃以下。然后蘸少许液体石蜡，对准肛门缓缓插入 6 cm 左右，停留 3～5 min，取出体温计读数。家兔正常体温范围是 38.0～39.5 ℃。

(2) 呼吸数测定：可观察鼻翼震动次数，鼻翼震动一下为呼吸一次。家兔正常呼吸数为50～60 次/min。

(3) 脉搏数测定：在心音最强听取点进行听诊，以心跳次数来代替脉搏数。家兔正常脉搏数为 80～140 次/min。

(4) 瞳孔检查：用测瞳尺测定瞳孔大小变化。

(5) 角膜反射检查：用细棉线或马毛轻微刺激角膜，以观察有无眨眼现象。

单元三　中枢兴奋药

中枢兴奋药是指能够提高中枢神经系统机能活动的药物。其作用的强弱、范围、药物的剂量和中枢神经系统的机能状态有关。根据它们的主要作用部位和效果，可分为大脑兴奋药、延髓兴奋药与脊髓兴奋药三类。①大脑兴奋药可提高大脑皮层神经细胞的兴奋性，促进脑细胞代谢，改善大脑机能，如咖啡因、茶碱、苯丙胺等。②延髓兴奋药主要兴奋延髓呼吸中枢，直接或间接作用于该中枢，增加呼吸频率和呼吸深度，又称呼吸兴奋药，对血管运动中枢也有不同程度的兴奋作用，如尼可刹米、樟脑制剂、回苏灵、戊四氮等。③脊髓兴奋药是能够选择性兴奋脊髓的药物，如士的宁、一叶获碱等。

中枢各部位对不同的中枢神经兴奋药敏感性不一样，但其主要作用部位是相对的，随着剂量的增加或反复用药，不仅药物作用强度提高，而且作用的范围也随之扩大，甚至可引起动物中毒死亡。如咖啡因剂量过大时，兴奋可扩散到延髓乃至脊髓，产生过度的兴奋，导致反射亢进、肌肉抽搐，甚至发生惊厥，继而转为中枢抑制，且不能被中枢神经兴奋药颉颃，此时可危及动物生命。多数中枢神经兴奋药的治疗量与中毒量比较接近，作用时间都较短，常需反复用药。因此，中枢神经兴奋药大多数属毒、剧药物，在使用时要严格控制剂量和给药的间隔时间，以免发生中毒。

咖　啡　因

【性状】咖啡因是一种生物碱，可从茶叶、咖啡种仁中提取，也可人工合成。为白色或带极微黄绿色，有丝状光泽的针状结晶。味苦，在热水中可溶，难溶于冷水。临床上咖啡因与苯甲酸钠等量混合，制成易溶于水的苯甲酸钠咖啡因（安钠咖），为白色粉末，应密封保存。

【药动学】本品内服或注射给药，均易吸收，在各组织中分布均匀。大部分药物在体内脱去一部分甲基并被氧化，以甲基尿酸的形式被迅速排出，作用时间短，安全范围较大，不易产生蓄积作用。

【药理作用】

(1) 对中枢神经系统的作用：咖啡因主要兴奋中枢神经系统。特别是对大脑皮质有选择性兴奋作用。小剂量能增强大脑皮质兴奋过程，减轻疲劳、加强横纹肌收缩力。较大剂量能兴奋延髓呼吸中枢和血管运动中枢，使呼吸中枢对二氧化碳的敏感性增强，呼吸加深加快，换气量增加，血压升高，当呼吸中枢抑制时这种作用更为明显。中毒量时可兴奋脊髓，由于运动反射增强，产生强直性惊厥，导致呼吸中枢麻痹甚至死亡。

（2）对心血管系统的作用：对心血管的作用较为复杂，表现为中枢性和外周性双重作用，且两方面作用表现相反。对心脏，较小剂量时兴奋延髓的迷走神经中枢，使心率减慢；剂量稍大时，直接兴奋心肌的作用占优势，则心率、心肌收缩力和心输出量均增高。对血管，较小剂量时兴奋延髓的血管运动中枢，使血管收缩；剂量稍大时，直接兴奋血管平滑肌的作用占优势，则使冠状血管、肺血管和肾血管扩张。

（3）利尿作用：通过增加肾小球的滤过率，抑制肾小管对钠离子和水的重吸收而呈现利尿作用。

（4）其他：可增强骨骼肌的收缩力、提高肌肉的工作能力；能松弛支气管平滑肌和胆管平滑肌，有轻微止喘和利胆作用。此外，还能影响糖和脂肪的代谢。

【应用】

（1）作中枢兴奋药：用于中枢抑制药中毒、危重病症、过度劳役引起的精神沉郁、血管运动中枢和呼吸中枢衰竭，剧烈腹痛（主要作为保护体力）、牛产后麻痹和肌红蛋白尿症等。

（2）作强心药：用于高热、中毒或中暑（日射病、热射病）等情况下引起的急性心脏衰竭。

（3）作利尿药：用于心、肝和肾病引起的水肿。

【注意事项】忌用于代偿性心力衰竭和器质性心功能失常、末梢性血管麻痹及大动物心动过速。剂量过大可引起心跳和呼吸急促、体温升高、流涎、呕吐、腹痛，甚至发生强直性痉挛而死亡。中毒时可用中枢抑制药解救。

【制剂、用法与用量】

苯甲酸钠咖啡因（安钠咖）：内服，一次量，马、牛 2～8 g，猪、羊 1～2 g，鸡 0.05～0.1 g，犬 0.2～0.5 g，猫 0.05～0.1 g。

安钠咖注射液：10 mL：1 g。皮下、肌内、静脉注射，一次量，牛、马 2～5 g，猪、羊 0.5～2 g，犬 0.1～0.3 g，鹿 0.5～2 g。

尼可刹米

【性状】又称可拉明。为无色或淡黄色的澄明油状液体，放置于冷处即成结晶。有微臭，味苦，有吸湿性。能与水、乙醇任意混合，溶液变黄后不可使用。应遮光、密封保存。

【药动学】内服或注射均易吸收，在体内部分转变成烟酰胺，再被甲基化成为 N-甲基烟酰胺经尿排出。作用维持时间短暂，一次静脉注射仅持续 5～10 min。

【作用与应用】为呼吸中枢兴奋药。能直接兴奋延髓呼吸中枢，也可以通过刺激颈动脉体和主动脉体的化学感受器，反射性地兴奋呼吸中枢，使呼吸加深加快，并能提高呼吸中枢对二氧化碳的敏感性，呼吸中枢受抑制时作用更明显。对大脑皮质、血管运动中枢及脊髓也有较弱的兴奋作用。尼可刹米的作用温和，持续时间短，但安全范围较大，治疗量时不良反应较少。

主要用于麻醉药、其他中枢抑制药，以及某些疾病引起的中枢性呼吸抑制，也可解救一氧化碳中毒、溺水和新生仔畜窒息等。

【制剂、用法与用量】

尼可刹米注射液：2 mL：0.5 g。皮下、肌内、静脉注射，一次量，牛、马 2.5～5 g，猪、羊 0.25～1 g，犬 0.125～0.5 g。

回 苏 灵

本品可直接兴奋呼吸中枢，药效强于尼可刹米或戊四氮，可增加肺换气量，降低动脉血的 CO_2 分压，提高血氧饱和度。回苏灵见效快，疗效显著，并有苏醒作用。主要用于中枢抑制药过量、某些传染病及某些药物中毒所致的中枢性呼吸抑制。本品过量易引起惊厥，可用短效巴比妥类药物解救。孕畜禁用。

【制剂、用法与用量】

回苏灵注射液：2 mL：8 mg。肌内或静脉注射，一次量，牛、马 40～80 mg，猪、羊 8～16 mg。静脉注射时，需用 5%葡萄糖注射液稀释后再缓慢注入。

士 的 宁

【性状】又称番木鳖碱。是从植物马钱的种子中提取的一种生物碱。为无色针状结晶或白色结晶性粉末。极苦，易溶于水，常用其硝酸盐。应遮光、密封保存。

【药动学】内服或注射均能被迅速吸收，吸收后在体内分布均匀，80%在肝内被氧化代谢破坏，约 20%以原形由尿及唾液腺等排出。排泄缓慢，反复应用易产生蓄积作用。

【作用与应用】吸收后对中枢神经系统各部位都有兴奋作用，但主要是兴奋脊髓，小剂量即能提高脊髓反射兴奋。由于骨骼肌的紧张度在一定程度上是由脊髓来维持的，从而使骨骼肌紧张度增强，改善了肌无力状态，并能提高大脑皮质感觉区敏感性，使视觉、听觉、嗅觉和触觉变得敏锐。大剂量时，脊髓内抑制机能消失，颉颃肌的交互抑制作用不再存在，肌肉紧张度增高。中毒时由于全身肌肉强烈收缩，动物表现为强直性惊厥。

用于治疗直肠、膀胱括约肌不全麻痹，因挫伤或跌打损伤引起的肩胛部、臀部与尾部不全麻痹，四肢不全麻痹及颜面神经不全麻痹，猪、牛产后麻痹等。也可用于治疗公畜性功能减退和阴茎下垂（在神经未受损伤的情况下）。

【中毒与解救】本品的安全范围较小，剂量稍大时就能引起脊髓中枢过度兴奋而发生惊厥。最初对光、声音刺激敏感，全身战栗，四肢僵硬，牙关紧闭，继而可因极微弱的刺激引起全身骨骼肌强直性收缩，头向上后仰起，四肢伸直，脊柱呈弓形，即呈现角弓反张姿势。初期这种惊厥是间歇性的，肌肉有松弛期，松弛期间，任何轻微的刺激都能引起惊厥发作。如此反复发作，动物因喉、气管痉挛和呼吸中枢麻痹而窒息死亡。所以当需要反复给药时必须注意，既要保持脊髓中枢兴奋性，又要避免蓄积中毒。

士的宁中毒的解救，首先应使动物保持安静，避免各种不良因素的刺激，大动物静脉注射水合氯醛，小动物静脉注射戊巴比妥钠，并需反复给药。内服给药引起的中毒，在药物没有完全吸收以前可给予活性炭和盐类泻药。

【注意事项】士的宁一次给药后体内排出需要 2～3 d，重复给药时可产生蓄积作用，故在用药 3 d 后，应间隔 3～4 d 再用。

【制剂、用法与用量】

硝酸士的宁注射液：1 mL：2 mg、10 mL：20 mg。皮下或肌内注射，一次量，牛、马

15～30 mg，猪、羊 2～4 mg，犬 0.5～0.8 mg。

实验　家兔士的宁中毒及其解救

【目的】观察致死剂量的硝酸士的宁对家兔的毒性作用和静脉注射水合氯醛注射液进行解救的效果。

【材料】

（1）动物：家兔。

（2）药物：0.1%硝酸士的宁注射液、10%水合氯醛注射液。

（3）器材：注射器（2 mL、10 mL）、针头（6.5 号、6 号）、台秤、酒精棉球等。

【步骤】

（1）取家兔一只首先称取其体重，然后按每千克体重 0.6 mL 耳部皮下注射 0.1%硝酸士的宁注射液。当以手击打家兔背部出现反射兴奋性增高、但未呈现全身痉挛症状（角弓反张）时，立即静脉注射 10%水合氯醛注射液，按每千克体重 1.5 mL 给药。给予水合氯醛后家兔处于睡眠状态，如果仍然有明显惊厥，可再补给适量的水合氯醛注射液。

（2）另取一只家兔首先称取体重，然后按每千克体重 0.6 mL 耳部皮下注射 0.1%硝酸士的宁注射液，观察至出现角弓反张症状后，立即静脉注射 10%水合氯醛注射液的效果。结果记入表 8-3。

表 8-3　士的宁、水合氯醛的作用观察

家兔	药物	症状	解救药物	结果
1	硝酸士的宁	未出现惊厥	水合氯醛	
2	硝酸士的宁	出现惊厥	水合氯醛	

【作业】

（1）撰写实验报告。

（2）分组讨论：临床应用士的宁及其制剂应当注意哪些问题？为什么？

知识拓展

一、麻醉分期

随着麻醉药在体内浓度的增加，中枢神经系统不同部位逐渐被抑制，其顺序为大脑皮质⟶皮质下中枢⟶脊髓⟶延髓。为了便于掌握麻醉深度，获得满意的麻醉效果，常将麻醉过程分为四期，但各期间没有明显的界线，主要以意识、感觉、呼吸次数与深浅、血压高低、脉搏次数与性质、瞳孔大小、角膜反射有无、骨骼肌张力变化等指标，作为判断各期的指征。麻醉各期的主要体征见表 8-4。

1. 镇痛期（随意运动期）　指从麻醉给药开始至意识消失为止。此期较短，不易察觉，也没有显著的临床意义。主要是网状结构上行激动系统和大脑皮层受抑制。

2. 兴奋期（不随意运动期）　随着血药浓度升高，大脑皮层功能的抑制加深，使皮层下中枢失去大脑皮层的控制与调节，动物表现不随意运动性兴奋、强烈挣扎与嘶鸣。此期呼吸极不规则、脉搏迅速、血压升高、瞳孔扩大、肌肉紧张、各种反射都存在，易发生事故，不宜进行任何手术。镇痛期与兴奋期合称诱导期。

3. 外科麻醉期 血药浓度如继续升高，麻醉进一步加深，使大脑、间脑、中脑、脑桥依次被抑制，脊髓机能亦由后向前逐渐被抑制，但延髓机能仍保持。根据麻醉深度分为浅麻期和深麻期。

（1）浅麻期：动物的痛觉、意识完全消失。肌肉松弛，呼吸浅而均匀，瞳孔逐渐缩小，痛觉反射消失，角膜和跖反射仍存在，但较迟钝。兽医临床一般在此期进行手术。

（2）深麻期：麻醉继续深入，动物出现以腹式呼吸为主的呼吸方式，角膜和跖反射也消失，舌脱出不能回缩，深麻期不易控制而转入麻痹期，会使动物发生危险，所以应避免进入此期。

表 8-4 麻醉各期的主要体征

麻醉分期			镇痛期	兴奋期	外科麻醉期		麻痹期
					浅麻期	深麻期	
体征表现	呼吸		稍快而不规律	快而极不规律	慢而规律	慢而浅，腹式为主	慢而浅，有时停止
	脉搏		加速	增速	稍慢均匀	慢而弱	微弱，有间歇
	瞳孔		缩小	扩大	逐渐缩小	缩小至散大	散大
	骨髓		肌张力正常	紧张有力	松弛	极度松弛	极度松弛
	反射	眼	有	有	消失	消失	消失
		角	有	有	有	微弱至消	消失
		皮	有	有	有	消失	消失
		吞	有	有	消失	消失	消失
		咳	有	有	有至消	消失	消失

4. 苏醒期或麻痹期 动物进入麻醉期后，若不增加血液中药物的浓度，则随着药物在体内的转化，中枢神经系统机能逐渐恢复，动物逐渐苏醒；如果继续增加血液中药物的浓度，则进入麻痹期，动物表现呼吸慢而浅，心跳微弱，瞳孔散大，各种反射消失，若不及时抢救，会导致呼吸、心跳停止而死亡，外科麻醉时禁止达到此期。

事实上，上述典型分期一般出现于吸入麻醉，当前因多采用复合麻醉，所以很难出现以上典型的分期，因此在实践中，要仔细观察，综合分析，才能做出正确的判断。

二、使用全身麻醉药的注意事项

1. 麻醉前的检查 麻醉前要仔细检查动物的身体状况，对于身体极度衰弱、患有严重呼吸器官、肝和心血管系统疾病的动物以及妊娠母畜，不宜进行全身麻醉。

2. 麻醉过程中的观察 在麻醉过程中，要时刻注意观察动物的呼吸深度与节律、脉搏强弱与节律、瞳孔的变化，并经常观察角膜反射和肛门反射。如发现瞳孔突然散大、呼吸困难、脉搏微弱、心率失常，应立即停止麻醉，并进行对症处理，如打开口腔、引出舌头、进行人工呼吸或注射中枢兴奋药等。

3. 正确选用全麻药 要根据动物的种类和手术的需要选择适宜的全麻药和麻醉方式。一般来说，马使用全麻药是比较安全的，但巴比妥类药物易引起马产生明显的兴奋过程；反刍动物在麻醉前宜停饲 12 h 以上，且不宜单用水合氯醛进行全身麻醉，多以水合氯醛与普鲁卡因进行配合麻醉。

复习思考题

一、选择题

1. 关于地西泮的药理作用描述错误的是（　　）。
   A. 镇静　B. 抗惊厥　C. 中枢性肌肉松弛
   D. 诱导麻醉　E. 催眠
2. 关于赛拉嗪的描述错误的是（　　）。
   A. 镇静镇痛　B. 肌肉松弛　C. 降低体温
   D. 止吐　E. 常用的动物保定药
3. 尼可刹米的作用部位在（　　）。
   A. 延髓呼吸中枢　B. 脊髓　C. 大脑皮质
   D. 中脑边缘系统　E. 以上都不是
4. 属于吸入性麻醉药的是（　　）。
   A. 氯胺酮　B. 硫喷妥钠　C. 水合氯醛
   D. 氟烷
5. 对动物实验麻醉过程中，使动物肌肉呈木僵样的药物是（　　）。
   A. 水合氯醛　B. 丙泊酚　C. 氯胺酮
   D. 乙醚　E. 硫喷妥钠
6. 咖啡因的药理作用不包括（　　）。
   A. 扩张血管　B. 抑制呼吸　C. 松弛平滑肌
   D. 增强心肌收缩力　E. 兴奋中枢神经系统　F. 三叉神经传导麻醉
7. 犬腹腔手术最理想的麻醉深度是（　　）。
   A. 镇痛期　B. 兴奋期　C. 外科麻醉期的浅麻期
   D. 外科麻醉期的深麻期　E. 麻痹期
8. 动物在手术过程中出现呼吸停止应静脉注射（　　）。
   A. 肾上腺素　B. 咖啡因　C. 安钠咖
   D. 尼可刹米　E. 阿托品
9. 对惊厥治疗无效的药物是（　　）。
   A. 地西泮　B. 苯巴比妥　C. 氯硝西泮
   D. 口服硫酸镁　E. 注射硫酸镁

二、案例分析

1. 一条小型宠物犬在输液补钙过程中，主人为了节省输液时间，自行将点滴管流量调至最大，很快给患犬在短时间内输完了药液。随后该犬出现精神沉郁、步态不稳、出汗、呼吸加快、肺泡呼吸音增强、可视黏膜轻度发绀、体表静脉怒张；心搏动亢进，第一心音增强，脉搏细数，并出现心内性杂音和节律不齐。经诊断该犬为急性心力衰竭，应如何治疗？

2. 盛夏时节天气炎热，主人一时疏忽，11 时将一条博美犬遗忘在车中，14 时多回到车上发现该犬已瘫痪，两鼻孔流出带泡沫的鼻液。主人随即将其送到某宠物医院，经检查，患犬体重 3.5 kg，体温 41.6 ℃，呼吸 160 次/min，脉搏 180 次/min；皮温增高，心跳快弱，心律不齐，腹式呼吸，出现明显的喘线，呼吸浅而疾速，双肺广泛性干湿啰音；眼结膜充血，瞳孔扩大；舌色青紫垂于口外，浅反射消失，深反射尚存。经诊断该犬为热射病，应如何治疗？

3. 一只家养本地犬夜晚挣脱绳索偷食了腌鱼干约 0.6 kg，第二天发病，主人随即带到宠物医院就诊。经检查，患犬体重约 11 kg，表现精神沉郁、呼吸困难、肌肉震颤、视力下降，共济失调，无目的前冲、转圈、口腔有黏液流出，不时呕吐、腹痛、下痢。初步诊断该犬为食盐中毒，应如何治疗？

三、简答题

1. 全身麻醉过程分为哪几个时期？为何手术选择在浅麻期进行？全身麻醉的注意事项有哪些？

2. 全身麻醉药、镇静药、安定药和抗惊厥药有何不同？

3. 比较水合氯醛、氯胺酮、赛拉唑的作用特点。

4. 中枢兴奋药分为哪几类？说明剂量变化对中枢兴奋药作用强度与作用范围的影响。

5. 比较咖啡因、尼可刹米、士的宁的作用特点。

模块九　作用于外周神经系统的药物

外周神经系统由脑神经和脊神经发出的大量神经纤维组成，按其功能可分为传入神经纤维（感觉神经纤维）和传出神经纤维（运动神经和植物神经）两大类，故作用于外周神经系统的药物包括传入神经药物和传出神经药物两大类。传入神经药物又分为局部麻醉药、保护药和刺激药。本模块主要介绍局部麻醉药和传出神经药物。

单元一　局部麻醉药

一、概　　述

（一）定义

局部麻醉药简称局麻药，是指低浓度下，在用药的局部能可逆地暂时性阻断神经冲动的传导，使其所支配的区域失去感觉，消除疼痛的药物。

（二）作用特点

局麻药在低浓度就能阻断感觉神经冲动的传导。当浓度升高时，对神经组织的任何部位，包括神经末梢、神经纤维、神经干和神经节细胞体都有作用，但不同的神经纤维对局麻药的敏感度不同，这与神经纤维的粗细、分布的深浅及有无髓鞘等有关。感觉神经纤维最细，多分布在表面，大多数无髓鞘，所以容易被麻醉；运动神经纤维较粗，并且位置较深，只有在较高的药物浓度下才能被麻醉。无髓鞘的植物神经对局麻药也比较敏感；感觉神经末梢的各种感受器对局麻药的敏感度也不同，在局麻药的作用下，痛觉最先消失，其次是温觉，最后是触觉。

（三）作用机理

神经冲动的产生和传导有赖于动作电位的产生和传导，而动作电位的产生又取决于钠离子的内流。一般认为局部麻醉药能阻止产生动作电位所必需的钠离子内流，因而引起局部麻醉。关于局部麻醉药阻止钠离子内流的原理还不清楚，一般认为可能是由于局麻药干扰了钙离子和神经细胞膜上磷脂的结合。因为在正常静息状态下，钙离子是与神经细胞膜上控制离子通透性的磷脂相结合，阻碍了钠离子内流。当去极化时（神经受刺激而兴奋），钙离子与神经细胞膜上的结合点脱离，使神经细胞膜的通透性升高，钠离子与磷脂结合容易透过神经细胞膜而产生动作电位。当应用局麻药后，局麻药与钙离子竞争神经细胞膜上的结合点，置换了膜上的钙离子，而且结合比较牢固，当神经冲动到达时，不能使局麻药脱离结合点，结果钠离子不能进入神经细胞膜内，不能产生动作电位，从而阻断了神经冲动的传导，出现局部麻醉效应。

（四）局部麻醉方式（图 9－1）

1. 表面麻醉　是将药液滴入、涂布或喷雾于皮肤或黏膜的表面，使黏膜下的感觉神经末梢被麻醉。常用于眼、鼻、咽喉及泌尿道等手术时的麻醉。必须选择穿透力比较大的药物，如丁卡因、利多卡因等。

2. 浸润麻醉 是将药液注入皮下、肌肉组织中去，使支配这一部位的神经纤维和神经末梢被麻醉。常用于脓肿的切开、肿瘤的切除、局部封闭疗法等小手术。常用0.5%～1%的盐酸普鲁卡因、利多卡因等。

3. 传导麻醉 是将药液注入神经干周围，使神经干支配的区域产生麻醉。此法用量小，麻醉范围广，常用于四肢手术、剖腹术或跛行诊断等。常用2%～4%盐酸普鲁卡因、利多卡因等，与全身麻醉药配合而广泛应用。

4. 硬脊膜外麻醉 是将药液注入硬脊膜外腔（常在腰荐椎之间及荐尾椎之间的凹陷处），阻断通过此腔穿出椎间孔的脊神经的冲动传导，使后躯麻醉。临床用于难产、剖腹产的救助及阴茎、乳房、膀胱的麻醉等。常用2%盐酸利多卡因等药物。

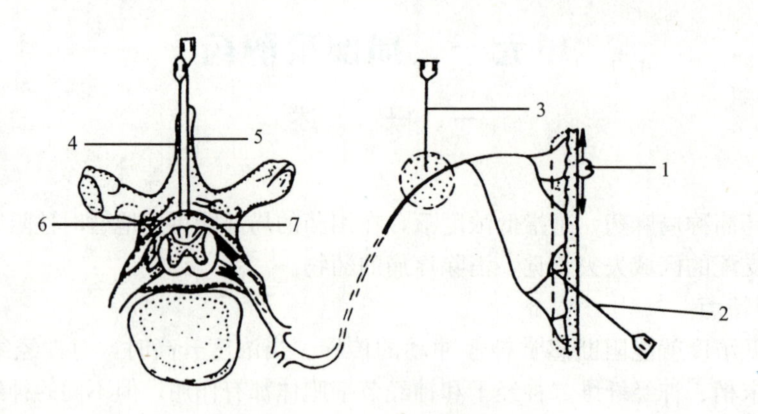

图9-1 局部麻醉方式

1. 表面麻醉 2. 浸润麻醉 3. 传导麻醉 4. 硬膜外腔麻醉
5. 腰椎麻醉 6. 硬脊膜 7. 蛛网膜

5. 封闭疗法 是将药液注入患部周围或与患部有关的神经通路，以阻断病灶的不良刺激向中枢传导，从而减轻疼痛，改善神经营养。主要用于治疗疝痛、烧伤、蜂窝织炎、久不愈合的创伤、风湿病与蹄真皮炎等。此外，还可进行四肢环状封闭和穴位封闭。

二、常用药物

普 鲁 卡 因

【性状】又称奴佛卡因。为白色、细微的针状结晶性粉末。无臭，味微苦，有麻木感。易溶于水，水溶液不稳定，遇光、久储、受热后效力下降。遮光、密闭保存。

【作用与应用】本品为短效酯类局麻药。其毒性小，应用广泛，除不适宜进行表面麻醉外，适用于浸润麻醉、传导麻醉、硬脊膜外麻醉及封闭疗法。

局部用药后，能使注射部位的传入神经冲动减弱或消失，在局部产生麻醉作用。但药效仅能维持30～45 min。如药液中加入盐酸肾上腺素（用量一般为100 mL药液中加入0.1%盐酸肾上腺素0.2～0.5 mL），则可延长麻醉作用时间1～1.5 h。本品主要用于减轻或消除切开皮肤、肌肉及深层组织时的疼痛，局部封闭时不仅能消除疼痛，而且还可阻断由患部神经向中枢传导的不良刺激，并可使局部血管扩张，有利于改善局部组织的血液循环。

普鲁卡因被吸收后，受到肝和血液中酯酶的作用，分解为二乙氨基乙醇和对氨基苯甲酸，后者是某些细菌必需的营养物质，二乙氨基乙醇对中枢神经系统有轻度的抑制作用，小剂量静脉注射表现为镇静、镇痛作用，大剂量应用吸收后则对中枢神经系统具有兴奋作用，对平滑肌有抑制作用，使血管扩张，解除平滑肌痉挛。

临床上主要用于动物的局部麻醉和封闭疗法。还可治疗马痉挛疝、犬的瘙痒症及某些过敏性疾病等。

【注意事项】①禁止与磺胺类药物、洋地黄、抗胆碱酯酶药、肌松药（琥珀胆碱）、碳酸氢钠、巴比妥类、硫酸镁等合并应用。②本品毒性较低，但用量过大、浓度过高时，吸收后对中枢神经系统产生毒性作用。表现为中枢神经系统先兴奋而后抑制，造成呼吸麻痹等。如出现中毒，应立即对症治疗。如在兴奋期，可给予小剂量中枢兴奋药（防止心脏抑制）。若转为抑制期则不可用兴奋药，应采取人工呼吸等急救措施。③硬脊膜外麻醉和四肢环状封闭时，不宜加入肾上腺素。

【制剂、用法与用量】

盐酸普鲁卡因注射液：5 mL：0.15 g、10 mL：0.3 g、50 mL：1.25 g、50 mL：2.5 g。浸润麻醉、封闭疗法时浓度为0.25%～0.5%。传导麻醉时浓度为2%～5%，每个注射点，大动物10～20 mL，小动物2～5 mL。硬脊膜外麻醉时浓度为2%～5%溶液，马、牛20～30 mL。

利　多　卡　因

【性状】又称昔罗卡因。为白色结晶性粉末，无臭，易溶于水和乙醇，应密闭保存。

【药动学】本品易被吸收。表面或注射给药，1 h内有80%～90%被吸收，与血浆蛋白暂时性结合率为70%。进入体内大部分先经肝微粒体酶降解，再进一步被酰胺酶水解，最后随尿排出，少量出现在胆汁中，10%～20%以原型随尿排出，能透过血脑屏障和胎盘屏障。

【作用与应用】本品的局麻作用和穿透力比普鲁卡因强，是普鲁卡因的2倍，可用于表面麻醉。作用迅速而且持久，注射后3 min即发挥药效，维持1～2 h。毒性与药液浓度有一定关系，0.5%溶液与普鲁卡因的毒性相似；1%溶液比普鲁卡因毒性高40%；2%溶液毒性则增强1倍。利多卡因的绝对毒性比普鲁卡因大，但其药效与安全系数却比普鲁卡因大2～4倍。吸收后对中枢神经系统有抑制作用，并抑制心室自律性，延长不应期，故可静脉注射治疗室性心动过速。此外，对普鲁卡因过敏的动物可改用利多卡因。主要用于动物各种方式的局部麻醉和封闭疗法。

【注意事项】硬脊膜外麻醉和静脉注射时，不宜加入肾上腺素。剂量过大易出现吸收作用，引起中枢抑制、共济失调、肌肉震颤。

【制剂、用法与用量】

盐酸利多卡因注射液：5 mL：0.1 g、10 mL：0.5 g、20 mL：0.4 g。浸润麻醉用0.25%～0.5%溶液。表面麻醉用2%～5%溶液。传导麻醉用2%溶液，每个注射点，马、牛8～12 mL，羊3～4 mL。硬脊膜外麻醉用2%溶液，马、牛8～12 mL。

丁卡因

【性状】为白色结晶性粉末。无臭，味苦，有麻木感。有吸湿性，易溶于水。

【作用与应用】为长效酯类局麻药，其麻醉作用强，是普鲁卡因的10～15倍，作用持久，比普鲁卡因长1倍，可达3 h左右，但用药后，作用产生较慢，需5～15 min。组织穿透力强，毒性大，为普鲁卡因的10～12倍，毒性反应发生率亦高。脂溶性高，易透过血脑屏障。主要用于表面麻醉。

【制剂、用法与用量】

盐酸丁卡因注射液：5 mL：50 mg。0.5%～1%溶液用于黏膜或眼结膜表面麻醉。

单元二　作用于传出神经末梢的药物

一、拟胆碱药

氨甲酰胆碱

【性状】又称碳酰胆碱、卡巴可。为无色或淡黄色小棱柱形结晶或结晶性粉末，有潮解性。极易溶于水，难溶于酒精，在丙酮或醚中不溶。耐高温，煮沸亦不易被破坏。

【作用与应用】本品是人工合成的胆碱酯类药物，直接兴奋M受体和N受体，并促进胆碱能神经末梢释放乙酰胆碱而发挥作用。本品是胆碱酯类中作用最强的一种，性质稳定，作用强而持久，尤其对腺体及胃肠、膀胱、子宫等平滑肌器官作用强，小剂量即可促使消化液分泌，加强胃肠蠕动，促进内容物迅速排出，增强反刍兽的反刍机能。对心血管系统作用较弱，一般剂量时对骨骼肌无明显影响，但大剂量可引起肌束震颤、麻痹。

临床可用于治疗胃肠蠕动减弱导致的疾病如胃肠弛缓、肠便秘、胃肠积食及子宫弛缓、胎衣不下、子宫蓄脓等。

【注意事项】禁用于老年、瘦弱、妊娠、心肺疾患及机械性肠梗阻等患畜。禁止肌内和静脉注射，为避免不良反应，可将一次剂量分2～3次注射，每次间隔30 min左右。

【制剂、用法与用量】

氯化氨甲酰胆碱注射液（比赛可林）：1 mL：0.25 mg、5 mL：1.25 mg。皮下注射，一次量，马、牛1～2 mg，猪、羊0.25～0.5 mg，犬0.025～0.1 mg。

毛果芸香碱

【性状】又称匹鲁卡品。为白色有光泽的结晶性粉末，无臭、味微苦，能溶于水，水溶液呈酸性反应，性质较稳定。应遮光、密闭保存。

【作用与应用】本品选择性兴奋M胆碱受体，表现M样作用。其特点是对多种腺体、胃肠道平滑肌的作用最明显，而对心血管系统的影响较弱。

（1）对腺体和胃肠道平滑肌的作用：对唾液腺、泪腺、支气管腺体作用最强，其次是胃肠腺体和胰腺，再其次是汗腺。对肠管等平滑肌有明显的兴奋作用，给马皮下注射后3～5 min即开始出现作用，10 min后作用最明显，持续1～3 h。由于胃肠分泌加强和蠕动加快，可促进粪便排出。

（2）对眼睛的作用：能使眼虹膜括约肌收缩，瞳孔缩小。同时，由于虹膜向中心拉紧，虹膜根部变薄，其周围部分的眼前房角间隙扩大，房水容易通过巩膜静脉窦而进入体循环，从而使眼内压降低。

临床可用于治疗不完全阻塞的便秘、前胃弛缓、手术后肠麻痹、猪食道梗塞等。与散瞳药交替滴眼可用于虹膜炎，防止虹膜粘连。

【注意事项】治疗马肠便秘时，用药前应大量灌水、补液，并注射安钠咖等强心剂，以防用毛果芸香碱后引起脱水或加重心衰。毛果芸香碱易引起呼吸困难和肺水肿，用药后应保持患畜安静，加强护理，必要时采取对症治疗，如注射氨茶碱以扩张支气管，注射氯化钙以制止渗出。完全阻塞的便秘患畜禁用；体弱、妊娠、心肺疾患等动物禁用。用药剂量过大时易发生中毒，中毒时可用阿托品解救。

【制剂、用法与用量】

硝酸毛果芸香碱注射液：1 mL：30 mg、5 mL：150 mg。皮下注射，一次量，马、牛30～300 mg，猪 5～50 mg，羊 10～50 mg，犬 3～20 mg。

新斯的明

【性状】又称普洛色林、普洛斯的明。为白色结晶性粉末。味苦，有吸湿性，极易溶于水，在乙醇中易溶。遇光易变为粉红色。应遮光、密闭保存。

【作用与应用】为人工合成的毒扁豆碱代用品。通过可逆性地抑制胆碱酯酶的活性，使体内乙酰胆碱的浓度增高，呈现完全拟胆碱作用。另外新斯的明也能直接作用于骨骼肌细胞的 N 胆碱受体和促进运动神经末梢释放乙酰胆碱，所以对骨骼肌的作用很强，能提高骨骼肌的收缩力。

临床主要用于治疗重症肌无力。对消化道和子宫平滑肌的作用也较强，也可用于便秘疝、肠弛缓、前胃弛缓、术后腹气胀、尿潴留、牛产后子宫复位不全和大剂量氨基糖苷类抗生素引起的呼吸衰竭等，而对心血管系统、各种腺体和虹膜等的作用较弱。

【注意事项】腹膜炎、肠道或尿道机械性阻塞、胃肠完全阻塞或麻痹、痉挛疝患畜及孕畜等禁用。中毒时可用阿托品或硫酸镁解救。

【制剂、用法与用量】

甲基硫酸新斯的明注射液：1 mL：1 mg、10 mL：10 mg。皮下或肌内注射，一次量，牛 4～20 mg，马 4～10 mg，猪、羊 2～5 mg、犬 0.25～1 mg。

二、抗胆碱药

抗胆碱药是一类能阻断节后胆碱能神经兴奋效应的药物。根据抗胆碱药对 M 受体或 N 受体作用的选择性及临床主要用途不同，分为 M 胆碱受体阻断药（阿托品、东莨菪碱）；N 胆碱受体阻断药，其又可分为 N_1 胆碱受体阻断药（美加明、六甲双铵）和 N_2 胆碱受体阻断药（琥珀胆碱、筒箭毒碱）；中枢性抗胆碱药（如二苯羟乙酸奎宁酯）。兽医临床常用的是 M 胆碱受体阻断药、N_2 胆碱受体阻断药。

阿托品

【性状】为无色结晶或白色结晶性粉末。在水中极易溶解，在乙醇中易溶。有风化性。

遇光易变质，应密封保存。

【药动学】内服易吸收，吸收后迅速分布于全身组织。能通过胎盘屏障、血脑屏障。在体内大部分被酶水解失效，少部分以原形随尿排出。滴眼时，作用可持续数天，这可能是通过房水循环消除较慢所致。给予阿托品后其迅速从血中消失，约80%经尿排出，其中原型药占30%多，粪便、乳汁中仅有少量阿托品。

【作用】治疗量的阿托品能与乙酰胆碱竞争M胆碱受体，它与受体结合后，并不引起效应器细胞的胆碱能反应，而是阻断乙酰胆碱和拟胆碱药对M胆碱受体的兴奋作用，使乙酰胆碱不能表现出M样作用。大剂量时，能兴奋大脑和延髓。超量使用时能阻断神经节N_1受体的作用。阿托品的作用性质、强度取决于剂量及组织器官机能状态和类型。

（1）松弛平滑肌：阿托品对胆碱能神经支配的内脏平滑肌具有松弛作用，一般对正常活动的平滑肌影响较小，当平滑肌过度兴奋时，松弛作用极显著。对胃肠道、输尿管平滑肌和膀胱括约肌松弛作用较强，但对支气管平滑肌的松弛作用不明显。对子宫平滑肌一般无效。对眼内平滑肌的作用是使虹膜括约肌和睫状肌松弛，表现为瞳孔散大、眼内压升高。

（2）抑制腺体分泌：阿托品可抑制多种腺体的分泌，小剂量就可使唾液腺、气管腺及汗腺（马除外）分泌减少，引起口干舌燥、皮肤干燥和吞咽困难等；较大剂量可减少胃液分泌，但对胃酸的分泌影响较小（因胃酸受体液因素胃泌素的调节）；对胰腺、肠液等分泌影响很小。

（3）对心血管系统的影响：阿托品对正常心血管系统无明显影响。大剂量阿托品可直接松弛外周与内脏血管平滑肌，扩张外周及内脏血管，解除小血管的痉挛，增加组织血流量，改善微循环。另外，较大剂量阿托品还可解除迷走神经对心脏的抑制作用，对抗因迷走神经过度兴奋所致的传导阻滞及心律失常，使心率加快。这是因为阿托品阻断窦房结的M受体，提高窦房结的自律性，缩短心房不应期，促进心房内传导。对心脏的作用与动物年龄有关。

（4）中枢兴奋作用：大剂量阿托品有明显的中枢兴奋作用，可兴奋迷走神经中枢、呼吸中枢、大脑皮层运动区和感觉区，对治疗感染性休克和有机磷中毒有一定的意义。中毒量时，使大脑和脊髓强烈兴奋，动物表现异常兴奋，随后转为抑制，终因呼吸麻痹，窒息死亡。毒扁豆碱可颉颃阿托品的中枢兴奋作用，其他拟胆碱药无颉颃作用。

（5）散瞳作用：阿托品无论滴眼或注射，均可使虹膜括约肌松弛，使瞳孔散大，由于瞳孔散大使虹膜向外缘扩展，压迫眼前房角间隙，阻碍房水流入巩膜静脉窦，引起房水蓄积，眼内压升高。

（6）解毒作用：阿托品是拟胆碱药中毒的主要解毒药。家畜有机磷农药中毒时，体内乙酰胆碱大量蓄积，表现强烈的M样和N样作用。阿托品能迅速有效地解除M样作用的中毒症状，特别是解除支气管痉挛、抑制支气管腺分泌、缓解胃肠道症状和对抗心脏抑制的作用。阿托品也能解除部分中枢神经系统的中毒症状，但对N样作用的中毒症状无效。此外，阿托品也是锑剂对耕牛的心脏毒性（心律失常）、喹啉脲等抗原虫药的严重不良反应的主要解毒药。

【应用】

（1）用于肠痉挛、肠套叠、急性肠炎和毛粪石等病例，能缓解疼痛，调节肠管蠕动。

（2）用于有机磷化合物中毒和拟胆碱药中毒或呈现胆碱能神经兴奋症状的中毒（如农药呋喃丹）的解救。及时应用较大剂量阿托品，可缓解有机磷酸酯类等中毒时M样作用的症状。另外，对锑剂中毒引起的心律失常，硫酸喹啉脲等抗原虫药引起的严重不良反应及对洋地黄中毒引起的心动过缓和房室传导阻滞都有一定的防治作用。

（3）用于麻醉前给药，能够抑制呼吸道腺体的分泌，以防止呼吸道阻塞和吸入性肺炎的发生。

（4）用于缓慢型心律失常，如窦房阻滞、房室阻滞等。

（5）大剂量阿托品主要用于感染中毒性休克，如中毒性菌痢、中毒性肺炎等并发的休克。它能解除小血管痉挛，在补充血容量的前提下，改善微循环，以增加重要脏器的血流灌注量及升高血压。

（6）作散瞳剂。常以0.4%～1%溶液点眼，与毛果芸香碱交替使用，可防止急性炎症时晶状体、睫状体和虹膜粘连。

【注意事项】①阿托品在治疗剂量时常出现口干、便秘、皮肤干燥等不良反应，一般停药后可逐渐消失。②剂量过大，除出现胃肠蠕动停止、臌气、心动过速、体温升高外，还可能出现一系列中枢兴奋症状，如狂躁不安、惊厥，继而由兴奋转入抑制，出现昏迷、呼吸麻痹等中枢中毒症状。③中毒解救时，多以对症治疗为主，极度兴奋时可用毒扁豆碱、短效巴比妥类、水合氯醛等药物。禁用吩噻嗪类药物如氯丙嗪治疗。④肠梗阻、尿潴留等患畜禁用。

【制剂、用法与用量】

硫酸阿托品片：0.3 g。内服，一次量，每千克体重，犬、猫0.02～0.04 mg。

硫酸阿托品注射液：1 mL：0.5 mg、2 mL：1 mg、1 mL：5 mg。皮下、肌内、静脉注射，一次量，每千克体重，麻醉前给药，马、牛、羊、猪、犬、猫0.02～0.05 mg；解除有机磷中毒，马、牛、猪、羊0.5～1 mg，犬、猫0.1～0.15 mg，禽0.1～0.2 mg。

东莨菪碱

【作用与应用】本品药理作用基本同阿托品。但对中枢的作用因动物的种属及剂量的不同而存在差异。如犬小剂量可出现中枢抑制作用，有些情况也出现兴奋，大剂量产生兴奋作用，表现不安和运动失调。对马可产生明显的兴奋作用。

主要用于有机磷酸酯中毒的解救，本品的抗震颤作用是阿托品的10～20倍；也可用于麻醉前给药，优于阿托品。

【注意事项】①注意马属动物常出现中枢兴奋。②心律失常或慢性支气管炎的患畜慎用。

【制剂、用法与用量】

氢溴酸东莨菪碱注射液：1 mL：0.3 mg、1 mL：0.5 mg。皮下注射，一次量，牛1～3 mg；羊、猪0.2～0.5 mg。

琥珀胆碱

【性状】又称司可林。临床用氯化琥珀胆碱，为白色或近白色结晶性粉末。无臭，味苦。易溶于水，水溶液呈酸性，见光易分解。在碱性溶液中快速分解失效。微溶于乙醇和氯仿，不溶于乙醚。于凉处遮光、密封储存。

【药理作用】为去极化型肌松药。用药后，动物先出现短暂的肌束颤动，3 min内即转为肌肉麻痹，导致肌肉松弛，肌肉松弛有一定的顺序，首先是头部肌肉，继而是颈部肌肉、四肢和躯干肌肉，最后影响呼吸的肋间肌及膈肌。当用药过量时，肋间肌和膈肌麻痹，动物窒息死亡。本品作用快，持续时间短，易于控制，但因种属不同有很大差异，马静脉注射后可持续 5～8 min，猪 2～4 min，牛 15～20 min。

【应用】临床上用于肌松性保定药，如用于梅花鹿、马鹿等在锯茸时进行保定。还可作为外科手术的辅助麻醉。

【注意事项】①反刍兽用药前要停食 8 h 左右，以防影响呼吸或引起异物性肺炎。②用药前给予小剂量阿托品，以避免唾液腺、支气管腺分泌过多而发生窒息。③年老体弱、孕畜禁用，患有高血钾、心肺疾病、电解质紊乱、使用抗胆碱酯酶药时慎用。④用药过程中发现呼吸抑制或停止时，立即拉出舌头，同时进行人工呼吸、输氧，静注尼可刹米，但不可应用新斯的明解救。

【制剂、用法与用量】

氯化琥珀胆碱注射液：1 mL：50 mg、2 mL：100 mg。肌内注射，一次量，每千克体重，马 0.07～0.2 mg，牛、羊 0.01～0.16 mg，猪 2 mg，犬、猫 0.06～0.11 mg，鹿0.08～0.12 mg。

三、拟肾上腺素药

拟肾上腺素药（又称肾上腺素受体激动药）是指能引起类似肾上腺素能神经兴奋效应的药物。根据其选择作用的受体不同，分为 α 受体激动药，β 受体激动药及 α、β 受体激动药三类。

去甲肾上腺素

【性状】本品的重酒石酸盐为白色或近乎白色的结晶性粉末。无臭，味苦。易溶于水，在乙醇中微溶，在三氯甲烷及乙醚中不溶。遇光、空气易变质。

【作用与应用】主要激动 α 受体，对 β 受体的兴奋作用较弱，尤其对支气管平滑肌和血管上的 β_2 受体作用很小。对皮肤、黏膜血管和肾血管有较强的收缩作用，但扩张冠状血管。对心脏作用较肾上腺素弱，使心肌收缩加强，心率加快，传导加速。小剂量滴注升压作用不明显，较大剂量时，收缩压和舒张压均明显升高。主要用于外周循环衰竭休克时的早期急救。

【注意事项】①限用于休克早期的应急抢救，并宜在短时间内小剂量静脉滴注，不宜长期大剂量使用，大剂量可引起心律失常、高血压。②静脉滴注时严防药液外漏，以免引起局部组织坏死。③禁用于器质性心脏疾病及高血压动物。

【制剂、用法与用量】

重酒石酸去甲肾上腺素注射液：1 mL：2 mg、2 mL：10 mg。静脉滴注，一次量，马、牛 8～12 mg，羊、猪 2～4 mg。临用时稀释成每毫升中含有 4～8 μg 的药液。

肾 上 腺 素

【性状】为白色或类白色结晶性粉末。无臭，味苦。在水中极微溶解，在乙醇中不溶。与阳光或空气接触易氧化变质，在中性或碱性水溶液中不稳定。饱和水溶液显弱碱性反应。常用其盐酸盐溶液，为无色澄明液体，如颜色变化，不可使用，应遮光、密封、在凉暗处保存。

【药动学】口服后可被消化液破坏，故内服无效。皮下注射时，因能使局部血管强烈收缩，吸收缓慢，只有10%～40%被吸收，作用较微弱。肌内注射时，因没有收缩肌肉血管的作用，吸收较快，作用较强。静脉注射时作用极强烈，只用于抢救危急病例，用时必须稀释药液并减少用量。肾上腺素被吸收后很快在血液中消失，主要是被神经组织重新摄取和被酶破坏，故作用时间短。静脉注射维持作用5～10 min，肌内注射维持作用20～30 min，皮下注射作用可维持1 h左右。少量肾上腺素及其降解产物，可与葡萄糖醛酸或硫酸结合，由尿排出。

【作用】肾上腺素能直接兴奋α受体和β受体，作用很强。

（1）对心脏的作用：改善心肌的供血。剂量过大或静脉注射速度过快时，可因心肌的兴奋性过高而导致心律失常，甚至引起心室颤动。

（2）对血管的作用：肾上腺素对血管有收缩和舒张两种作用，这与体内各部位血管的肾上腺素受体种类不同有关。对以α受体占优势的皮肤、黏膜及内脏（如肾脏）的血管产生收缩作用。对以β受体占优势的血管（如冠状血管和骨骼肌血管）则有舒张作用，因而可改善心肌的血液供应。对肺和脑血管的收缩作用很微弱，有时由于血压升高反而被动的扩张。

（3）对平滑肌的作用：通过兴奋β受体使支气管平滑肌松弛，特别是在支气管痉挛时这种作用更为明显。对胃肠道和膀胱的平滑肌有较弱的松弛作用，但对其括约肌则引起收缩。对子宫平滑肌的作用因动物种类和生理状态不同而有不同的表现，如对已怀孕猪的子宫，静脉注射肾上腺素可引起强烈收缩而致流产，对未怀孕牛的子宫产生兴奋，已孕牛子宫则被抑制。对马的子宫作用不明显。

（4）其他：能促进肝糖原、肌糖原分解，血糖升高，血中乳酸含量增加，并能加速脂肪分解，使血中游离脂肪酸增多，糖和脂肪的代谢加快，细胞耗氧量增加。能加强马、羊汗腺的分泌。

【应用】

（1）作恢复心功能的急救药，用于过敏性休克、溺水、传染病、药物中毒、手术意外以及心脏传导阻滞等所引起的心跳微弱或骤停。

（2）与普鲁卡因等局麻药配伍使用以延长局麻药的作用时间，减少局麻药的吸收毒性。

（3）用于过敏性疾病，如支气管痉挛、药物过敏（如青霉素）、免疫血清和疫苗引起的过敏。

（4）作局部止血药，临床用于鼻黏膜出血、齿龈出血等。

【注意事项】心血管器质性病变及肺出血的病畜禁用。本品能提高心肌兴奋性，可导致心律失常，甚至心室颤动，故应严格控制剂量。不宜与强心苷、氯化钙等具有强心作用的药物并用。一般只作皮下或肌内注射，急救时，可根据病情将0.1%肾上腺素注射液作10倍稀释后缓慢静脉注射，必要时可作心内注射。

【制剂、用法与用量】

盐酸肾上腺素注射液：0.5 mL：0.5 mg、1 mL：1 mg、5 mL：5 mg。皮下注射，一次量，牛、马2～5 mL，猪、羊0.2～1.0 mL，犬0.1～0.5 mL。静脉注射，一次量，牛、马1～3 mL，猪、羊0.2～0.6 mL，犬0.1～0.3 mL。

麻　黄　碱

【性状】又称麻黄素。其盐酸盐为白色针状结晶或结晶性粉末。无臭，味苦。遇光易变质，易溶于水，溶于乙醇，不溶于氯仿与乙醚。应遮光、密闭保存。

【作用与应用】麻黄碱的作用与肾上腺素相似。但松弛支气管平滑肌、扩张支气管的作用比肾上腺素弱但较持久。内服、皮下注射都易吸收而且完全。吸收后易于透过血脑屏障，有明显的中枢兴奋作用。反复应用易产生快速耐受性。

临床上主要用作平喘药，治疗支气管哮喘；外用治疗鼻炎，以消除黏膜充血肿胀（0.5%～1%溶液滴鼻）。

【制剂、用法与用量】

盐酸麻黄素片：25 mg/片。内服，一次量，牛、马 50～500 mg，猪 20～50 mg，羊 20～100 mg，犬 10～30 mg，猫 2～5 mg。

盐酸麻黄素注射液：1 mL：30 mg、5 mL：150 mg。皮下注射，一次量，牛、马 50～300 mg，猪、羊 20～50 mg，犬 10～30 mg。

克伦特罗

为 β_2 受体激动剂。能显著地舒张支气管平滑肌，缓解呼吸困难。见效快，作用持续时间长。

主要用于呼吸系统疾病的治疗，如支气管哮喘、肺气肿等。在大剂量情况下，可激动 β_1 受体，引起心悸、心室早搏、骨骼肌震颤等。另外，还能促进脂肪分解和增加蛋白质合成作用，可使动物瘦肉率增加。但因其必须使用大剂量，造成在动物可食性组织中蓄积，这种残留可使消费者（人）产生严重的毒性反应，严重危害人的身体健康。故我国禁止用克仑特罗作为药物添加剂应用。

四、抗肾上腺素药

抗肾上腺素药亦称肾上腺素受体阻断药。此类药物能与肾上腺素受体结合，但对受体并无兴奋作用，相反地由于其占据了受体，妨碍了肾上腺素能神经递质和拟肾上腺素药与受体的结合，从而产生抗肾上腺素作用。根据其对受体选择性的不同，可分为 α 型抗肾上腺素药（α 受体阻断剂）和 β 型抗肾上腺素药（β 型受体阻断剂）。

酚妥拉明

【性状】其磺酸盐为白色或类白色结晶性粉末。无臭，味苦。易溶于水和乙醇，在氯仿中微溶。

【作用与应用】属于短效类 α 受体阻断药，对血管的直接扩张效应，表现出血管舒张、血压下降，肺动脉压与外周阻力下降的作用。同时亦出现心脏收缩力增加，心率加快，心输出量增加的心脏兴奋效应。另外，还具有拟胆碱作用，表现胃肠道平滑肌张力增强。

主要用于犬休克的治疗。解除微循环障碍。适用于感染性、心源性和神经性休克。

【注意事项】①胃溃疡、胃炎及十二指肠溃疡慎用。②低血压、严重动脉硬化、心脏器质性损害、肾功能不全者禁用。③注意补充血容量，最好与去甲肾上腺素配伍使用。

【制剂、用法与用量】

甲苯磺酸酚妥拉明注射液：1 mL：5 mg。静脉滴注，一次量，犬、猫 5 mg，以 5%葡萄糖注射液 100 mL 稀释滴注。

普 萘 洛 尔

【性状】又称心得安。其盐酸盐为白色或类白色粉末。味苦，无臭。易溶于水和乙醇。

【作用与应用】普萘洛尔有较强的β受体阻断作用，但对β_1、β_2受体的选择性较低，且无内在拟交感活性。可阻断心脏的β_1受体，抑制心脏收缩力与房室传导，心率减慢，使循环血流量减少，降低血压及心肌耗氧量。另外，本品又具有防止肾上腺素所致的高血糖反应以及β受体激动药所致的胰岛素分泌反应，能降低肾上腺素释放，抑制血小板聚集等作用。

主要用于抗心律失常，如犬心脏节律障碍（早搏），猫不明原因的心肌疾患。

【注意事项】患有明显心力衰竭、对此类药物敏感、窦性心动过缓时及支气管痉挛肺病的病例禁用。用药过量时，可导致低血压、心动过缓及中枢神经系统抑制、甚至发生癫痫等症状。

【制剂、用法与用量】

盐酸普萘洛尔注射液：1 mL：1 mg。静脉注射，一次量，马每 100 kg 体重 5.6～17 mg，2 次/d。犬 1～3 mg（以每分钟 1 mg 的速度注入），猫 0.25 mg（稀释于 1 mL 生理盐水中注入）。

盐酸普萘洛尔片：10 mg、20 mg、40 mg、80 mg。内服，一次量，马每 450 kg 体重 105～350 mg。犬 5～40 mg，猫 2.5 mg，3 次/d。

实验一　普鲁卡因的传导麻醉作用

【目的】观察普鲁卡因对青蛙或蟾蜍坐骨神经的麻醉作用。

【材料】

（1）动物：青蛙或蟾蜍。

（2）药物：2%普鲁卡因溶液，0.5%盐酸溶液。

（3）器材：探针、蛙板、大头针、剪刀、镊子、铁支架、玻璃分针、铁夹子、药棉、玻璃纸、小烧杯、秒表。

【步骤】

（1）取蛙一只，用探针破坏其大脑后，腹部朝上，用大头针固定四肢于蛙板上，剖开腹腔、除去内脏，暴露两侧坐骨神经丛，用棉球擦去腹腔内的液体。

（2）从蛙板上取下蛙，用铁夹子轻轻夹住下颌部，悬挂于铁支架上。当蛙腿不动时，将其两后足蛙蹼分别浸入盛有 0.5%盐酸溶液的烧杯内，测定自浸入酸液到引起举足反射所需的时间。当出现缩腿反应后，立即用水洗去蛙蹼上的酸液，并拭干。

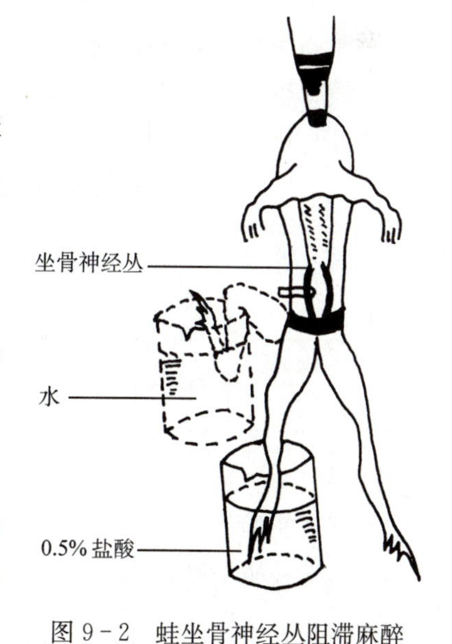

图 9－2　蛙坐骨神经丛阻滞麻醉

（3）在一侧神经丛下面放置玻璃纸，并将浸有 2%普鲁卡因的小棉球贴附在玻璃纸上面的神经丛上。约 10 min 后再将两足蹼分别浸入酸液内测定产生举足反射所需的时间，观察有何变化。结果记入表 9－1。

表 9-1 普鲁卡因的作用观察

蹼 足	药 物	举足反射时间（s）	
		用药前	用药后
左			
右			

【作业】

（1）撰写实验报告。

（2）讨论：为什么在一侧神经丛放置普鲁卡因棉球会产生上述结果？

实验二 毛果芸香碱和阿托品的全身作用实验

【目的】掌握毛果芸香碱和阿托品对家兔的全身作用及阿托品与毛果芸香碱之间的相互颉颃作用。

【材料】

（1）动物：家兔。

（2）药物：1%硝酸毛果芸香碱注射液、1%硫酸阿托品注射液。

（3）器材：注射器（5 mL）、针头（5.5 号）、测瞳尺、磅秤、听诊器。

【步骤】

（1）取健康家兔一只，先称其体重，然后再观察其正常唾液分泌情况和瞳孔大小，同时测定心跳数、呼吸数、肠管蠕动与排粪情况。

（2）给家兔皮下注射 1%硝酸毛果芸香碱注射液，按每千克体重 1 mL 给药，经过 10～15 min 后重新测定上述各项指标。

（3）最后再给家兔皮下注射 1%硫酸阿托品注射液，按每千克体重 1 mL 给药，经 15 min后测定上述各项指标变化情况。结果记入表 9-2。

表 9-2 毛果芸香碱、阿托品的作用观察

药物	唾液	瞳孔	呼吸次数（次/min）	脉搏次数（次/min）	肠蠕动（排粪）
正常时					
注射毛果芸香碱后					
注射阿托品后					

【作业】

（1）撰写实验报告。

（2）讨论：硫酸阿托品和毛果芸香碱的作用有什么不同？在临床上各有何意义？

实验三 肾上腺素对普鲁卡因局部麻醉作用的影响

【目的】观察肾上腺素对普鲁卡因局部麻醉的增效作用。

【材料】

（1）动物：家兔。

（2）药物：2%盐酸普鲁卡因注射液、0.1%盐酸肾上腺素注射液。

（3）器材：注射器（2 mL）、针头（9号）、剪毛剪、大头针等。

【步骤】

（1）取健康家兔一只称重，观察其正常活动情况，用针刺后肢，观察有无疼痛反应，并记录。

（2）在两侧坐骨神经周围分别按每千克体重 2 mL 注入 2%盐酸普鲁卡因注射液（使家兔自然俯卧，在尾部坐骨嵴与股骨头之间摸到一凹陷处，即为注射处）和加有肾上腺素的普鲁卡因注射液（每 10 mL 2%普鲁卡因注射液中加 0.1%盐酸肾上腺素注射液 0.1 mL）。

（3）注射后 1 min、2 min、5 min 以针刺注射部位测试痛觉反射。以后每 5～10 min 测试一次，并比较两种药液麻醉作用的维持时间及注射部位皮肤颜色变化。结果记入表9-3。

表 9-3 肾上腺素对普鲁卡因的作用观察

药　物	用药前反应	用药后的反应（单位：min）							
		1 min	2 min	5 min	10 min	20 min	30 min	40 min	50 min
普鲁卡因									
普鲁卡因＋肾上腺素									

【作业】

（1）撰写实验报告。

（2）分组讨论：通过实验结果来说明普鲁卡因与肾上腺素合用的临床意义。

知识拓展

一、传出神经按解剖学分类

传出神经按解剖学分类分为植物神经和运动神经两大类（图 9-3）。

1. 植物神经 植物神经又称为自主神经，包括交感神经和副交感神经两类。其解剖特点是自中枢神经系统发出后都要经过神经节交换神经元，而后到达所支配的器官（效应器），因此植物神经有节前纤维和节后纤维之分。植物神经主要支配心肌、平滑肌和腺体等效应器官的活动。

2. 运动神经 又称为体神经，分布于骨骼肌（横纹肌），其解剖特点是自中枢神经系统发出后，中途不更换神经元，直接到达它所支配的骨骼肌，因此无节前纤维和节后纤维之分。运动神经支配骨骼肌的活动。

二、传出神经的突触及化学传递

1. 突触 突触指神经元之间或神经元与效应细胞之间的功能接触点，是信息传递的特殊结构。大多数突触信息的传递通过神经递质（介质）介导，称为化学传递。突触的超微结构是由突触前部、突触后部及突触间隙组成的。突触前部与后部相对应的膜分别称为突触前膜和突触后膜（图 9-4）。

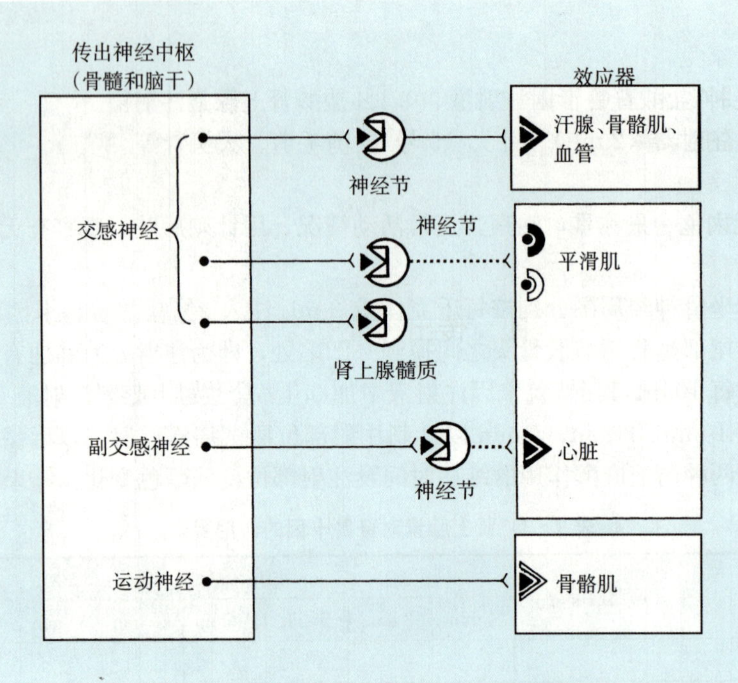

图 9-3 传出神经的分类、递质及受体

—《胆碱能神经 ……《肾上腺素能神经 ▶乙酰胆碱 ●去甲肾上腺素

M受体 N_1受体 N_2受体 α受体 β受体

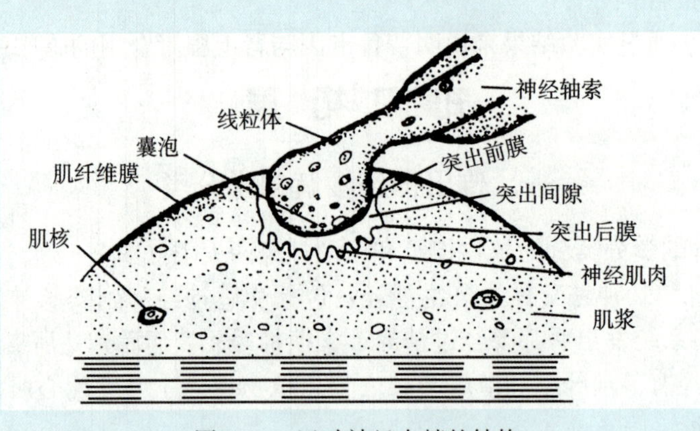

图 9-4 运动神经末梢的结构

胆碱能神经末梢靠近突触前膜处的囊泡含有大量递质——乙酰胆碱（Ach），在突触后膜有许多皱褶，皱褶内聚积有胆碱酯酶，可水解释放乙酰胆碱。去甲肾上腺素能神经末梢形成许多细微的神经纤维，这些细微神经纤维都有连续的膨胀部分，即膨体。在膨体中有线粒体和囊泡等亚细胞结构。每个膨体内囊泡的数目大约 1 000 个。囊泡对乙酰胆碱和去甲肾上腺素的合成、转运和储存具有重要作用。

2. 突触的化学传递 当神经冲动到达神经末梢时，末梢的突触前膜释放化学递质，递质作用于次一级神经元或效应器，完成神经冲动的传递过程。突触的化学传递过程主要包括递质的生物合成、储存、释放、递质作用的消失等。

三、传出神经按递质分类

分为胆碱能神经和去甲肾上腺素能神经。胆碱能神经的神经元内能合成乙酰胆碱（Ach），它们兴奋时，释放的递质是乙酰胆碱。这类神经包括全部交感神经和副交感神经的节前纤维、副交感神经节后纤维、极少数交感神经节后纤维及运动神经。去甲肾上腺素能神经的神经元内能合成去甲肾上腺素（NA 或 NE），它们兴奋时，释放的递质是去甲肾上腺素。这类神经几乎包括绝大部分交感神经节后纤维。

四、传出神经的受体

传出神经的受体根据其选择性结合的递质类型不同，分为胆碱受体和肾上腺素受体两种类型。

1. 胆碱受体　指能与乙酰胆碱结合的受体，称为胆碱受体。其中对毒蕈碱的作用比较敏感的胆碱受体称为毒蕈碱-胆碱受体，简称 M 胆碱受体或 M 受体。主要分布于副交感神经节后纤维和少部分释放乙酰胆碱的交感神经节后纤维所支配的效应器细胞膜上。而对烟碱的作用比较敏感的胆碱受体称为烟碱-胆碱受体，简称 N 胆碱受体或 N 受体。主要分布在植物神经节细胞膜和骨骼肌细胞膜上。位于植物神经节细胞膜上的受体为 N_1 受体，位于骨骼肌细胞膜上的受体为 N_2 受体。

2. 肾上腺素受体　指能与去甲肾上腺素或肾上腺素结合的受体，分布于大部分交感神经节后纤维所支配的效应器细胞膜上。此种受体分为 α 肾上腺素受体（简称 α 受体）和 β 肾上腺素受体（简称 β 受体），α、β 受体又进一步分为 α_1、α_2 和 β_1、β_2 受体。

五、传出神经递质的作用

传出神经递质通过兴奋相应的受体产生作用。

1. 乙酰胆碱的作用　兴奋 M、N 受体，产生 M 样、N 样作用。M 样作用主要表现为心脏抑制、血管扩张、多数平滑肌收缩、瞳孔缩小、腺体分泌增加等，N 样作用主要表现为植物神经节兴奋、骨骼肌收缩等。

2. 去甲肾上腺素或肾上腺素的作用　兴奋 α、β 受体，产生 α 型、β 型作用。α 型作用主要表现为皮肤、黏膜、内脏血管（除冠状动脉外）收缩，血压升高等；β 型作用主要表现为心肌兴奋，支气管、冠状动脉平滑肌松弛等。

六、传出神经系统药物的作用方式与分类

1. 传出神经系统药物的作用方式

（1）直接与受体结合：大多数作用于传出神经系统的药物能直接与胆碱受体或肾上腺素受体结合。结合后，产生与递质乙酰胆碱或去甲肾上腺素相似作用的药物，分别称为拟胆碱药或拟肾上腺素药。结合后，不仅不产生拟似递质的作用，反而因占领受体，阻碍了递质或拟似药与受体结合，而产生与递质相反作用的药物，分别称为抗胆碱药或抗肾上腺素药。

（2）影响递质的释放、储存与生物转化：如新斯的明通过抑制胆碱酯酶的活性，减少乙酰胆碱的破坏而呈现拟胆碱作用；麻黄碱除直接作用于受体而产生效应外，也可通过促

进递质去甲肾上腺素的释放而发挥拟肾上腺素作用。

2. 传出神经系统药物的分类 传出神经系统药物按其作用性质和作用部位进行分类，见表 9－4。

表 9－4 作用于传出神经系统药物分类

分类		常用药物	作用部位
拟胆碱药	节前、节后拟胆碱药	乙酰胆碱、氨甲酰胆碱、槟榔碱	兴奋 N、M 胆碱受体
	节后拟胆碱药	氨甲酰甲胆碱、毛果芸香碱	兴奋 M 胆碱受体
	抗胆碱酯酶药	新斯的明、毒扁豆碱	抑制胆碱酯酶
抗胆碱药	节后抗胆碱药	阿托品、山莨菪碱	阻断 M 胆碱受体
	骨骼肌松弛药	琥珀胆碱、筒箭毒碱、潘克罗宁	阻断骨骼肌 N_2 胆碱受体
拟肾上腺素药		肾上腺素	兴奋 α、β 受体
		去甲肾上腺素	兴奋 α 受体
		异丙肾上腺素	兴奋 β 受体
		麻黄碱	兴奋 α、β 受体并促进递质释放
抗肾上腺素药		酚妥拉明	阻断 α 受体
		心得安	阻断 β 受体

复习思考题

一、选择题

1. 阿托品的临床应用不包括（　　）。

A. 有机磷中毒的解救　　B. 镇静　　C. 散瞳

D. 麻醉前给药　　E. 松弛胃肠平滑肌痉挛

2. 临床上普鲁卡因不用于（　　）。

A. 硬膜外麻醉　　B. 表面麻醉　　C. 传导麻醉

D. 浸润麻醉　　E. 封闭疗法

3. 新斯的明拟胆碱作用的机制是（　　）。

A. 直接兴奋 M 受体　　B. 直接兴奋 N_1 受体

C. 抑制胆碱酯酶的活性　　D. 促进胆碱酯酶的活性

E. 促进乙酰胆碱的释放

4. 肾上腺素的临床应用不适合于（　　）。

A. 与局部麻醉药配伍　　B. 心搏骤停的抢救

C. 过敏性休克　　D. 急性心力衰竭

E. 局部止血

5. 常用的局部麻醉方法不包括（　　）。

A. 硬膜外麻醉　　B. 表面麻醉　　C. 传导麻醉

D. 复合麻醉　　E. 浸润麻醉

6. 某后备母猪，表现排粪费力，粪便干结，色深，根据临床症状，不宜采取的治疗措施是（　　）。
A. 深部灌肠　　B. 静脉输液　　C. 驱赶运动
D. 注射阿托品　　E. 人工盐灌服
7. 局麻药与肾上腺素合用的目的是（　　）。
A. 减少局麻药的吸收　　B. 促进局麻药的吸收
C. 促进局麻药的解离　　D. 缓解局麻药的心脏毒性
E. 预防局麻药引起的过敏性休克
8. 动物溺水或手术意外出现心脏骤停可用（　　）。
A. 肾上腺素　　B. 去甲肾上腺素　　C. 麻黄碱
D. 强心苷　　E. 普萘洛尔
9. 适用于表面麻醉的药物是（　　）。
A. 丁卡因　　B. 咖啡因　　C. 戊巴比妥
D. 普鲁卡因　　E. 硫喷妥钠
10. 抢救有机磷农药中毒动物时，使用阿托品的目的是（　　）。
A. 对抗毒蕈碱样症状　　B. 对抗烟碱样症状
C. 恢复胆碱酯酶活力　　D. 恢复顺乌头酸酶活力
E. 恢复细胞色素氧化酶活力

二、案例分析

1. 一只一岁龄雄性京巴犬，左眼内角长有粉红色增生物来某宠物医院就诊。主诉：发现已两个月，常流眼泪，打过疫苗。检查：患犬左眼内眦瞬膜腺增生，粉红色，大小1.5 cm×1.5 cm，突出明显，其他未见异常。应如何治疗？

2. 一头仔猪生后不久发现脐部有核桃大的肿物，以后越来越大。现该猪体重已有15 kg，肿物达拳头大。经兽医检查该猪患有脐疝，大小8 cm×8 cm，其内容物可还纳，其他未见异常。应该如何治疗？

3. 某奶牛养殖户的一头奶牛，因偷食了大量玉米而发生急性瘤胃积食。表现腹围增大，左侧明显，瘤胃内容物多而坚实；呼吸困难，腹痛，食欲废绝，反刍停止，心跳疾速，达每分钟120次；直肠检查可发现瘤胃扩张，容积增大，充满坚实内容物。该病例如进行瘤胃切开术治疗，应采取哪些麻醉方式？

三、简答题

1. 局部麻醉药的作用方式有哪些？如何应用？

2. 列表比较普鲁卡因、利多卡因、丁卡因的异同点。

3. 图示传出神经的分类、相应的递质、受体及各类传出神经的主要生理功能。

4. 根据毛果芸香碱、新斯的明、阿托品、肾上腺素的作用机理，分析它们对机体的影响及其临床应用和应用时的注意事项。

5. 作用于传出神经的药物发生中毒时，如何解救？如何避免发生这类药物的不良反应？

模块十　调节新陈代谢的药物

单元一　肾上腺皮质激素

肾上腺皮质包括球状带、束状带和网状带，能分泌多种激素。根据生理功能不同将肾上腺皮质激素（简称皮质激素）分为盐皮质激素和糖皮质激素。盐皮质激素由肾上腺皮质最外层的球状带分泌，以醛固酮和脱氧皮质酮为代表，主要影响水盐代谢，对维持机体的电解质平衡和体液容量起重要作用，同时也有较弱的糖代谢作用。药理剂量的盐皮质激素只用作肾上腺皮质功能不全的替代疗法，在兽医临床上实用价值不大。糖皮质激素由肾上腺皮质中层束状带分泌，以可的松和氢化可的松为代表，生理水平上对糖、脂肪、蛋白质代谢起调节作用，并能提高机体对各种不良刺激的抵抗力。药理剂量的糖皮质激素具有明显的抗炎、抗毒素、抗休克和免疫抑制作用，被广泛应用于兽医临床。本节仅介绍糖皮质激素。

从动物的肾上腺可提取天然糖皮质激素可的松与氢化可的松，但为了提高其临床疗效，减少不良反应，将可的松与氢化可的松的化学结构加以改变，合成了许多新的糖皮质激素，如短效（<12 h）的有泼尼松、氢化泼尼松、甲基氢化泼尼松；中效（12～36 h）的有去炎松；长效（>36 h）的有地塞米松、氟地塞米松和倍他米松等。使其抗炎作用等比母体药强数倍至数十倍，且作用持久，对电解质代谢的影响也大大减弱。

1. 药动学　糖皮质激素在胃肠道被迅速吸收，血中峰浓度一般可在 2 h 内出现。肌内或皮下注射后，可在 1 h 内达到峰浓度。关节囊、滑膜腔、皮肤等局部给药时，也可吸收但吸收缓慢，仅起局部作用，对全身治疗无意义。

吸收入血的糖皮质激素，仅 10%～15%呈游离态，其余大部分与血浆蛋白结合。当游离态药物被靶细胞或在肝代谢消除后，结合态药物就被释放出来，以维持正常的血药浓度。合成的糖皮质激素，在肝被代谢成葡萄糖醛酸或硫酸的结合物，代谢产物或原形药物从尿液和胆汁排泄。

2. 药理作用

（1）抗炎作用：具有强大的抗炎作用，能抑制多种原因如物理性、化学性、免疫性及病原微生物性等所引起的炎症反应。在炎症的早期，能增高血管的紧张性、减轻充血、降低毛细血管通透性，同时抑制白细胞浸润及吞噬功能，减少各种炎症因子的释放，因此减轻渗出、水肿，从而改善红、肿、热、痛等症状。在炎症的后期，可抑制毛细血管和成纤维细胞增生以及纤维合成，延缓肉芽组织生长，防止粘连及瘢痕形成，减轻后遗症。但须注意，炎症是机体的一种防御机能，炎症后期的反应更是组织修复的重要过程。因此，糖皮质激素若使用不当可使感染扩散和创伤愈合缓慢。

（2）免疫抑制与抗过敏作用：糖皮质激素是临床上常用的免疫抑制剂之一。它能抑制免疫过程的许多环节。小剂量时，能抑制巨噬细胞对抗原的吞噬和处理，阻碍淋巴母细胞的生长，加速小淋巴细胞的解体，从而抑制迟发性过敏反应和异体排斥反应；大剂量时，可抑制浆细胞合成抗体，干扰体液免疫。另外，还可干扰补体参与免疫反应，影响补体激活。

（3）抗毒素作用：对细菌外毒素的损害无保护作用，但已证明对细菌内毒素所致的有害作用能提供保护。如对抗内毒素对机体的损害，减轻细胞损伤，缓解毒血症状，降高热，改善病情等。糖皮质激素在感染性毒血症中的解热与改善中毒症状的作用，与其稳定溶酶体膜、减少致热因子的释放、降低体温调节中枢对内致热原的敏感性有关，但并不能中和毒素。

（4）抗休克作用：可用于各种休克，特别是中毒性休克。其机理除与抗炎、抗毒素及免疫抑制作用的综合因素有关外，主要的药理基础是糖皮质激素能稳定溶酶体膜，减少溶酶体酶的释放，降低体内活性物质如组胺、缓激肽、儿茶酚胺的浓度，以及抑制组织溶酶，减少心肌抑制因子的形成，防止因此所致的心肌收缩力减弱、心输出量降低、内脏血管收缩等循环衰竭。此外，糖皮质激素具有保护心血管系统的作用。大剂量的糖皮质激素能直接增强心肌收缩力，增加冠脉血流量，增加对儿茶酚胺的反应性，并对痉挛的血管有解痉作用。糖皮质激素还能抑制血小板聚集，保证微循环畅通。

（5）对代谢的影响：

① 糖代谢：能增强肝糖异生作用，降低外周对葡萄糖的利用，使肝糖原和肌糖原含量增多，血糖升高。

② 蛋白质代谢：可加速蛋白质分解，抑制蛋白质合成和增加尿氮排出，导致负氮平衡；大剂量糖皮质激素还能抑制蛋白质的合成。故长期大剂量使用可引起肌肉消瘦、骨质疏松、淋巴组织萎缩、伤口愈合不良、幼畜生长缓慢等。

③ 脂肪代谢：能加速脂肪分解，并抑制其合成。短期使用对脂肪代谢无明显影响。长期使用能使脂肪重新分布，即四肢脂肪向面部和躯干积聚，出现向心性肥胖。这可能与不同部位的脂肪组织对激素的敏感性不同有关。

④ 水盐代谢：糖皮质激素也有一定盐皮质激素样保钠排钾的作用，但较弱。长期使用仍可引起水、钠潴留，低血钾。另外，长期用药将造成骨质脱钙，这可能与其减少小肠对钙的吸收和抑制肾小管对钙的重吸收从而促进尿钙排泄有关。

（6）对血细胞的作用：概括起来为“三多两少”即红细胞、血小板、中性粒细胞三者数量增多，而淋巴细胞和嗜酸性粒细胞两者减少。此外还能增加血红蛋白和纤维蛋白原的数量。

3. 临床应用

（1）严重的感染性疾病：一般感染性疾病不得使用糖皮质激素，但当感染对动物的生命或未来生产力可能带来严重危害时，如各种败血症、中毒性肺炎、中毒性菌痢、腹膜炎、产后急性子宫内膜炎等，用糖皮质激素控制过度的炎症反应很必要，但必须配伍足量有效的抗菌药物。

（2）过敏性疾病：荨麻疹、血清病、过敏性哮喘、过敏性皮炎、过敏性湿疹等。

（3）局部性炎症：关节炎、腱鞘炎、黏膜囊炎、乳房炎、结膜炎、角膜炎等。

（4）休克：中毒性休克、过敏性休克、创伤性休克等。

（5）代谢性疾病：牛酮血病、羊妊娠毒血症等。

（6）引产：地塞米松被用于牛、羊、猪的同步分娩。在怀孕后期的适当时候（牛多在怀孕第 286 天后）给予，一般可在 48 h 内分娩，但必须大剂量，牛可用到 30～40 mg。糖皮质激素的引产作用的作用机理现尚不清楚。

4. 不良反应及注意事项

(1) 诱发或加重感染：长期使用糖皮质激素，易诱发细菌感染或加重感染，甚至使病灶扩大或散播，导致病情恶化。这是由于糖皮质激素可抑制机体的防御机能，使机体的抵抗力降低，而且糖皮质激素只有抗炎作用而无抗菌作用，对感染性炎症只是治标而不能治本。所以使用糖皮质激素时，应先弄清炎症的性质，如属感染性疾病，应同时使用足量、有效的抗菌药物，且在激素停用后还要继续用抗菌药物治疗。糖皮质激素禁用于病毒性感染、缺乏有效抗菌药物治疗的细菌感染及一般感染性疾病。

(2) 扰乱代谢平衡：糖皮质激素的留钠排钾作用常导致动物水肿和低钾血症；加速蛋白质异化和增加钙、磷排泄作用，易引起肌肉萎缩无力、骨质疏松、幼畜生长抑制、影响创伤愈合等。故用药期间应补充维生素 D、钙及蛋白质，孕畜、幼畜不宜长期使用，骨软症、骨折和外科手术后均不能使用。

(3) 免疫抑制作用：因糖皮质激素干扰机体的免疫过程，故在结核菌素或鼻疽菌素诊断期和疫苗接种期等不能使用。

(4) 肾上腺皮质机能不全：长期用药通过负反馈作用，抑制丘脑下部和垂体前叶，减少促肾上腺皮质激素（ACTH）的释放，导致肾上腺皮质萎缩和机能不全。如突然停药，可出现停药综合征，如发热、软弱无力、精神沉郁、食欲不振、血糖和血压下降等。因此应在数月内采取逐渐减量、缓慢停药的方法。必要时用 ACTH 治疗，以促进肾上腺皮质机能的恢复。

氢化可的松

【性状】又称可的索。为天然糖皮质激素。白色或近白色结晶性粉末。无臭，初无味，随后有持续的苦味。遇光渐变质。不溶于水，略溶于乙醇或丙酮，常制成注射剂。遮光、密封保存。

【作用与应用】有较强的抗炎、抗毒素、抗休克和免疫抑制作用，水钠潴留作用较弱。临床多静脉注射以治疗严重的中毒性感染或其他危急病例。因其极难溶解于体液，肌内注射吸收很少，作用较弱。局部应用有较好疗效，用于乳房炎、眼科炎症、皮肤过敏性炎症、关节炎和腱鞘炎等的治疗，作用时间不足 12 h。

【制剂、用法与用量】

氢化可的松注射液：2 mL：10 mg、5 mL：25 mg、20 mL：100 mg。静脉注射，一次量，牛、马 0.2～0.5 g，猪、羊 0.02～0.08 g，犬 0.005～0.02 g。用前用生理盐水或 5%葡萄糖注射液稀释，缓慢静脉注射，1 次/d。关节腔内注射，牛、马 0.05～0.1 g，1 次/d。

醋酸氢化可的松注射液：5 mL：125 mg。滑囊、腱鞘或关节腔内注射，一次量，马、牛 50～250 mg。注射前从腔内抽出适量液体后注入等量药液，4～7 d 重复用药一次。

地塞米松

【性状】又称氟美松。为人工合成品。其磷酸钠盐为白色或微黄色粉末。无臭，味微苦。有引湿性。溶于水或甲醇，几乎不溶于丙酮或乙醚。

【作用与应用】本品的作用较氢化可的松强25倍，而水钠潴留作用基本消失。给药后数分钟作用即出现，作用时间为48～72 h。应用同其他糖皮质激素。还可用于牛、猪、羊的同步分娩，效果较好。因应用广泛，有取代其他合成糖皮质激素的趋势。应用地塞米松磷酸钠注射液时，牛、羊、猪的休药期为21 d，弃乳期为72 h。

【制剂、用法与用量】

地塞米松磷酸钠注射液：1 mL：1 mg、1 mL：2 mg、1 mL：5 mg。静脉注射，一次量，马2.5～5 mg，牛5～20 mg，猪、羊4～12 mg，犬、猫0.125～1 mg。用前以生理盐水或5%葡萄糖注射液稀释，缓慢静脉注射。关节腔内注射，牛、马2～10 mg。治疗乳房炎时，一次量，每乳室注入10 mg。

醋酸地塞米松片：0.75 mg。内服，一次量，马、牛5～20 mg，犬、猫0.5～2 mg。

泼　尼　松

【性状】又称强的松。为人工合成品。白色或几乎白色的结晶性粉末。无臭，味苦。不溶于水，微溶于乙醇，易溶于氯仿。遮光、密封保存。

【作用与应用】进入体内后转化为氢化泼尼松而起作用。其抗炎作用和糖元异生作用较天然的氢化可的松强4～5倍，由于其用量小，其水钠潴留副作用显著减小。本品主要供内服和局部应用，用于腱鞘炎、关节炎、皮肤炎症、眼科炎症及严重的感染性、过敏性疾病等。给药后作用时间为12～36 h。

【制剂、用法与用量】

醋酸泼尼松片：5 mg。内服，一次量，牛、马100～300 mg，猪、羊10～20 mg；每千克体重，犬、猫0.5～2 mg。

醋酸泼尼松软膏：1%，皮肤涂擦。

醋酸泼尼松眼膏：0.5%，眼部外用，2～3次/d。

倍　他　米　松

【性状】人工合成品，是地塞米松的同分异构体。白色或类白色结晶性粉末。无臭，味苦。几乎不溶于水，略溶于乙醇。

【作用与应用】本品抗炎作用与糖元异生作用强于地塞米松，水钠潴留作用稍弱于地塞米松。应用同地塞米松。

【制剂、用法与用量】

倍他米松片：0.5 mg。内服，一次量，犬、猫0.25～1 mg。

氟　氢　松

【性状】又称肤轻松。为人工合成品。白色或类白色的结晶性粉末。无臭，无味。不溶于水，常制成软膏。

【作用与应用】为外用糖皮质激素中抗炎作用最强、副作用最小的品种。显效快，止痒效果好。主要用于各种皮肤炎症，如湿疹、过敏性皮炎、脂溢性皮炎等。

【制剂、用法与用量】

醋酸氟轻松软膏：10 g：2.5 mg、20 g：5 mg。外用涂擦患处，3～4次/d。

单元二　调节水、电解质的药物

水是机体极其重要的物质。水不仅是一种营养物质，而且是物质运输的介质、各种代谢反应的溶媒、体温调节系统的主要组成部分。水和电解质关系极为密切，在体液中以恒定比例存在。在腹泻、呕吐、大面积烧伤、过度出汗、失血、长时间缺乏饮水等情况下，水和电解质丢失或摄入减少，会造成机体不同程度的体液减少或缺失。损失体重10%的体液可引起机体严重的物质代谢障碍；损失体重20%～25%的体液就会引起死亡。因此，为了维持动物机体正常的新陈代谢，恢复体液平衡，必须根据脱水程度和脱水性质及时补液。

脱水性质有高渗、低渗、等渗之分。水和电解质按比例丢失，细胞外液的渗透压无大变化的称为等渗性脱水。水丢失多，电解质丢失少，渗透压升高的称为高渗性脱水。反之，电解质丢失多，而水丢失少，称为低渗性脱水。临床上以等渗脱水较为常见。

脱水程度有轻度、中度、重度之分。目前，临床上判断脱水程度常以皮肤的弹性为标准。轻度脱水畜体通过代偿可以恢复，中度、重度脱水必须补液。

补液方法有多种，常采用内服补液、腹腔注射、静脉注射的方法。补液量应依据不同动物，不同个体大小以及脱水程度而有所不同，一般原则是缺多少补多少。

氯　化　钠

【作用与应用】Na^+占细胞外液阳离子的92%，对保持细胞外液的渗透压和容量、调节酸碱度、维持生物膜电位、促进水和其他物质的跨膜运动、保障细胞正常功能等都十分重要。Cl^-是细胞外液的主要阴离子。氯化钠主要用于防治各种原因所致的低血钠综合征。

等渗氯化钠溶液即0.9%氯化钠水溶液，与哺乳动物体液等渗，又称生理盐水。除用于防治低血钠综合征外，还可防治等渗或低渗性脱水（出汗过多、传染性高热、呕吐、腹泻及大面积烧伤等引起）。也可用于维持血容量，如失血过多、血压下降或中毒的情况。生理盐水也常作外用，如冲洗伤口、洗鼻、洗眼等；还常用作其他注射液的稀释剂。

10%氯化钠溶液静脉注射，能暂时性地提高血液渗透压、扩充血容量、改善血液循环和组织新陈代谢、促进胃肠蠕动、增进消化机能。

复方氯化钠溶液，含有氯化钠、氯化钾和氯化钙，也常作为水、电解质平衡的调节药。另外，应用口服补液盐（氯化钠3.5 g、氯化钾1.5 g、碳酸氢钠2.5 g、葡萄糖粉20 g和常水1 000 mL），补充机体损失的水分和电解质也可获得良好效果。

【注意事项】对创伤性心包炎、心力衰竭、肺气肿、肾功能不全及颅内疾患等病畜，应慎用。

【制剂、用法与用量】

氯化钠注射液（灭菌生理盐水）：500 mL：4.5 g、1 000 mL：9 g。静脉注射，一次量，牛、马1 000～3 000 mL，猪、羊250～500 mL，犬100～500 mL。

复方氯化钠注射液（林格氏液）：100 mL：氯化钠0.85 g、氯化钾0.03 g与氯化钙0.033 g。用法与用量同生理盐水。

氯　化　钾

【性状】为无色长菱形、立方形结晶或白色结晶性粉末。无臭，味咸涩。易溶于水，不溶于乙醇。密封保存。

【作用与应用】钾离子是细胞内液的主要阳离子，是维持细胞内液渗透压和体液酸碱平衡的主要成分。钾代谢失调，常导致水及酸碱平衡紊乱。也是维持神经肌肉兴奋性和心脏的自动节律的重要物质。一般情况下，钾离子浓度升高，神经肌肉兴奋性增强，钾离子浓度降低，神经肌肉兴奋性亦随之降低。另外，钾离子还参与糖及蛋白质代谢。

氯化钾在临床上主要用于机体排钾过量或钾摄入不足，如严重腹泻、大剂量应用利尿剂或肾上腺糖皮质激素等所致的低血钾症。也可用于解救强心苷中毒时的心律不齐。

【注意事项】静脉注射时，高浓度溶液或快速静脉注射会因血钾浓度突然上升而导致心搏骤停，为防止出现上述严重的不良反应，使用时必须用5%的葡萄糖注射液稀释成0.3%以下的溶液。肾功能障碍、尿闭、脱水和循环衰竭等患病动物，禁用或慎用。内服给药时，对胃肠道刺激性大，应稀释成1%以下浓度，饲后灌服。

【制剂、用法与用量】

氯化钾注射液：10 mL：1 g。静脉注射，一次量，牛、马2～5 g，猪、羊0.5～1 g。必须用5%葡萄糖注射液稀释成0.3%以下浓度后缓慢注射。

复方氯化钾注射液：含氯化钾0.28%、氯化钠0.42%、乳酸钠0.63%。静脉注射，一次量，马、牛1 000 mL，猪、羊250～500 mL。本品优点是既可补钾，又可纠正酸中毒。

单元三　调节酸碱平衡的药物

机体的正常活动，要求保持相对稳定的体液酸碱度（pH）。正常动物血液pH保持在7.4左右。体液pH的相对稳定性，称为酸碱平衡。酸碱平衡是保证体内酶的活性及生理活动的必要条件。机体酸碱平衡的维持，主要依赖于缓冲体系进行调节。缓冲体系中以碳酸氢盐缓冲对［$B \cdot HCO_3$］/［H_2CO_3］最为重要。

在病理状态下，当［H_2CO_3］增高或［$B \cdot HCO_3$］下降，影响到酸碱平衡时称为酸中毒；反之，称为碱中毒。由呼吸障碍引起的［H_2CO_3］增高或降低，分别称为呼吸性酸中毒或呼吸性碱中毒；而由呼吸系统以外原因引起的则分别称为代谢性酸中毒或代谢性碱中毒。临床上以代谢性酸中毒较为多见，如急性感染、疝痛、缺氧、高热和休克等，会使体内产生过多的酸性物质导致酸中毒。治疗时首先除去病因，然后应用碱性药物增加缓冲系统的碱性物质来纠正酸中毒。

碳　酸　氢　钠

【作用与应用】又称小苏打。本品内服或静脉注射后，能直接增加碱储。碳酸氢钠在体内离解为碳酸氢根离子，并与氢离子结合成碳酸，再分解为二氧化碳和水，前者经肺排出体外，致使体液的氢离子浓度降低，代谢性酸中毒得以纠正。本品作用迅速、可靠，为防治代谢性酸中毒的首选药。另外，碳酸氢钠还具有碱化尿液、中和胃酸、祛痰、健胃及提高某些弱碱性药物如庆大霉素对泌尿道感染的疗效等作用。

【注意事项】充血性心力衰竭、肾功能不全、水肿、缺钾等患畜慎用。

【制剂、用法与用量】

碳酸氢钠注射液：500 mL：25 g。静脉注射，一次量，牛、马 15～30 g，猪、羊 2～6 g，犬 0.5～1.5 g。用 2.5 倍生理盐水或注射用水稀释成 1.4%碳酸氢钠溶液注射。

碳酸氢钠片：0.3 g、0.5 g。内服，一次量，马 15～60 g，牛 30～100 g，羊 5～10 g，猪 2～5 g，犬 0.5～2 g。

乳酸钠

【性状】为无色或淡黄色结块或黏稠液体。无臭，易吸湿。易溶水、乙醇、甘油。遮光、密封保存。

【作用与应用】乳酸钠进入机体后，在有氧条件下，经肝乳酸脱氢酶脱氢氧化为丙酮酸，再进入三羧酸循环氧化脱羧为二氧化碳和水，前者转化为碳酸氢根离子，与钠离子结合成碳酸氢钠，从而发挥其纠正酸中毒的作用。主要用于纠正代谢性酸中毒，其作用不及碳酸氢钠迅速、稳定，应用较少。

【注意事项】对伴有休克、缺氧、肝功能障碍或右心室衰竭的酸中毒应选用碳酸氢钠纠正，特别是乳酸性酸中毒更不能用乳酸钠，否则可引起代谢性碱中毒。水肿者慎用。

【制剂、用法与用量】

乳酸钠注射液：20 mL：2.24 g、50 mL：5.60 g、100 mL：11.20 g。静脉注射，一次量，牛、马 200～400 mL，猪、羊 40～60 mL。用时稀释 5 倍。

氯化铵

【性状】为无色或白色结晶性粉末。无臭，味咸凉，遇热即升华挥发。易溶于水，难溶于酒精，微有吸湿性。

【作用与应用】吸收后分解释放的氯离子一部分与氢离子结合形成盐酸，使血和尿 pH 降低。用于泌尿系感染需酸化尿液者及代谢性碱中毒。此外，有祛痰作用，详见相关章节。

【制剂、用法与用量】

氯化铵：0.3 g。内服，一次量，牛 10～25 g，羊 2～5 g，马 8～15 g，猪 1～2 g，犬、猫 0.2～1 g。

单元四 维生素

维生素是动物体维持正常代谢和机能所必需的一类有机化合物。大多数维生素主要是某些酶的辅酶或辅酶的组成部分，参与机体的物质和能量代谢。虽然动物对维生素的需求量很少，但其对体内糖、脂肪、蛋白质三大物质等的代谢起着重要作用。如果长期缺乏某种维生素，就会引起生理机能障碍而出现维生素缺乏症，轻者可致生长发育受阻、生产能力下降，重者引起死亡。

大多数维生素，机体不能合成或合成量不足，不能满足机体的需要，必须从饲料中获得。机体一般不会缺乏维生素，但如果饲料中维生素不足、动物吸收或利用发生障碍及需要量增加等，均会引起维生素缺乏症。这时需要应用相应的维生素制剂进行治疗，同时还应改善饲养管理条件，采取综合防治措施。

维生素按其溶解性可分为脂溶性和水溶性两大类。脂溶性维生素包括维生素 A、维生素 D、维生素 E 和维生素 K。他们都能溶于脂或油类溶剂，不溶于水。脂溶性维生素在肠道的吸收与脂肪的吸收密切相关。腹泻、胆汁缺乏或其他能够影响脂肪吸收的因素，同样会减少脂溶性维生素的吸收。吸收后主要储存于肝和脂肪组织，以缓释方式供机体利用。如果机体摄取的脂溶性维生素过多，超过体内储存的限量，会引起动物发生脂溶性维生素中毒。水溶性维生素包括 B 族维生素和维生素 C，他们均能溶于水。水溶性维生素一般不在体内储存，超过生理需要的部分会较快地随尿排到体外，因此长期应用造成蓄积中毒的可能性小于脂溶性维生素。一次大剂量使用，通常不会引起毒性反应。

维 生 素 A

维生素 A 存在于动物组织、蛋及全乳中，以肝含量最高。植物中只含有维生素 A 的前体物——类胡萝卜素，一分子类胡萝卜素在动物体内可转变为两分子维生素 A。

【性状】为淡黄色的油溶液。在空气中易被氧化，或受紫外线照射而被破坏，失去生理作用，故维生素 A 制剂应装在棕色瓶内避光保存。

【作用与应用】①维持视网膜的微光视觉。维生素 A 参与视网膜内感光物质视紫红质的合成，使动物能在弱光下看清周围的物体。当其缺乏时，可出现夜盲症，甚至完全丧失视力。②维持皮肤、黏膜和上皮组织的完整性。维生素 A 可以减弱上皮细胞向鳞片状的分化，增加上皮生长因子受体的数量，从而调节上皮组织细胞的生长，维持上皮组织的正常形态与功能。缺乏时，皮肤、黏膜、腺体、气管和支气管的上皮组织干燥和过度角化，可出现干眼病、角膜软化、皮肤粗糙等症状。③参与维持正常的生殖机能。维生素 A 缺乏时，动物体内胆固醇和糖皮质激素的合成减少。公畜睾丸不能合成和释放雄性激素，性机能下降；母畜正常发情周期紊乱，孕畜因胎盘损害，胎儿被吸收、流产、死胎。④促进动物生长和发育，维持骨骼正常形态和功能。维生素 A 有调节体内脂肪、糖和蛋白质代谢，增加免疫球蛋白生成，促进器官组织正常生长和代谢等作用。缺乏时，可影响体蛋白的合成和骨组织的发育，导致幼龄动物生长发育受阻。重者出现肌肉、脏器萎缩乃至死亡。

本品主要用于防治维生素 A 缺乏症，如皮肤硬化症、干眼病、夜盲症、角膜软化症、母畜流产、公畜生殖力下降、幼畜生长发育不良。也用于增强机体抗感染的能力，体质虚弱的畜禽，妊娠和泌乳的母畜。也可用于皮肤、黏膜炎症的治疗。局部用于烧伤和皮肤炎症，有促进愈合的作用。

维生素 A 过量摄入可引起中毒，最常见的中毒症状有：食欲丧失，体重减轻，生长减慢，骨骼畸形，自发性骨折以及内出血。停止供给维生素 A 后大部分症状都可逆转。

【制剂、用法与用量】

维生素 AD 油：1 g：维生素 A 5 000 IU 与维生素 D 500 IU。内服，一次量，马、牛 20～60 mL，羊、猪 10～15 mL，犬 5～10 mL，禽 1～2 mL。

维生素 AD 注射液：1 mL：维生素 A 50 000 IU 与维生素 D5 000 IU，包装有 0.5 mL、1 mL、5 mL3 种针剂。肌内注射，一次量，马、牛 5～10 mL，驹、犊、猪、羊 2～4 mL，仔猪、羔羊 0.5～1 mL。

维 生 素 D

维生素D为类固醇衍生物，主要有维生素D_2（25-羟麦角钙化醇）和维生素D_3（25-羟胆钙化醇）。植物及酵母中的麦角固醇（D_2原）、动物皮肤中的7-脱氢胆固醇（D_3原），经日光或紫外线照射可转变为维生素D_2和维生素D_3。此外，鱼肝油、乳、肝、蛋黄中的维生素D_3含量丰富。

【作用与应用】维生素D实际上是一种激素原，本身无生物活性，须在体内经肝内羟化酶及甲状旁腺激素的作用，活化形成1,25-二羟麦角钙化醇和1,25-二羟胆钙化醇，才能发挥生物学效应。活化的维生素D能促进小肠对钙、磷的吸收，保证骨骼正常钙化，维持正常的血钙和血磷浓度。当维生素D缺乏时，钙、磷的吸收代谢机制紊乱，导致骨骼钙化不全，引起幼龄动物佝偻病，成年动物特别是怀孕或泌乳的母畜发生骨软症，奶牛产乳量下降和鸡产蛋率降低且蛋壳易碎等。临床上用于防治佝偻病和骨软化症等，也可用于妊娠和泌乳期母畜，以促进钙、磷的吸收，亦用于骨折的患病动物，可促进骨的愈合。

【制剂、用法与用量】

维生素D_3注射液：0.5 mL：3.75 mg（15万IU）、1 mL：7.5 mg（30万IU）、1 mL：15 mg（60万IU）。肌内注射，一次量，每千克体重，家畜1 500～3 000 IU。

维 生 素 E

又称生育酚。维生素E主要存在于绿色植物及种子中。

【作用与应用】①抗氧化。维生素E本身易被氧化，可保护其他物质不被氧化，在体内、体外都可发挥抗氧化作用，是一种抗氧化剂。在细胞内，维生素E通过与氧自由基反应，抑制有害的脂类过氧化物产生，可维持细胞膜的完整性与功能。②维持正常的繁殖机能。维生素可促进性激素分泌，调节性腺的发育和功能，有利于受精和受精卵的植入，并能防止流产，提高繁殖力。③提高抗病力。对过氧化氢、黄曲霉毒素、亚硝基化合物等具有抗毒、解毒功能；还能清除体内的自由基而发挥抗癌作用；有助于辅酶Q的合成和免疫蛋白质的生成，提高机体的抗病能力。此外，还有保证肌肉的正常生长发育、维持毛细血管结构的完整和中枢神经系统机能健全的作用。

动物缺乏维生素E时，会发生多种机能障碍。引起家禽孵化率下降，幼雏发生脑软化和渗出性素质；处于生长期的犊牛、羔羊、猪则表现为营养性肌肉萎缩，早期症状为僵硬和不愿走动，尸体剖检可见骨骼肌有变性的灰白色区域和心肌损害。

临床用于维生素E缺乏所致的不孕症、白肌病和雏鸡渗出性素质等的治疗。

维生素E与硒关系密切。动物缺硒，可出现与维生素E缺乏相似的症状。补硒可防治或减轻大多数维生素E缺乏的症状，但硒只能代替维生素E的一部分作用。

【制剂、用法与用量】

维生素E注射液：1 mL：50 mg、10 mL：500 mg。皮下、肌内注射，一次量，驹、犊0.5～1.5 g，羔羊、仔猪0.1～0.5 g，犬0.03～0.1 g。

维 生 素 B_1

又称硫胺素。维生素B_1广泛存在于种子外皮和胚芽中，在米糠、麦麸、酵母、大豆及青绿牧草等饲料中含量较多。动物肝和瘦猪肉中亦含量较多，反刍动物的瘤胃和马的大肠内微生物也可合成，供机体吸收利用。维生素 B_1 在体内的储存量较低，猪体内只可储存少量维生素 B_1，供1～2月之需。家禽储存量十分有限，要经常补充。

【作用与应用】①参与糖代谢。维生素 B_1 是丙酮酸脱氢酶系的辅酶，参与糖代谢过程中的α-酮酸（如丙酮酸、α-酮戊二酸）氧化脱羧反应，对释放能量起重要作用。它对维持神经组织、心脏及消化系统的正常机能起着重要作用。缺乏时，血中丙酮酸、乳酸增高，并影响机体能量供应，禽及幼年家畜则出现多发性神经炎、心肌功能障碍、消化不良、生长受阻等。②增强乙酰胆碱的作用。维生素 B_1 可轻度抑制胆碱酯酶的活性，使乙酰胆碱作用加强。缺乏时，胆碱酯酶活性增强，乙酰胆碱水解加快，胃肠蠕动缓慢，消化液分泌减少，动物表现食欲不振、消化不良、便秘等症状。

临床上主要用于防治维生素 B_1 缺乏症，如多发性神经炎，各种原因引起的疲劳和衰竭。另外，也可作为牛酮血病、神经炎、心肌炎的辅助治疗药。给动物大量输入葡萄糖时，可适当补充维生素 B_1，以促进糖代谢。

【注意事项】①维生素 B_1 对多种抗生素都有灭活作用，不宜与抗生素混合应用。②维生素 B_1 水溶液呈微酸性，不能与碱性药物混合应用。

【制剂、用法与用量】

维生素 B_1 片：10 mg、50 mg。内服，一次量，马、牛 100～500 mg，猪、羊 25～50 mg，犬 10～25 mg，猫 5～10 mg。

维生素 B_1 注射液：1 mL：10 mg、1 mL：25 mg、10 mL：250 mg。皮下、肌内注射，用量同维生素 B_1 片。

维 生 素 B_2

又称核黄素。维生素 B_2 广泛存在于酵母、青绿饲料、豆类、麸皮中，家畜胃肠内微生物亦能合成。

【作用与应用】本品是体内黄素酶类辅基的组成部分。黄素酶在生物氧化还原中发挥递氢作用，参与体内糖类、氨基酸和脂肪的代谢，并对中枢神经系统营养、毛细血管功能具有重要影响。维生素 B_2 缺乏时会影响生物氧化，使代谢发生障碍，各种动物表现差异较大。雏鸡出现独特的足趾蜷缩、腿软弱无力、生长迟缓等症状，产蛋期则表现为产蛋率下降，蛋孵化率降低；猪表现腿肌僵硬、眼晶体混浊、腹泻、皮肤粗糙、食欲不振，母猪则出现早产，胚胎死亡及胎儿畸形；毛皮动物则脱毛且毛皮质量受损；犊、羔羊可表现为口角、嘴唇破裂，食欲不振、脱毛、腹泻等。

【作用与应用】主要用于防治维生素 B_2 缺乏症，如脂溢性皮炎、胃肠机能紊乱、口角溃烂、舌炎、阴囊皮炎等。也常与维生素 B_1 合用，发挥复合维生素 B 的综合疗效。

维生素 B_2 对多种抗生素也有不同程度的灭活作用，不宜与抗生素混合应用。

【制剂、用法与用量】

维生素 B_2 片：5 mg、10 mg。内服，一次量，牛、马 100～150 mg，猪、羊 20～30 mg，犬 10～20 mg，猫 5～10 mg。

维生素 B_2 注射液：2 mL：10 mg、5 mL：25 mg、10 mL：50 mg。皮下、肌内注射，用量同维生素 B_2 片。

维 生 素 C

又称抗坏血酸。维生素C广泛存在于新鲜水果、蔬菜和青绿饲料中。

【作用与应用】

(1) 参与体内氧化还原反应：维生素C极易氧化脱氢，具有很强的还原性，在体内参与氧化还原反应而发挥递氢作用。如使红细胞的高铁血红蛋白还原为有携氧功能的低铁血红蛋白；在肠道内促进三价铁还原为二价铁，有利于铁的吸收；使叶酸还原为二氢叶酸，继而还原为有活性的四氢叶酸，参与核酸形成过程。

(2) 增加毛细血管的致密性：维生素C能参与胶原蛋白的合成，胶原蛋白是细胞间质的主要成分，故促进胶原组织、结缔组织、骨、软骨、皮肤等细胞间质的合成，保持细胞间质的完整性，增加毛细血管壁的致密性，降低其通透性及脆性。

(3) 解毒作用：维生素C在谷胱甘肽还原酶的催化下，使氧化型谷胱甘肽还原为还原型谷胱甘肽，还原型谷胱甘肽的巯基（—SH）能与金属铅、砷离子及细菌毒素、苯等相结合而排出体外。维生素C还可通过自身的还原性来保护红细胞膜中的巯基，减少代谢产生的过氧化氢对红细胞膜的破坏所致的溶血。

(4) 增强机体抗病力：维生素C能提高白细胞和吞噬细胞功能，促进网状内皮系统和抗体形成，增强机体抗应激的能力，维护肝的解毒功能，改善心血管功能。

(5) 抗炎与抗过敏作用：维生素C能颉颃组胺和缓激肽的作用，并直接作用于支气管β受体而松弛支气管平滑肌，还能抑制糖皮质激素在肝中的分解破坏，故具有抗炎与抗过敏的作用。

(6) 促进多种消化酶的活性：维生素C能激活胃肠道各种消化酶（淀粉酶除外）的活性，有助于消化。

临床除用作维生素C缺乏症的治疗外，常作为急性或慢性传染病、热性病、慢性消耗性疾病、中毒、慢性出血、高铁血红蛋白症及各种贫血的辅助治疗，也用于风湿病、关节炎、骨折与创伤愈合不良及过敏性疾病等的辅助治疗。

【注意事项】本品在瘤胃内易被破坏，故反刍动物不宜内服；不宜与磺胺类、氨茶碱等碱性药物配用。

【制剂、用法与用量】

维生素C片：100 mg。内服，一次量，马1～3 g，猪0.2～0.5 g，犬0.1～0.5 g。

维生素C注射液：2 mL：0.25 g、5 mL：0.5 g、20 mL：2.5 g。肌内、静脉注射，一次量，马1～3 g，牛2～4 g，猪、羊0.2～0.5 g，犬0.02～0.1 g。

单元五　钙、磷及微量元素

钙、磷与微量元素是动物新陈代谢和生长发育所必需的重要元素，当机体缺乏时，会引起相应的缺乏症，从而影响动物的生产性能和健康。一般生产中通过饲料中添加予以预防，但当机体处于特殊生理阶段或严重缺乏时，则其作为药物发挥其治疗作用。

一、钙 与 磷

钙和磷占体内矿物元素总量的70%，主要以磷酸钙、碳酸钙、磷酸镁形式存在。骨骼中的钙占机体总钙量的99%，磷占总磷量80%的以上，对骨骼系统的发育和维持其硬度起主要作用，且有多种其他生理功能。

氯　化　钙

【性状】为白色坚硬的碎块或颗粒。无臭，味微苦。易溶于水，极易潮解。密封、干燥处保存。

【作用与应用】

(1) 促进骨骼、牙齿的钙化和保证骨骼正常发育。常用于钙、磷不足引起的骨软症和佝偻病。与维生素D联用，效果更好。

(2) 维持神经肌肉的正常兴奋性和收缩功能。无论骨骼肌，还是心肌和平滑肌，它们的收缩都必须有钙离子参加。当血钙浓度降低时，神经肌肉的兴奋性增高，甚至出现强直性痉挛；反之，则神经肌肉兴奋性降低，出现软弱无力等症状。临床上用于缺钙引起的抽搐、痉挛，牛的产前或产后瘫痪，猪的产前截瘫等。

(3) 使毛细血管内皮细胞致密。钙能降低毛细血管和微血管的通透性，减少炎症渗出和防止组织水肿，有消炎、消肿和抗过敏作用。临床上用于炎症初期及某些过敏性疾病的治疗，如皮肤瘙痒、血清病、荨麻疹、血管神经性水肿等。

(4) 与镁离子的作用相互颉颃。高浓度的钙离子能对抗血镁过高引起的中枢抑制和横纹肌松弛作用，可解救镁盐中毒。

此外，作为重要的凝血因子，可参与凝血过程。

【注意事项】①本品刺激性大，只宜静脉注射，不可漏注于血管外，以免引起局部肿胀和坏死。②静脉注射速度宜慢，以免血钙骤升，导致心律失常，甚至心搏骤停。③钙与强心苷类均能加强心肌的收缩，二者不能合用。

【制剂、用法与用量】

氯化钙注射液：10 mL：0.3 g、10 mL：0.5 g、20 mL：0.6 g、20 mL：1 g。静脉注射，一次量，马、牛5～15 g，猪、羊1～5 g，犬0.1～1 g。

氯化钙葡萄糖注射液：20 mL：氯化钙1 g与葡萄糖5 g、50 mL：氯化钙2.5 g与葡萄糖12.5 g、100 mL：氯化钙5 g与葡萄糖25 g。静脉注射，一次量，马、牛100～300 mL，羊、猪20～100 mL，犬5～10 mL。

葡萄糖酸钙

为白色结晶或颗粒状粉末。无臭，无味。能溶于水。作用与应用和氯化钙相同。但刺激性小，比氯化钙安全。常用于防治钙的代谢障碍。

葡萄糖酸钙注射液：20 mL：1 g、50 mL：5 g、100 mL：10 g、500 mL：50 g。静脉注射，一次量，马、牛20～60 g，猪、羊5～15 g，犬0.5～2 g。

磷 酸 二 氢 钙

【性状】无色结晶或白色粉末。易溶于水。应密封保存。

【作用与应用】①骨骼和牙齿的主要成分。单纯缺磷也能引起佝偻病和骨软症。②维持细胞膜的正常结构和功能。磷脂，如卵磷脂、脑磷脂和神经磷脂，是生物膜的重要成分，对维持生物膜的完整性、通透性和物质转运的选择性起调节作用。③参与体内脂肪的转运与储存。肝中的脂肪酸与磷结合形成磷脂，才能离开肝、进入血液而被转运到全身组织中。④参与能量储存。磷是体内高能物质三磷酸腺苷、二磷酸腺苷和磷酸肌醇的组成成分。⑤DNA和RNA的组成成分，还参与蛋白质合成，对动物生长发育和繁殖等起重要作用。⑥体内磷酸盐缓冲液的组成部分，参与调节体内的酸碱平衡。

临床上主要用于钙、磷代谢障碍疾病如佝偻病、骨软症，也用于急性低血磷或慢性缺磷症。

【制剂、用法与用量】

静脉注射，一次量，牛 30～60 g（制成 10%～20%灭菌溶液使用）；内服，一次量，马、牛 90 g，3 次/d。

二、微量元素

微量元素通常是指铁、钴、硒、铜、锌、锰、碘、氟、钼等。它们在动物体的组织细胞中含量极微，有的只有百万分之几甚至亿万分之几，故称微量元素。但对动物生命活动却具有十分重要的意义，它们是酶、激素、维生素的组成成分，对体内的生化过程起着调节作用。必需微量元素在体内含量不足，均会引发相应的缺乏症，影响动物的生长和生产效能。但含量过高，又都会产生毒副作用，甚至引起动物死亡。

亚 硒 酸 钠

【作用与应用】①抗氧化。硒是谷胱甘肽过氧化酶的组成成分，此酶能分解细胞内过氧化物保护生物膜免受损害。②参与辅酶Q的合成。辅酶Q在呼吸链中起递氢作用，参与ATP的生成。③维持畜禽正常生长。硒蛋白是肌肉组织的正常成分，缺乏时可发生白肌病样的严重肌肉损害，以及心脏、肝和脾的萎缩或坏死。④维持精细胞的结构和机能。公猪缺硒，可致睾丸曲细精管发育不良，精子减少。⑤降低汞、铅、银等重金属的毒性。硒可与这些金属形成不溶性的硒化物，明显地减少这些金属对机体的毒害作用。⑥促进抗体生成，增强机体免疫力。

硒在临床上用于防治羔羊、犊、驹、仔猪的白肌病和雏鸡渗出性素质病，如与维生素E联用，效果更好。

【注意事项】硒具有一定的毒性，用量过大或长期添加饲喂动物可发生中毒，表现运动失调、鸣叫、频繁起卧、出汗，严重的体温升高、呼吸困难等。中毒后服用砷剂，可减少体内硒的吸收和促进硒从胆汁排出。也可饲喂含蛋白质丰富的饲料，结合补液、补糖，缓解中毒。猪的休药期为 60 d。

【制剂、用法与用量】

亚硒酸钠注射液：1 mL：2 mg、5 mL：5 mg、5 mL：10 mg。治疗，肌内注射，一次量，马、牛 30～50 mg，驹、犊 5～8 mg，仔猪、羔羊 1～2 mg。家禽 1 mg 混于饮水 100 mL 自饮。预防时适当减量。

亚硒酸钠维生素 E 注射液：1 mL、5 mL、10 mL。肌内注射，一次量，驹、犊 5～8 mL，羔羊 1～2 mL。

硫 酸 锌

【作用与应用】锌是各种家畜必需的一种微量元素。锌是碳酸酐酶、碱性磷酸酶、乳酸脱氢酶等多种酶的组成成分，锌参与精氨酸酶、组氨酸脱氨酶、卵磷脂酶、尿激酶等多种酶的激活；维持皮肤和黏膜的正常结构与功能；参与蛋白质、核酸、激素的合成与代谢。另外，锌还能提高机体的免疫功能。

【注意事项】锌的缺乏，可引起猪生长缓慢、食欲减退、皮肤和食道上皮细胞变厚和过度角化、精子的生成和活力降低；乳牛的乳房及四肢出现皲裂；家禽发生皮炎和羽毛稀少、蛋壳形成受阻，雏鸡生长缓慢、严重皮炎、脚与羽毛生长不良等。

【制剂、用法与用量】

硫酸锌：内服，猪每天 0.2～0.5 g，数天内见效，经过几周，皮肤损伤可完全恢复；绵羊每天服 0.3～0.5 g，可增加产羔数；1～2 岁马每天补充 0.4～0.6 g，能改善骨质营养不良；鸡为每千克饲料 286 mg。实际生产中，将硫酸锌多混于饲料中给予。

硫 酸 铜

【作用与应用】铜能促进骨髓生成红细胞和血红蛋白的合成，促进铁在胃肠道的吸收，并使铁进入骨髓。缺铜时，会引起贫血、红细胞寿命缩短以及生长停滞等。铜是酪氨酸酶的组成部分，酪氨酸酶能催化酪氨酸氧化生成黑色素，维持黑的毛色，并使羊毛的弯曲度增加和促进羊毛的生长，缺乏时，可使羊毛褪色、脱落毛弯曲度降低。铜也是细胞色素氧化酶的组成成分，能促进磷脂的生成而有利于大脑和脊髓的神经细胞形成髓鞘，缺乏时，脑和脊髓神经纤维髓鞘发育不正常或脱髓鞘。铜参与机体骨骼的形成，并促进钙、磷在软骨基质上的沉积。铜制剂可用于上述铜的缺乏症，也可用于浸泡奶牛的腐蹄。

【制剂、用法与用量】

硫酸铜：治疗铜缺乏症，内服，1 d 量，牛 2 g，犊 1 g；每千克体重，羊 20 mg。作生长促进剂，混饲，每 1 000 kg 饲料，猪 800 g、鸡 20 g。

氯 化 钴

【作用与应用】钴是维生素 B_{12} 的必需组成成分，能刺激骨髓的造血机能，有抗贫血作用。反刍动物瘤胃内的微生物必须利用摄入的钴，合成自身所必需的维生素 B_{12}。另外，钴还是核苷酸还原酶和谷氨酸变位酶的组成成分，参与脱氧核糖核酸的生物合成和氨基酸的代谢。钴缺乏时，血清维生素 B_{12} 降低，引起动物尤其是反刍动物，出现食欲减退、生长减慢、贫血、肝脂肪变性、消瘦、腹泻等症状。氯化钴能防治以上钴缺乏症，补充钴时，只能内服，不可注射。

【制剂、用法与用量】

氯化钴片或氯化钴溶液：20 mg、40 mg。内服，一次量，牛 500 mg，犊 200 mg，羊 100 mg，羔羊 50 mg。预防量，牛 25 mg，犊 10 mg，羊 5 mg，羔羊 2.5 mg。

硫 酸 锰

【作用与应用】骨基质黏多糖的形成需要硫酸软骨素参与，而锰则是硫酸软骨素形成所必需的成分。因此，缺锰时，骨的形成和代谢发生障碍，动物表现腿短而弯曲、跛行、关节肿大。雏禽则发生骨短粗病，腿骨变形，膝关节肿大；仔畜发生运动失调；母畜发情障碍，不易受孕；公畜性欲降低，精子不能形成；鸡的产蛋率下降，蛋壳变薄，孵化率降低。

【制剂、用法与用量】

硫酸锰：混饲，每千克饲料，鸡0.1～0.2 g。

复习思考题

一、选择题

1. 糖皮质激素类药的药理作用是（　　）。
   A. 促进机体激素释放　　B. 激发抗生素抗菌活力
   C. 抑制动物体免疫功能　　D. 中和毒物毒素
2. 糖皮质激素的药理作用不包括（　　）。
   A. 抗炎　　B. 抗毒素　　C. 抗休克　　D. 抗感染
3. 糖皮质激素具有（　　）。
   A. 抗病毒作用　　B. 抗外毒素作用
   C. 抗内毒素作用　　D. 抗菌作用
4. 糖皮质激素可用于（　　）。
   A. 疫苗接种期
   B. 严重感染性疾病，但必须与足量有效的抗菌药合用
   C. 骨折愈合期
   D. 缺乏有效抗菌药物治疗的感染
5. 可用于动物体失血的血容量扩充药是（　　）。
   A. 葡萄糖盐水注射液　　B. 右旋糖酐70
   C. 浓氯化钠注射液　　D. 氯化钾注射液
6. 可预防阿司匹林引起的凝血障碍的维生素是（　　）。
   A. 维生素A　　B. 维生素B_1　　C. 维生素C　　D. 维生素K
7. 缺乏哪种维生素可导致夜盲症（　　）。
   A. 维生素A　　B. 维生素B_1　　C. 维生素C　　D. 维生素D
8. 下列哪种维生素能促进机体合成某些凝血因子（　　）。
   A. 维生素A　　B. 维生素B_1　　C. 维生素K_3　　D. 维生素E
9. 幼畜发生白肌病或雏鸡发生渗出性素质表明可能缺乏（　　）。
   A. 硒或维生素E　　B. 维生素A或维生素D
   C. 维生素B_1或维生素B_2　　D. 钙或磷
10. B族维生素中最易缺乏的是（　　）。
   A. 叶酸　　B. 泛酸钙　　C. 硫胺素　　D. 核黄素
11. 缺铁性贫血的患畜可服用（　　）药物治疗。
   A. 叶酸　　B. 维生素B_{12}　　C. 硫酸亚铁　　D. 华法林

二、病例分析

1. 一奶牛出现食欲不振，反刍减少，瘤胃蠕动音减弱，腹泻，粪量少而恶臭，产乳量

下降，乳汁易形成泡沫，有特异的醋酮气味。初步诊断为酮症，根据所学知识，可选择哪些糖皮质激素治疗，用葡萄糖应使用多大浓度为宜？

2. 一病牛因瘤胃积食未及时治疗转为中毒性瘤胃炎和肠炎，直肠检查可感到瘤胃腹囊后移到盆腔入口前缘，背囊向上右方靠，手指压迫坚实如沙袋，病牛表现退让或发出哼声，病牛呼吸浅表、增数，心率加快，体温正常，但精神沉郁，食欲废绝，奶产量下降，有轻度的脱水现象，应如何治疗？后期饮、食欲废绝，脱水明显时，应如何静脉补液？

三、简述题

1. 糖皮质激素有哪些作用？为避免不良反应的发生，在临床上应该如何合理地应用？

2. 试述碳酸氢钠、氯化钠和氯化钾的临床主要应用和注意事项。

3. 葡萄糖的药理作用和临床应用有哪些？

4. 试述钙与磷的主要作用，临床如何合理应用。

5. 兽医临床上，对动物巨幼红细胞性贫血、佝偻病、夜盲症、羔羊白肌病、雏鸡多发性神经炎等应采用哪些药物治疗？

模块十一　抗过敏药与解热镇痛抗炎药物

单元一　抗过敏药

抗过敏药是指能缓解或消除过敏反应症状，防治过敏性疾病的物质。兽医临床上常用的抗过敏药有四类：抗组胺药、糖皮质激素类药、拟肾上腺素类药和钙制剂。本单元主要介绍抗组胺药，其他三类药物参见有关章节。

抗组胺药是指能与组胺竞争靶细胞上组胺受体，使组胺不能与受体结合，从而缓解或消除过敏反应症状的药物。根据组胺受体的不同，这类药物可分 H_1 受体阻断药（传统抗组胺药），如苯海拉明、盐酸异丙嗪、马来酸氯苯那敏、阿斯咪唑；H_2 受体阻断药（主要抑制胃酸分泌），如西咪替丁、雷尼替丁、尼扎替丁等；H_3 阻断药，目前仅作为工具药在研究中使用，临床应用尚待研究。

盐酸苯海拉明

【性状】又称苯那君、可他明。为白色结晶性粉末。无臭，味苦，随后有麻木感。在水中极易溶解，乙醇或氯仿中易溶。应遮光、密封保存。

【作用与应用】本品有明显的抗组胺作用。能解除支气管和肠道平滑肌痉挛，降低毛细血管的通透性，减弱变态反应，但对组胺引起的腺体分泌无颉颃作用。还有镇静、抗胆碱、止吐和轻度局麻作用。显效快，维持时间短。

主要用于过敏性疾病，如荨麻疹、血清病、湿疹、皮肤瘙痒病、水肿、神经性皮炎、药物过敏反应等；用于组织损伤并伴有组胺释放的疾病，如烧伤、冻伤、脓毒性子宫炎等；用于饲料过敏引起的腹泻、蹄叶炎等；但对过敏性支气管炎效果较差。本品常与氨茶碱、维生素 C 或钙剂配合使用，可增强疗效。

【制剂、用法与用量】

盐酸苯海拉明片：25 mg。内服，一次量，牛 0.6～1.2 g，马 0.2～1.0 g，猪、羊 0.08～0.12 g，犬 0.03～0.06 g，猫 0.01～0.03 g。2 次/d。

盐酸苯海拉明注射液：1 mL：20 mg、5 mL：100 mg。肌内注射，一次量，每千克体重，牛、马 0.1～0.5 g，猪、羊 0.04～0.06 g，犬 0.5～1 mg。本品不宜静脉注射，可引起兴奋不安、轻度痉挛等症状。

盐酸异丙嗪

【性状】又称非那根。为白色或几乎白色的粉末或颗粒。无臭，味苦。在空气中日久变为蓝色。极易溶解于水，乙醇、氯仿中易溶。应遮光、密封保存。

【作用与应用】异丙嗪的抗组胺作用与苯海拉明相似，但作用强而持久，副作用较小。

可加强局麻药、镇静药和镇痛药的作用，还有降温、止吐作用。应用同苯海拉明。

【制剂、用法与用量】

盐酸异丙嗪片：12.5 g、25 g。内服，一次量，马、牛 0.25～1 g，猪、羊 0.1～0.5 g，犬 0.05～0.1 g。

盐酸异丙嗪注射液：2 mL：0.05 g、10 mL：0.25 g。肌内注射，一次量，马、牛 0.25～0.5 g，猪、羊 0.05～0.1 g，犬 0.025～0.05 g。

马来酸氯苯那敏

又称扑尔敏、氯苯吡胺。本品抗组胺作用比苯海拉明强而持久，对中枢神经系统的抑制作用较轻，但对胃肠道有一定的刺激作用。应用同苯海拉明。

马来酸氯苯那敏片：4 mg。内服，一次量，马、牛 80～100 mg，猪、羊 10～20 mg，犬 2～4 mg，猫 1～2 mg。

马来酸氯苯那敏注射液：1 mL：10 mg、2 mL：20 mg。肌内注射，一次量，马、牛 60～100 mg，猪、羊 10～20 mg。

阿　司　咪　唑

又称息斯敏。为新型 H_1 受体阻断药。抗组胺作用强而持久，药效达 24 h。不透过血脑屏障，无中枢镇静作用，有较强的抗胆碱作用。主要用于过敏性鼻炎、过敏性结膜炎、荨麻疹以及其他过敏反应的治疗。

阿司咪唑片：10 mg。一次量，每千克体重，牛、马 100～150 mg，猪、羊 10～30 mg。

西　咪　替　丁

又称甲氰咪胍、甲氰咪胺。本品为 H_2 受体颉颃药。通过与组胺争夺胃壁细胞上的 H_2 受体而阻断组胺作用。减少胃液的分泌量和降低胃液中氢离子浓度，还可抑制胃蛋白酶和胰酶的分泌。主要用于中小动物胃炎、胃肠溃疡、胰腺炎和急性胃肠出血。

西咪替丁片：200 mg，内服。一次量，每千克体重，牛 8～16 mg，3 次/d；猪 300 mg，2 次/d；犬、猫 5～10 mg，2 次/d。

单元二　解热镇痛抗炎药物

解热、镇痛、抗炎药是一类具有解热、镇痛作用，而且大多数还有抗炎、抗风湿作用的药物。这类药物在化学结构上虽然各不相同，但其作用都与能抑制体内前列腺素（PG）的生物合成和释放有关（图 11－1）。

1. 解热作用　本类药物对各种原因引起的高热，都具有一定的解热作用，但对正常体温无影响。当机体受到病原体及其毒素等外源性致热源作用时，刺激体内中性粒细胞，使之产生并释放内源性致热源，后者进入中枢神经系统，作用于下丘脑的体温调节中枢，使前列腺素 E（PGE）大量合成和释放，导致体温调节中枢的调定点提高，致使机体产热增加，散热减少，体温升高，动物出现所谓“发热”的现象。解热镇痛抗炎药能抑制 PGE 的合成和释放，降低丘脑下部体温调节中枢的兴奋性，并通过神经体液调节使皮肤血管扩张，排汗增

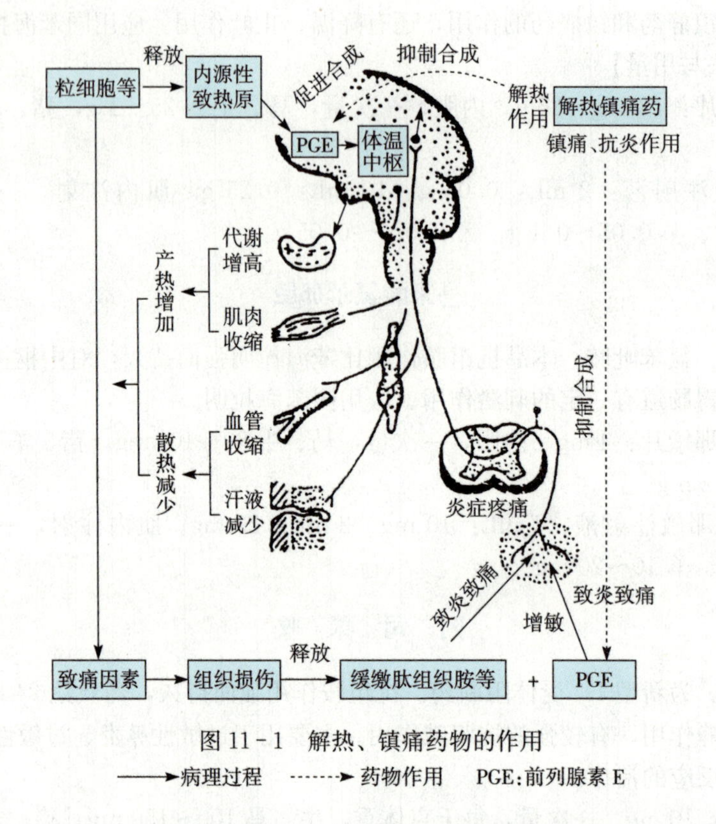

图 11-1 解热、镇痛药物的作用

——→病理过程 - - - -→药物作用 PGE:前列腺素 E

加，呼吸加快等，这些途径增加了散热，从而使体温降至正常，但对产热过程无影响。

由于发热是机体的一种防御性反应，发热的热型有助于诊断疾病，并且解热镇痛药物只能进行对症治疗，而不能根除发热的原因。故用解热药要慎重，不要见热就退，更不要过量使用，以免出汗过多，引起虚脱，只有在明确诊断，高热持续不退而对机体带来危害时才考虑使用解热药。

2. 镇痛作用 本类药物的镇痛作用部位主要在外周神经。当组织损伤或炎症时，局部产生和释放某些致痛化学物质（或称致痛物质），如缓激肽、组胺、前列腺素等。这些物质能直接作用于痛觉感受器而引起疼痛；且 PGE 能提高痛觉感受器对致痛物质的敏感性，对炎性疼痛起到放大作用。解热镇痛药一方面抑制 PGE 的合成和释放，另一方面能阻断痛觉冲动向大脑皮层的传递，从而产生镇痛作用。本类药物只能治疗钝痛，如神经痛、关节痛、肌肉痛等，而不能治疗锐痛，如骨折等。

3. 抗炎、抗风湿作用 除苯胺类外，多数药物都具有抗炎、抗风湿作用，但不能消除病因，只是减轻炎症的红、肿、热、痛等临床症状。抗炎作用在于抑制前列腺素（PG）合成酶，阻止 PG 的合成；稳定溶酶体膜，减少水解酶的释放；抑制缓激肽的生成，加强对其的破坏。抗风湿作用则是本类药物解热、镇痛和抗炎作用的综合结果。

4. 分类 本类药物按其化学结构可分为以下几类。

（1）苯胺类：有对乙酰氨基酚、非那西汀等。

（2）吡唑酮类：有氨基比林、安乃近、保泰松和羟基保泰松等。

（3）有机酸类：分为甲酸类、乙酸类和丙酸类。甲酸类有阿司匹林、水杨酸钠、甲氯芬酸等；乙酸类有吲哚美辛、苄达明等；丙酸类有布洛芬、酮洛芬、吡洛芬、苯氧洛芬和萘普生等。

对乙酰氨基酚

【性状】又称扑热息痛。为白色结晶或结晶性粉末。易溶于热水和乙醇，溶于丙酮，略溶于水。密封保存。

【作用与应用】解热镇痛作用强而持久，副作用小，内服易吸收，抗炎抗风湿作用弱，无实际疗效。常作中、小动物的解热和镇痛药。

【不良反应】剂量过大或长期使用，可引起高铁血红蛋白症，使组织缺氧、发绀。对猫易引起红细胞溶解和肝坏死，禁用。

【制剂、用法与用量】

对乙酰氨基酚片：0.5 g。内服，一次量，牛、马 10～20 g，羊 1～4 g，猪 1～2 g，犬 0.5～1 g。

对乙酰氨基酚注射液：1 mL：0.075 g、2 mL：0.25 g。肌内注射，一次量，马、牛 5～10 g，羊 0.5～2 g，猪 0.5～1 g，犬 0.1～0.5 g

氨　基　比　林

【性状】又称匹拉米洞。为白色结晶性粉末。无臭，味微苦。易溶于乙醇或氯仿，溶于水，水溶液呈碱性。见光易变质，遇氧化剂易被氧化。本品与巴比妥混合制成复方氨基比林注射液。

【作用与应用】解热镇痛作用强而持久，与巴比妥类合用能增强镇痛作用。常用于神经痛、肌肉痛、关节痛、马骡的疝痛等。本品还有抗炎抗风湿作用，可用于急性风湿性关节炎的治疗。

【不良反应】长期使用，可引起粒细胞减少及再生障碍性贫血。

【制剂、用法与用量】

氨基比林片：0.5 g。内服，一次量，牛、马 8～20 g，猪、羊 2～5 g，犬 0.13～0.4 g。

氨基比林注射液：10 mL：0.2 g、20 mL：0.2 g。皮下或肌内注射，一次量，牛、马 0.6～1.2 g，猪、羊 0.05～0.2 g。

复方氨基比林注射液：10 mL、20 mL，含氨基比林 7.15%，巴比妥 2.85%。皮下或肌内注射，一次量，牛、马 20～50 mL，猪、羊 5～10 mL。

安痛定注射液：2 mL、5 mL、10 mL，含 5%氨基比林、2%安替比林、0.9%巴比妥。皮下或肌内注射，一次量，牛、马 20～50 mL，猪、羊 5～10 mL。

安　乃　近

【性状】又称诺瓦经。本品系氨基比林与亚硫酸钠结合物，为白色或微黄色结晶性粉末。易溶于水，略溶于乙醇。水溶液久置易氧化变黄。遮光、密封保存。

【作用与应用】解热镇痛作用强而快，肌内注射后 10～20 min 药效出现，作用可维持 3～4 h；且有一定的抗炎抗风湿作用。应用同氨基比林。

【注意事项】长期应用可引起粒细胞减少；能抑制凝血酶原形成，加重出血的倾向；剂量过大出汗过多易引起虚脱。

【制剂、用法与用量】

安乃近片：0.5 g。内服，一次量，马、牛 4～12 g，猪、羊 2～5 g，犬 0.5～1 g。

安乃近注射液：5 mL：1.5 g、10 mL：3 g、20 mL：6 g。肌内注射，一次量，牛、马 3～10 g，猪 1～3 g，羊 1～2 g，犬 0.3～0.6 g。

水杨酸钠

【性状】又称柳酸钠。为无色或微淡红色的细微结晶或鳞片，或白色结晶性粉末。无臭或略带特臭味，味甜咸。易溶于水和乙醇，水溶液呈酸性（pH 5～6）。

【作用与应用】解热镇痛作用较弱，而抗炎抗风湿作用强，故临床上不作解热镇痛药用，多用于治疗风湿、类风湿关节炎。用药后数小时即可使痛觉减轻，消肿和降温。

【不良反应】内服本品后，在胃酸作用下，能游离出水杨酸，对胃有刺激性，应用时需同时与淀粉拌匀或稀释后灌服。静脉注射时要缓慢，且不可漏出血管。长期或大剂量使用，能抑制凝血酶原生成，使血中凝血酶原降低而引起出血。

【制剂、用法与用量】

水杨酸钠注射液：10 mL：1 g、50 mL：5 g、100 mL：10 g。静脉注射，一次量，牛、马 10～30 g，猪、羊 2～5 g，犬 0.1～0.5 g。

复方水杨酸钠注射液：为含 10%水杨酸钠、1.43%氨基比林、0.75%巴比妥、10%乙醇、10%葡萄糖的灭菌水溶液。静脉注射，一次量，牛、马 100～200 mL，猪、羊 20～50 mL。

阿司匹林

【性状】又称乙酰水杨酸、醋柳酸。为白色结晶性粉末。无臭或微带醋酸臭，味微苦。微溶于水，易溶于乙醇。遇湿气缓慢水解为醋酸和水杨酸，刺激性增强。密封、干燥处保存。

【作用与应用】具有解热、镇痛、抗炎、抗风湿及促进尿酸排泄作用。其解热镇痛较强，是水杨酸钠的 2～3 倍；抑制抗体产生和抗原抗体的结合反应，并抑制炎性渗出而呈现抗炎作用，对急性风湿症有特效；较大剂量，能抑制肾小管对尿重吸收而促进其排泄。

临床常用于发热、风湿症、软组织炎症和神经、关节、肌肉疼痛及痛风症的治疗。近年来研究证明，小剂量阿司匹林有抑制血小板凝集的作用，目前人医已用于防止血栓形成，术后心肌梗塞或脑血管栓塞。

【不良反应】能抑制凝血酶原合成，连用若出现出血倾向时，可用维生素 K 治疗。对消化道有刺激性，剂量过大可引起厌食、恶心、呕吐、消化道出血、溃疡，故不宜空腹服用，与碳酸钙同服可减轻对胃的刺激作用。治疗痛风时，可同服等量的碳酸氢钠，以防尿酸盐的沉积。对猫的毒性大，不宜使用。

【制剂、用法与用量】

阿司匹林片：0.3 g、0.5 g。内服，一次量，牛、马 15～30 g，猪、羊 1～3 g，犬 0.2～1 g。

吲哚美辛

【性状】又称消炎痛。为白色或微黄色结晶性粉末。几乎无臭无味。不溶于水，略溶于乙醇。遮光、密封保存。

【作用与应用】本品的抗炎作用非常显著，比保泰松强 84 倍，也强于氢化可的松。解热作用强，比氨基比林强 10 倍，药效快而显著。镇痛作用较弱，但对炎性疼痛强于保泰松、安乃近和水杨酸类。主要用于不易控制的发热、慢性风湿性关节炎、神经痛、腱炎、腱鞘炎及肌肉损伤等。

【注意事项】能引起呕吐、腹痛、下痢、溃疡及肝功能损伤等症状，故肝病及胃肠溃疡患畜慎用。

【制剂、用法与用量】

吲哚美辛片：25 mg。内服，一次量，每千克体重，牛、马 1 mg，猪、羊 2 mg。

萘　普　生

【性状】又称萘洛芬、消痛灵。为白色或类白色结晶性粉末。无臭，不溶于水，溶于甲醇、乙醇或氯仿。

【作用与应用】具有解热、镇痛和消炎作用。药效比保泰松、阿司匹林强。用于治疗风湿病、肌腱炎、痛风等，也用于轻、中度疼痛如手术后疼痛等。犬对本品敏感，可引起出血或胃肠道毒性。

【制剂、用法与用量】

萘普生片：0.1 g、0.125 g、0.25 g。内服，一次量，每千克体重，马 5～10 mg，犬2～5 mg。

萘普生注射液：2 mL：0.1 g、2 mL：0.2 g。静脉注射，一次量，每千克体重，马 5 mg。

甲　氯　芬　酸

【性状】又称抗炎酸。常用其钠盐，为无色结晶性粉末。可溶于水，水溶液呈碱性。

【作用与应用】消炎作用比阿司匹林、氨基比林、保泰松和消炎痛均强，镇痛作用与阿司匹林相似，不如氨基比林。用于治疗风湿性关节炎、类风湿关节炎及其他骨骼、肌肉系统障碍。本品胃肠道反应较轻。

【制剂、用法与用量】

甲氯芬酸片：0.25 g。内服，一次量，每千克体重，马 2.2 mg，奶牛 10 mg，犬 1.1 mg。

甲氯芬酸注射液：肌内注射，一次量，每千克体重，奶牛 20 mg，真胃注入，一次量，每千克体重，奶牛 10 mg。

布　洛　芬

【作用与应用】又称芬必得、异丁苯丙酸。具有较好的解热、镇痛、抗炎作用。但镇痛作用不如阿司匹林，毒副作用比阿司匹林小。犬内服后迅速吸收，血药峰时为 0.5 h，生物利用度为 60%～80%。主要用于犬的肌肉、骨骼系统功能障碍伴发的炎症和疼痛。犬用 2～6 d 可见呕吐，2～6 周可见胃肠受损。

【制剂、用法与用量】

布洛芬片：0.1 g、0.2 g。内服，一次量，每千克体重，犬 10 mg。

氟尼新葡甲胺

【性状】为白色或类白色结晶性粉末。无臭，有引湿性。溶于水、乙醇和甲醇，不溶于乙酸乙酯。

【作用与应用】是一种强效环氧化酶抑制剂，具有镇痛、解热、抗炎和抗风湿作用。本品不影响马的胃肠道蠕动，并能改善败血性休克动物的血液动力学。

用于家畜及小动物的发热性、炎性疾患，肌肉痛和软组织痛等。注射给药可控制牛呼吸道疾病和内毒素血症所致的高热，马和犬的发热，马、牛、犬的内毒素血症所致的炎症。内服可治疗马属动物的肌肉炎症及疼痛。

【不良反应】马长期大剂量使用，可导致口腔和胃肠溃疡。犬能发生呕吐和腹泻，极高剂量或长期使用时可引起胃肠溃疡。牛连用超过 3 d，可能出现血便和血尿。

【制剂、用法与用量】以氟尼辛计。

氟尼新葡甲胺颗粒：以氟尼新计，10 g：0.5 g、100 g：5 g、200 g：10 g、1 000 g：50 g。内服，一次量，每千克体重，犬、猫 2 mg。1～2 次/d，连用不超过 5 d。

氟尼新葡甲胺注射液：以氟尼新计，2 mL：0.01 g、10 mL：0.5 g、50 mL：0.25 g、100 mL：0.5 g、1 000 mL：5 g。肌内、静脉注射，一次量，每千克体重，牛、猪 2 mg，犬、猫 1～2 mg。1～2 次/d，连用不超过 5 d。

复习思考题

一、选择题

1. 解热镇痛药的退热作用机制是（　　）。
   A. 抑制中枢 PG 合成　　B. 抑制外周 PG 合成
   C. 抑制中枢 PG 降解　　D. 抑制外周 PG 降解
2. 解热镇痛药镇痛的主要作用部位是（　　）。
   A. 导水管周围灰质　　B. 外周
   C. 丘脑　　D. 脑干
3. 治疗类风湿性关节炎的首选药是（　　）。
   A. 水杨酸钠　　B. 阿司匹林　　C. 对乙酰氨基酚　　D. 吲哚美辛
4. 可防止脑血栓形成的药物是（　　）。
   A. 水杨酸钠　　B. 阿司匹林　　C. 布洛芬　　D. 吲哚美辛
5. 具有解热、镇痛而无抗风湿作用的是（　　）。
   A. 对乙酰氨基酚　B. 水杨酸钠　　C. 阿司匹林　　D. 消炎痛
6. 动物专用的解热镇痛抗炎药是（　　）。
   A. 安乃近　　B. 萘普生　　C. 阿司匹林　　D. 氟尼新葡甲胺
7. 不用于抗炎的药物是（　　）。
   A. 水杨酸钠　　B. 对乙酰氨基酚　　C. 吲哚美辛　　D. 布洛芬
8. 下列药物中抗过敏作用强的是（　　）；用药后，无镇静安定作用的是（　　）；中枢抑制作用较强的是（　　）。

A. 阿司咪唑　　B. 马来酸氯苯那敏　C. 盐酸异丙嗪　　D. 盐酸苯海拉明

二、简答题

1. 抗过敏药有哪些？各有什么特点？
2. 抑制动物胃酸过多的药物有哪些？其作用特点与应用是怎样的？
3. 解热镇痛抗炎药的作用机理是什么？哪类药物无抗炎作用？
4. 犬手术后使用解热镇痛抗炎药镇痛是否合理？为什么？
5. 阿司匹林与氯丙嗪对体温的影响在机制、作用和应用上有何不同？
6. 简述氟尼新葡甲胺的作用特点及不良反应。

模块十二　解毒药物

凡能阻止或解除毒物对动物机体毒性作用的药物称为解毒药。解毒药可分为非特异性解毒药和特异性解毒药两大类。

单元一　非特异性解毒药

非特异性解毒药又称为一般解毒药，是指用以阻止毒物继续被吸收和促进排出的药物。其解毒范围广，作用无特异性，解毒效力较低，仅用作解毒的辅助治疗。但能保护机体免遭毒物进一步的损害，赢得抢救时间，在实践中具有重要意义。常用的非特异性解毒药有以下几类。

一、物理性解毒药

1. 保护剂　蛋清、牛奶、豆浆等蛋白类物质，有润滑保护作用，可减少毒物对黏膜的刺激。而且蛋白质可与酸、碱、酚、重金属盐生成沉淀而消除毒物对组织的腐蚀作用，减少吸收。此外，淀粉浆、米汤、面汤等对黏膜也有保护作用。上述物质没有其他的副作用，随处皆有，使用方便，但保护作用不够确实。

2. 吸附剂　药用炭为最常用的吸附药。毒物经吸附后即失去毒性。药用炭可吸附多种毒物，如生物碱等（氰化物除外）。其解毒效果较好，用量应在毒物的5倍以上，制成混悬液灌服，然后给予适宜的泻药。

3. 催吐剂　常用的催吐剂有硫酸铜、吐根末、吐酒石等。一般应用于中毒的初期，使动物发生呕吐，促进毒物排出。只适用于猪、猫和犬。

4. 其他　大部分毒物被吸收后主要经肾排泄，因此可应用利尿剂促进毒物排出，或通过静脉输入生理盐水、葡萄糖等，以稀释血液中毒物浓度，减轻毒性作用。

二、化学性解毒药

1. 氧化剂　利用氧化剂与毒物间的氧化反应破坏毒物，使毒性降低或丧失。可用于生物碱类药物、氰化物、一氧化碳、烟碱、毒扁豆碱、蛇毒、棉酚等的解毒，但有机磷毒物如对流磷、内吸磷、甲拌磷、乐果等的中毒绝不能使用氧化剂解毒。常用的氧化剂有高锰酸钾、过氧化氢等。高锰酸钾使用时配成0.01%～0.02%的浓度洗胃，或以1%浓度处理毒蛇咬伤的伤口。

2. 中和剂　弱酸弱碱类可与强碱强酸类毒物发生中和作用，使之失去毒性。常用的弱酸解毒剂有食醋、酸奶、稀盐酸、稀醋酸等，常用的弱碱解毒剂有氧化镁、石灰水上清液、小苏打水、肥皂水等。

3. 沉淀剂　3%～5%鞣酸水或浓茶水为常用的沉淀剂。它们能与多种有机毒物（如生物碱）、重金属盐生成沉淀，减少吸收。且本身略呈酸性，可中和碱性毒物。但生成的鞣酸不够稳定，故只能作为洗胃剂，并使其迅速排出。

4. 还原剂　维生素C的解毒作用与其参与某些代谢过程、保护含巯基的酶、促进抗体生成、增强肝解毒能力和改善心血管功能有关。

三、药理性解毒药

这类解毒药主要通过药物与毒物之间的颉颃作用，而达到解毒的目的，如中枢兴奋药中毒时，可使用中枢抑制药解毒，反之亦然。

利尿药与盐类泻药虽无解毒作用，但可促进毒物自体内排出，减少毒物对机体的损害；猪、犬、猫内服药物（毒物）中毒还可使用催吐药，促使毒物自体内排出。

四、对症治疗药

中毒，特别是急性中毒时，往往会出现一些严重的症状，如发生惊厥、呼吸衰竭、心功能障碍、肺水肿、休克等。如不迅速处理，将影响动物康复，甚至危及生命。因此，要及时使用抗惊厥药（如戊巴比妥）、呼吸兴奋药（如尼可刹米）、强心药（如安钠咖）、抗休克药（如地塞米松）、治疗肺水肿的药物（如氯化钙）等，并同时使用抗生素预防肺炎，以度过危险期。

单元二　特异性解毒药

特异性解毒药又称为特效解毒药，是一类可特异性地对抗或阻断某些毒物中毒效应的解毒药。临床上常用的特异性解毒药有胆碱酯酶复活剂、高铁血红蛋白还原剂、氰化物解毒剂、金属络合剂和有机氟化物解毒剂等。

一、有机磷酸酯类中毒的解毒药

有机磷酸酯类（简称有机磷）系高效杀虫药，广泛用于农业、医学及兽医学领域。对防治农业害虫、杀灭病媒昆虫、驱杀动物体内外寄生虫等都有重要意义。但其毒性强，在临床实践中经常因管理、使用不合理，导致人畜中毒。

（一）中毒机理

有机磷化合物可经消化道、皮肤、黏膜或呼吸道进入机体，与体内胆碱酯酶结合形成磷酰化胆碱酯酶，使胆碱酯酶失活，不能水解乙酰胆碱，导致乙酰胆碱在体内蓄积过多，引起胆碱受体高度兴奋而出现一系列中毒症状（M样、N样症状及中枢神经先兴奋后抑制等）。

（二）解毒机理

以胆碱酯酶复活剂及生理颉颃剂为主，辅以对症治疗。

1. 生理颉颃剂　又称为M受体阻断药。如阿托品、东莨菪碱、山莨菪碱等，可竞争性地阻断M胆碱受体与乙酰胆碱结合，从而迅速解除有机磷酸酯类中毒的M样症状，大剂量时也能进入中枢神经消除部分中枢神经症状，且对呼吸中枢有兴奋作用而解除呼吸抑制。但对骨骼肌震颤等N样症状无效，也不能复活胆碱酯酶，故单独使用时，只适宜于轻度中毒。

2. 胆碱酯酶复活剂 碘解磷定等胆碱酯酶复活剂有强大的亲磷酸酯作用，能与游离的及已与胆碱酯酶结合的磷酰基结合，生成磷酰化碘磷定，使胆碱酯酶恢复活性。

解毒过程可用下式表示：

胆碱酯酶复活剂＋磷酰化胆碱酯酶（无活性）⟶磷酰化胆碱酯酶复活剂＋胆碱酯酶（复活）

胆碱酯酶复活剂＋游离有机磷酸酯类（有毒性）⟶磷酰化胆碱酯酶复活剂＋卤化氢

但对中毒时间过久，超过 36 h，磷酰化胆碱酯酶即发生老化，胆碱酯酶复活剂难以使胆碱酯酶恢复活性，所以应用胆碱酯酶复活剂治疗有机磷中毒时，早期用药效果好。

在解救有机磷酸酯类化合物中毒时，对轻度的中毒可用生理颉颃剂，缓解症状，但对中度或重度的中毒，必须以胆碱酯酶复活剂结合生理颉颃剂解毒，才能取得较好的效果。

（三）常用药物

碘解磷定

【性状】又称为派姆。为最早合成的肟类胆碱酯酶复活剂。为黄色颗粒状结晶或结晶性粉末。无臭，味苦。遇光易析出碘离子颜色变深，遇碱水解为氰化物，有剧毒。溶于水。应遮光、密闭保存。

【作用与应用】碘解磷定不仅能夺取已与胆碱酯酶结合的有机磷，与之结合，而且也能与体内游离的有机磷结合，形成无毒的磷酰化碘磷定而排出体外。主要用于中度和重度有机磷中毒，用药越早越好。本品对内吸磷（一〇五九）、对硫磷（一六〇五）效果较好，对敌百虫、敌敌畏中毒则较差，对乐果中毒基本无效，对新一代的有机磷酸酯类如甲胺磷的中毒也有效。用药后能迅速抑制肌肉震颤等 N 样症状，但对 M 样症状的缓解作用较差，不易透过血脑屏障，故对中枢神经中毒症状也无明显效果。由于碘解磷定不能直接对抗体内已蓄积的乙酰胆碱，因此应结合使用阿托品，才能完全消除中毒症状。本品作用仅能维持 1.5 h 左右，必须反复给药。

【注意事项】①本品遇碳酸氢钠等碱性药物易分解为有剧毒的氰化物，故禁止与碱性药物配伍。②静脉注射速度过快，可引起呕吐、心率加快、运动失调。③药液漏至皮下有强烈的刺激作用。④剂量过大也能抑制胆碱酯酶，甚至抑制呼吸中枢。

【制剂、用法与用量】

碘解磷定注射液：20 mL：0.5 g。静脉注射，一次量，每千克体重，家畜 15～30 mg。

二、亚硝酸盐中毒的解毒药

亚硝酸盐来自于饲料中的硝酸盐。富含硝酸盐的饲料有小白菜、白菜、萝卜叶、莴苣叶、菠菜、甜菜茎叶、甘薯藤叶、多种牧草和野菜等青绿饲料。当其储存、保管、调制不当时，如青绿饲料长期堆放发生变质、腐烂，青绿饲料长时间焖煮在锅里等，使饲料中的硝酸盐被大量繁殖的硝酸盐还原菌（反硝化细菌）还原，产生大量的亚硝酸盐，动物采食后引起中毒。饲料中的硝酸盐被动物采食后，在胃肠道微生物的作用下也可转化为亚硝酸盐，并进一步还原为氨被利用，但是当牛、羊反刍动物瘤胃 pH 和微生物群发生异常变化，使亚硝酸盐还原为氨的过程受到限制时，采食大量新鲜的青绿饲料后，也可引起亚硝酸盐中毒。

（一）中毒机理

亚硝酸盐被机体吸收后，其毒性表现为两个方面：①能使血液中正常的血红蛋白氧化为高铁血红蛋白，使之失去携氧功能，导致血液不能给组织供氧，引起严重缺氧，动物窒息死亡；②能抑制血管运动中枢，使血管扩张、血压下降。动物中毒后，主要表现呼吸加快、心跳加速、黏膜发绀、流涎、呕吐、运动失调，严重时呼吸中枢麻痹，最终窒息死亡。血液呈酱油色，且凝固时间延长。

（二）解毒机理

亚硝酸盐中毒的特效解毒药是亚甲蓝等具有还原作用的药物。使高铁血红蛋白还原为低铁血红蛋白，恢复其携氧能力，解除组织缺氧的中毒症状。解毒时，还需同时使用尼可刹米等中枢兴奋药及维生素 C 等其他还原剂，以提高疗效。

（三）常用药物

亚　甲　蓝

【性状】又称为美蓝、甲烯蓝。为深蓝色有铜样光泽的柱状结晶或结晶性粉末。易溶于水和乙醇，溶液呈深蓝色。应遮光、密闭保存。

【作用与应用】亚甲蓝属两性物质，是氧化还原剂。在体内借助酶的作用起传递氢体的作用，具有中等程度的氧化还原能力，用药后，对血红蛋白具有双重作用。

1. 小剂量的亚甲蓝呈还原作用　小剂量亚甲蓝进入机体后，在还原型辅酶Ⅰ脱氢酶的作用下，迅速被还原成还原型亚甲蓝，还原型亚甲蓝使高铁血红蛋白还原成血红蛋白，重新恢复携氧功能。主要用于治疗亚硝酸盐中毒。对非那西丁、苯胺类等所致的高铁血红蛋白症也有效。常与高渗葡萄糖溶液合用以提高疗效。

2. 大剂量的亚甲蓝呈氧化作用　给予大剂量的亚甲蓝时，体内还原型辅酶Ⅰ脱氢酶来不及迅速、完全地将亚甲蓝转化为还原型，未被还原的亚甲蓝将起氧化作用，使正常的血红蛋白氧化成高铁血红蛋白，此作用可加重亚硝酸盐中毒，对治疗亚硝酸盐中毒极为不利，但能用于治疗氰化物中毒，其作用不及亚硝酸钠，只能用于轻度中毒病例。

【制剂、用法与用量】

亚甲蓝注射液：2 mL：20 mg、5 mL：50 mg、10 mL：100 mg。静脉注射，一次量，每千克体重，家畜 1～2 mg，注射后 1～2 h 未见好转，可重复注射以上剂量或半量。治疗氰化物中毒时，每千克体重 10 mg。

三、氰化物中毒的解毒药

富含氰苷的饲料有亚麻籽饼，木薯，某些豆类（如菜豆），某些牧草（如苏丹草），高粱幼苗及再生苗，橡胶籽饼，杏、梅、桃、李、樱桃等蔷薇科植物的叶及核仁，马铃薯幼芽，醉马草等。当动物采食大量以上饲料后，氰苷在胃肠内水解形成大量氢氰酸导致中毒。另外，工业生产用的各种无机氰化物（氰化钠、氰化钾、氯化氰等）、有机氰化物（乙腈、丙烯腈、氰基甲酸甲酯等）污染饲料、牧草、饮水或被动物误食后，也可导致氰化物中毒。牛对氰化物最敏感，其次是羊、马和猪。

（一）中毒机理

氰苷本身无毒，水解形成的氢氰酸被吸收后，氰离子能迅速与氧化型细胞色素氧化酶中

的 Fe^{3+} 结合，形成氰化高铁细胞色素氧化酶，从而阻碍此酶转化为 Fe^{2+} 的还原型细胞色素氧化酶，使酶失去传递电子、激活分子氧的功能，使组织细胞不能利用氧，形成细胞内窒息，导致细胞缺氧，引起动物中毒。由于氢氰酸在类脂质中溶解度大，而且中枢神经对缺氧敏感，所以氢氰酸中毒时，中枢神经首先受到损害，并以呼吸和血管运动中枢为甚，动物表现先兴奋后抑制，终因呼吸麻痹，窒息死亡。血液呈鲜红色为其主要特征。

（二）解毒机理

使用氧化剂（如亚硝酸钠、大剂量的亚甲蓝等）结合供硫剂（硫代硫酸钠）联合解毒。

氧化剂使部分低铁血红蛋白氧化为高铁血红蛋白，高铁血红蛋白中的 Fe^{3+} 与氰离子有很强的结合力，不但能与血液中游离的氰离子结合，形成氰化高铁血红蛋白，使氰离子不能产生其毒性作用，还能夺取已与细胞色素氧化酶结合的氰离子，使细胞色素氧化酶复活而发挥解毒作用。但形成的氰化高铁血红蛋白不稳定，可离解出部分氰离子而再次产生毒性，所以需进一步给予供硫剂硫代硫酸钠，使其在体内转硫酶的作用下，与氰离子形成稳定而毒性很小的硫氰酸盐，随尿液排出而彻底解毒。

（三）常用药物

亚 硝 酸 钠

【性状】为无色或白色至微黄色结晶。无臭，味微咸，有潮解性。

【作用与应用】本品为高铁血红蛋白形成剂，可使血红蛋白氧化为高铁血红蛋白而解救氰化物中毒。因本品仅能暂时性地延迟氰化物对机体的毒性，所以静脉注射后数分钟，即应使用硫代硫酸钠。使用时，注射速度不可太快，以免血压突然下降；不可超过剂量或反复使用，以免发生亚硝酸盐中毒。

【制剂、用法与用量】

亚硝酸钠注射液：10 mL：0.3 g。静脉注射，一次量，牛、马 2 g，猪、羊 0.1～0.2 g。临用时取注射用水配成 1%的溶液缓慢注射。

硫 代 硫 酸 钠

【性状】又称为次亚硫酸钠、大苏打。为无色透明的结晶或结晶性细粒。无臭、味咸。在干燥空气中有风化性，在湿空气中有潮解性。极易溶于水，水溶液呈微弱的碱性。应密封保存。

【作用与应用】本品在体内转硫酶的作用下，可游离出硫原子，与游离的或已与高铁血红蛋白结合的氰离子结合，生成无毒的且比较稳定的硫氰酸盐由尿排出，故可配合亚硝酸钠或亚甲蓝解救氰化物中毒。另外，本品有还原性，可使高铁血红蛋白还原为低铁血红蛋白，并可与多种金属或类金属离子结合形成无毒硫化物排出，所以也可用于亚硝酸盐中毒及砷、汞、铅、铋、碘等中毒。因硫代硫酸钠被吸收后能增加体内硫的含量，增强肝的解毒机能，所以能提高机体的一般解毒功能，可用作一般解毒药。

【注意事项】解救氰化物中毒时，本品解毒作用产生较慢，应先静脉注射作用产生迅速的氧化剂如亚硝酸钠或亚甲蓝后，立即缓慢注射本品，不能与亚硝酸钠混合后同时静脉注射。对内服氰化物中毒的动物，还应使用本品的 5%溶液洗胃，并于洗胃后保留适量溶液于胃中。

【制剂、用法与用量】

硫代硫酸钠注射液：10 mL：0.5 g、20 mL：1 g。肌内、静脉注射，一次量，马、牛

5～10 g，羊、猪 1～3 g，犬、猫 1～2 g。

四、金属及类金属中毒的解毒药

金属元素引起动物中毒的主要有汞、铅、铜、银、锰、铬、锌、镍等，类金属主要有砷、锑、磷、铋等。

（一）中毒机理

金属及类金属进入机体后解离出金属或类金属离子，这些离子除了在高浓度时直接作用于组织产生腐蚀作用，使组织坏死外，还能与组织细胞中的酶（主要为含巯基的酶如丙酮酸氧化酶等）相结合，使酶失去活性，影响组织细胞的功能，使细胞的物质代谢发生障碍而出现一系列中毒症状。

（二）解毒机理

解毒常使用金属络合剂。它们与金属、类金属离子有很强的亲和力，可与其络合形成无活性、难解离的可溶性络合物，随尿排出。金属络合剂与金属、类金属离子的这种亲和力大于含巯基酶与金属、类金属离子的亲和力，其不仅可与金属及类金属离子直接结合，而且还能夺取已经与酶结合的金属及类金属离子，使组织细胞中的酶复活，恢复其功能，起到解毒作用。

（三）常用药物

常用药物有二巯丙醇、二巯丙磺钠、二巯丁二钠、青霉胺、去铁胺、依地酸钙钠等。下面主要介绍二巯丙醇和依地酸钙钠。

二 巯 丙 醇

【性状】为无色或几乎无色易流动的液体。有强烈的、类似蒜的异臭。溶于水，但水溶液不稳定。一般配成 10%油溶液（加有 9.6%苯甲酸苄酯）供肌内注射用。

【作用与应用】本品属巯基络合剂，因其亲和力大于酶与金属的亲和力，能竞争性地与金属离子结合，形成较稳定的水溶性络合物，随尿排出，并使失活的酶复活。但二巯丙醇与金属离子形成的络合物在动物体内有一部分可重新逐渐解离出金属离子和二巯丙醇，后者很快被氧化并失去作用，而游离出的金属离子仍能引起机体中毒。因此，必须反复给予足够剂量的二巯丙醇，使血液中其与金属离子浓度保持 2∶1 的优势，使解离出的金属离子再度与二巯丙醇结合，直至由尿排出为止。巯基酶与金属离子结合得越久，酶的活性越难恢复，所以在动物接触金属后 1～2 h 内用药，效果较好。

主要用于治疗砷中毒，对汞和金中毒也有效。与依地酸钙钠合用，可治疗幼小动物的急性铅脑病。本品对其他金属的促排效果：排铅不及依地酸钙钠，排铜不如青霉胺，对锑和铋无效。

【不良反应】二巯丙醇对肝、肾有损害作用，并有收缩小动脉的作用。过量使用可引起动物呕吐、震颤、抽搐、昏迷，甚至死亡。由于药物排出迅速，多数为暂时性的。

【注意事项】本品仅供深部肌内注射。肝、肾功能不良动物应慎用。碱化尿液可减少络合物的重新解离，减轻肾损害。可与镉、硒、铁、铀等金属形成有毒络合物，其毒性作用高于金属本身，故应避免同时应用硒和铁盐等。二巯丙醇本身对机体其他酶系统也有一定抑制作用，如抑制过氧化物酶系的活性，而且其氧化产物又能抑制含巯基酶，故应控制好用量。

【制剂、用法与用量】

二巯丙醇注射液：2 mL：0.2 g、5 mL：0.5 g、10 mL：1 g。肌内注射，一次量，每千

克体重，家畜 3 mg，犬、猫 2.5～5 mg。用于砷中毒，第一至第二天每 4 h 一次，第三天8 h 一次，以后 10 d 内，每天 2 次直至痊愈。

依地酸钙钠

【性状】又称为解铅乐。为白色结晶性或颗粒性粉末，易潮湿，易溶于水。

【作用与应用】属氨羧络合剂，能与多种二价、三价重金属离子络合形成无活性、可溶性的环状络合物，由组织释放到细胞外液，经尿排出，产生解毒作用。本品与各种金属的络合能力不同，其中与铅的络合作用最强，与其他金属的络合效果较差，对汞和砷无效。主要用于治疗铅中毒，对无机铅中毒有特效。亦可用于镉、锰、铬、镍、钴和铜中毒。依地酸钙钠对储存于骨内的铅络合作用强，对软组织和红细胞中的铅作用较小。

【注意事项】①本品具有动员骨铅，并与之络合的作用，而肾又不可能迅速排出大量的络合铅。所以，超剂量应用本品，不仅对铅中毒的治疗效果不佳，而且可引起肾小管上皮细胞损害、水肿，甚至引起急性肾功能衰竭。②对各种肾病患畜和肾毒性金属中毒动物应慎用，对少尿、无尿和肾功能不全的动物应禁用。③不宜长期连续使用。动物实验证明，本品可增加小鼠胚胎畸变率，但增加饲料和饮水中锌的含量，则可预防。依地酸钙钠对犬具有严重的肾毒性，犬的致死剂量为每千克体重 12 g。

【制剂、用法与用量】

依地酸钙钠注射液：5 mL：1 g。静脉注射，一次量，马、牛 3～6 g，猪、羊 1～2 g，每天 2 次，连用 4 d。临用时用生理盐水或 5%葡萄糖溶液稀释成 0.25%～0.5%的浓度，缓慢静脉注射。皮下注射，每千克体重，犬、猫 25 mg。

五、有机氟中毒的解毒药

在农业生产中常使用有机氟杀虫剂和杀鼠剂，如氟乙酸钠、氟乙酰胺、甲基氟乙酸等。家畜有机氟中毒通常是因为误食以上有机氟毒饵及其中毒死亡的动物，或被有机氟污染的饲草料、饮水等。有机氟可通过皮肤、消化道和呼吸道侵入动物机体导致急性、慢性氟中毒。

（一）中毒机理

中毒机理尚不完全清楚，目前认为有机氟进入机体后在酰胺酶作用下分解生成氟乙酸，氟乙酸与辅酶 A 作用生成氟乙酰辅酶 A，后者再与草酰乙酸缩合形成氟柠檬酸。由于氟柠檬酸与柠檬酸的化学结构相似，可与柠檬酸竞争三羧酸循环中的乌头酸酶，并抑制其活性，从而阻止柠檬酸转化为异柠檬酸的过程，造成柠檬酸堆积，破坏了体内的三羧酸循环，使糖代谢中断，组织代谢发生障碍。同时，组织中大量的柠檬酸可导致组织细胞损害，引起心脏和中枢神经系统功能紊乱，使动物中毒，表现不安、厌食、步态失调、呼吸加快、心跳加快等症状，甚至死亡。

（二）常用药物

乙　酰　胺

【性状】又称为解氟灵。为白色结晶性粉末。溶于水。

【作用与应用】乙酰胺与氟乙酰胺等有机氟的化学结构相似，进入体内的乙酰胺水解生成乙酸，与氟乙酰胺竞争酰胺酶。乙酰胺夺取酰胺酶后，一方面使氟乙酰胺不能分解产生对糖代谢有害的氟乙酸，同时本身分解产生的乙酸能干扰氟乙酸的作用，因而能解除有机氟中毒。主要用于解救氟乙酰胺和氟乙酸钠中毒。

【注意事项】本品酸性强，肌内注射时局部疼痛，可配合应用普鲁卡因，以减轻疼痛。

【制剂、用法与用量】

乙酰胺注射液：5 mL：0.5 g、5 mL：2.5 g、10 mL：1 g、10 mL：5 g。肌内、静脉注射，一次量，每千克体重，家畜 0.05～0.1 g。

实验一　敌百虫中毒及解毒

【目的】观察有机磷中毒的症状，掌握有机磷中毒的解救。

【材料】

（1）动物：家兔。

（2）药品：10%敌百虫溶液、0.1%硫酸阿托品注射液、2.5%碘解磷定注射液。

（3）器材：注射器（1 mL、5 mL）、8 号针头、尺子、消毒棉球、剪毛剪、听诊器、台秤。

【步骤】

（1）取家兔 3 只，称重并标记后，分别观察其正常活动、唾液分泌情况，测其瞳孔大小、呼吸和心跳次数、胃肠蠕动，并剪去背部或腹部被毛，观察有无肌肉震颤现象，将观察结果详细记录。

（2）家兔 3 只，按每千克体重 1 mL 分别耳静脉缓慢注射 10%敌百虫溶液，待症状明显时，观察以上指标有何变化，并记录。

（3）在中毒的 3 只家兔中，甲兔按每千克体重 1 mL 耳根部皮下注射 0.1%硫酸阿托品注射液；乙兔按每千克体重 2 mL 耳静脉注射 2.5%碘解磷定注射液；丙兔同时注射 0.1%硫酸阿托品注射液和 2.5%碘解磷定注射液，方法、剂量同甲乙两兔。注射完毕后，分别观察甲、乙、丙 3 只家兔上述各项指标有何变化，并记录入表 12－1。

表 12－1　敌百虫中毒及解救的作用观察

编号	体重（kg）	药物	瞳孔（mm）	唾液分泌（口腔干湿度）	胃肠蠕动（排粪、尿情况）	肌肉震颤	呼吸次数（次/min）	心跳次数（次/min）
甲		给药前						
		注射敌百虫后						
		注射阿托品后						
乙		给药前						
		注射敌百虫后						
		注射碘解磷定后						
丙		给药前						
		注射敌百虫后						
		注射阿托品和碘解磷定后						

【作业】

(1) 撰写实验报告。

(2) 分析敌百虫中毒的毒理。使用阿托品、碘解磷定各能消除哪些中毒症状？为什么？

实验二 亚硝酸盐中毒及解毒

【目的】观察亚硝酸盐中毒的临床表现及亚甲蓝的解毒效果，了解中毒和解毒的原理。

【材料】

(1) 动物：家兔。

(2) 药品：3%亚硝酸钠、0.1%亚甲蓝注射液。

(3) 器材：玻璃注射器（5 mL、10 mL）、消毒棉球、剪毛剪、台秤、体温计等。

【步骤】

(1) 取家兔 1 只，称重，观察其正常活动情况，记录呼吸次数、体温以及口部皮肤、眼结膜、耳郭皮肤血管颜色。

(2) 由耳静脉注射 3%亚硝酸钠溶液，剂量为每千克体重 1～1.5 mL，观察有何中毒症状出现。

(3) 出现典型的亚硝酸盐中毒症状后，立即由耳静脉按每千克体重 2 mL 注入 0.1%亚甲蓝注射液，观察中毒症状是否消除，并记录各项指标变化情况。

结果记入表 12-2。

表 12-2 亚硝酸盐中毒及解救的作用观察

体征观察项目	皮肤血管	眼结膜	体温（℃）	呼吸次数（次/min）
给药前				
注射亚硝酸盐后				
注射亚甲蓝后				

【作业】

(1) 撰写实验报告。

(2) 分析亚硝酸盐中毒的毒理。小剂量的亚甲蓝为什么能解毒？

复习思考题

一、选择题

1. 解磷定用于解救动物严重的有机磷中毒时，必须联合应用的药物是（　　）。
   A. 亚甲蓝　B. 阿托品　C. 亚硝酸钠　D. 氨甲酰胆碱
   E. 毛果芸香碱

2. 小剂量亚甲蓝可用于下列（　　）药物中毒的解救。
   A. 亚硝酸盐中毒　B. 重金属中毒　C. 氰化钾中毒　D. 有机磷中毒
   E. 有机氟中毒

3. 新斯的明过量引起的中毒可用的解救剂是（　　）。
A. 毛果芸香碱　B. 阿托品　C. 解磷定　D. 青霉胺
E. 钙制剂

4. 关于二巯丙醇叙述错误的是（　　）。
A. 对所有重金属中毒均有效　B. 有肝毒性
C. 有肾毒性　D. 对砷中毒的效果特别好
E. 对急性重金属中毒效果较好

5. 亚硝酸盐中毒的解救剂是（　　）。
A. 亚甲蓝　B. 硫代硫酸钠　C. 青霉胺　D. 乙酰胺
E. 阿托品

6. 氰化物中毒的解救剂是（　　）。
A. 乙酰胺　B. 亚硝酸钠　C. 阿托品　D. 咖啡因
E. 叶酸

7. 阿托品解救有机磷中毒的机理是（　　）。
A. 能恢复胆碱酯酶的活力　B. 能对抗有机磷中毒时的 M 样作用
C. 能对抗有机磷中毒时的 N 样作用　D. 能对抗有机磷中毒时的中枢神经毒性作用
E. 能直接水解乙酰胆碱

8. 重金属中毒不可选用的药物是（　　）。
A. 二巯丙醇　B. 二巯丙磺钠　C. 依地酸钙钠　D. 亚硝酸钠
E. 青霉胺

9. 解磷定用于有机磷类药物中毒的解救机理是（　　）。
A. 阻断 M 受体　B. 阻断 N 受体
C. 同时阻断 M 受体和 N 受体　D. 促进乙酰胆碱再摄取
E. 生成磷酰胆碱酯酶，促使胆碱酯酶复活

10. 乙酰胺是下列（　　）时的特效解毒药。
A. 铅中毒　B. 食盐中毒　C. 有机磷中毒　D. 氰化物中毒
E. 有机氟中毒

二、案例分析

1. 一只小型贵宾犬因全身无力、呼吸急促等前来就诊。主诉：犬 8 月龄，昨天喂过葱头爆炒羊肉一勺，吃后不久出现呕吐。今天全身无力，气喘，排尿红棕色。检查：该犬体重 3 kg，雌性，体温 8.3 ℃，精神沉郁，四肢无力，走路蹒跚，呼吸急促，心动急速，可见排红棕色尿液。诊断：初步印象为洋葱中毒。应如何治疗？

2. 某养猪户给猪饲喂堆放一夜的青菜叶饲料后，约半个小时，有的猪出现不安，呼吸困难，全身发青，个别严重的痉挛而死，急请兽医前来诊治。检查：发病猪表现不安，呼吸困难，脉搏疾速而细弱，全身发绀，体温正常，躯体末梢部位厥冷。耳尖、尾尖放血见血管中血液量少而呈黑褐红色，严重病猪肌肉战栗或衰竭倒地。死猪剖检：病死猪腹部较胀满，口、鼻呈乌紫色，流出淡红色泡沫状液体。血液呈暗褐色，如酱油状，凝固不良。各脏器的血管淤血，胃、肠道各部有不同程度的充血、出血，黏膜易脱落，肠系膜淋巴结轻度出血。

肝、肾呈暗红色。肺充血，气管和支气管黏膜充血、出血，管腔内充满带红色的泡沫状液。心外膜、心肌有出血斑点。诊断：初步印象为亚硝酸盐中毒。应如何治疗？

3. 某奶牛养殖户因疏于管理，牛群中一头奶牛从栏中跑出偷食了没保管好的敌百虫拌过的小麦种而发病，急请兽医前来诊治。检查：病牛表现不安，流涎，鼻液增多，反刍停止，不时排稀便。肌肉发抖，眼球震颤，结膜发绀，瞳孔缩小，不时磨牙，呻吟。呼吸困难，听诊肺部有广泛性湿啰音。心跳加快，脉搏增数，肢端发凉，体表出冷汗。诊断：初步印象为敌百虫中毒。应该如何治疗？

三、简答题

1. 为促使毒物自体内排出、保护机体免遭毒物损害、破坏毒物、阻止毒物被吸收和进行对症治疗时，应使用哪些药物？

2. 有机磷酸酯类中毒时，使用生理颉颃剂能解除何种中毒症状？为什么中度和重度中毒时必须配用碘解磷定等胆碱酯酶复活剂？

3. 亚甲蓝剂量大小与药理作用及用途有什么样的关系？

4. 硫代硫酸钠有哪些用途？为什么氰化物中毒使用亚硝酸钠后，还需使用本品？

实　训

一、实验动物的捉拿与固定及给药方法

【目的】练习实验动物的捉拿、固定及给药方法，为实验及临床打下基础。

【材料】

（1）器材：注射器（1 mL、5 mL）、兔用开口器、10 号导尿管、手术固定台、灌胃器、绷带、点滴管等。

（2）实验动物：蛙、蟾蜍、小鼠、大鼠、豚鼠、家兔和犬。

【方法】

1. 实验动物的捉拿与固定　在进行动物实验时，为了保障操作人员与动物的安全，便于实验的顺利进行，必须掌握合理捉拿、固定实验动物的方法。在实验中可以根据实验内容和动物种类的不同而选用不同的方法。在捉拿、固定动物前，要熟悉各种动物的一般习性。

（1）蛙和蟾蜍：用左手食指和中指夹住左前肢，拇指压住其右前肢，右手将两后肢拉直，左手无名指及小指将其压住而固定，此法用于淋巴囊注射。破坏脑和脊髓时则用左手食指和中指夹持蛙或蟾蜍的头部，拇指、无名指和小指握持其双下肢，右手持刺针进行操作。

（2）小鼠：可采取双手法和单手法两种形式。

① 双手法：用右手抓住小鼠尾部，将其放在鼠笼盖或其他粗糙物体上，然后用左手拇指和食指沿其背向前抓住小鼠颈背部皮肤，将小鼠置于左手掌心中，再用无名指和小指将小鼠尾压在手掌上，即可将小鼠完全固定（图实-1）。可进行腹腔注射、采取腹腔液体、体温测定、阴道涂片等操作。

② 单手法：小鼠置于笼盖上，先用左手食指与拇指抓住鼠尾，手掌尺侧及小指夹住尾根部，然后用左手拇指与食指捏住颈部皮肤。

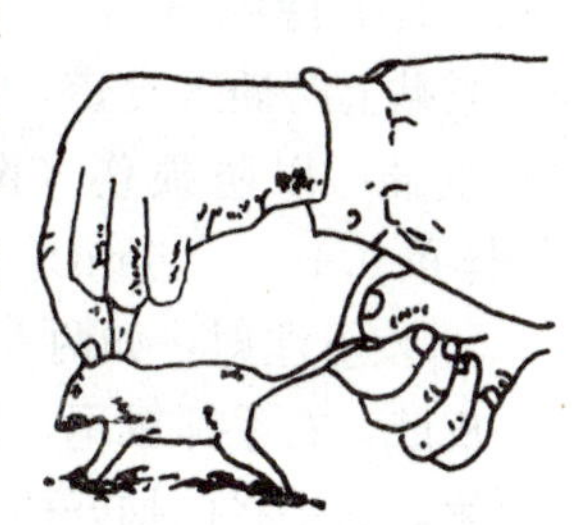

图实-1　小鼠的捉拿方法

（3）大鼠：用右手抓住鼠尾，左手戴上防护手套或用厚布盖住鼠身进行防护，以拇指和食指握住头部，其余手指与手掌握住背部和腹部，并将大鼠固定在左手中。可进行灌胃、腹腔注射等操作。如要进行尾静脉取血、注射等操作，可将大鼠用玻璃钟罩扣住或置于大鼠固定盒内，露出尾部，其他较细的操作应在麻醉后进行。

（4）豚鼠：用右手拇指和食指抓住颈部，其余手指握持躯干，左手抓住两后肢，使腹部朝上。

（5）家兔：用一只手抓住兔的颈部皮肤，将兔提起，另一只手托其臀部（图实-2）。不能采取单手抓提家兔双耳、腰部或四肢的方法，以免造成损伤。

图实-2　家兔的捉拿方法

家兔固定的方法可根据实验需要而定。如进行兔耳静脉取血、注射或观察兔耳血管变化等时，可采用盒式固定方法。如要进行血压、呼吸测量等实验或手术时，需要将兔置于仰卧状态，固定在手术固定台上，其头部需固定。

（6）犬：犬较易驯养，但容易咬人，在抓取时应首先应用绷带绑扎犬嘴。方法是用绷带系一猪蹄结套在犬嘴上（绷带的两游离端应置于犬的下颌部），然后将绷带的两游离端分别从两侧引至耳后颈背侧打一结，在这一结上再打一活结（图实-3）。绑扎犬嘴的目的是为了避免其咬人，但当犬被麻醉后，应立即松开绑嘴的绷带，将犬仰卧放在实验台上，先固定其头部，然后再固定四肢即可。

图实-3　犬的绷带保定法

2. 给药方法　实验动物的给药途径和方法很多，在实验中可以根据实验的目的、动物的种类和药物的剂型及剂量而选用不同的给药方法。

（1）蛙或蟾蜍：蛙皮下有数个淋巴囊（图实-4），注入药液易于吸收，常用腹淋巴囊。给药时一手固定蛙，使其腹部向上，另一手持注射器针头从蛙大腿上部刺入，经大腿肌层和腹壁肌层，再浅出至腹壁皮下，即是腹淋巴囊。此种注射方法亦可避免药液外漏。注药量一般为0.25～1.0 mL/只。

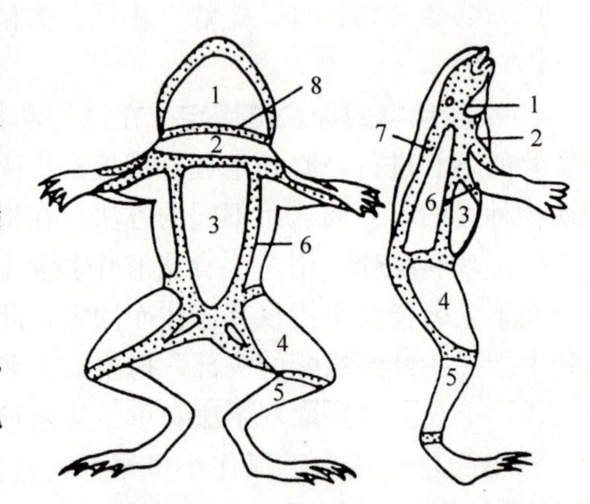

图实-4　蛙及蟾蜍的皮下淋巴囊
1. 颌下囊　2. 胸囊　3. 腹囊　4. 股囊
5. 胫囊　6. 侧囊　7. 头背囊　8. 淋巴囊间隔

（2）小鼠：

① 灌胃：如上述用左手抓住小鼠后，仰持小鼠，使头颈部充分伸直，但不可抓得太紧，以免窒息；右手持灌胃器，灌胃针头自口角进入口腔，紧贴上腭插入食道，如遇阻力，将灌胃针头抽回重插，以防损伤（图实-5）。灌胃量为每10 g体重0.1～0.25 mL。

② 皮下注射：如两人合作，一人左手抓小鼠头部皮肤，右手抓鼠尾，另一人在鼠背部皮下组织注射药物（图实-6）。如一人操作，则左手抓鼠，右手将已抽好药液的注射器针头插入颈部皮下或腋部皮下，将药液注入，注药量每只不超过0.5 mL。

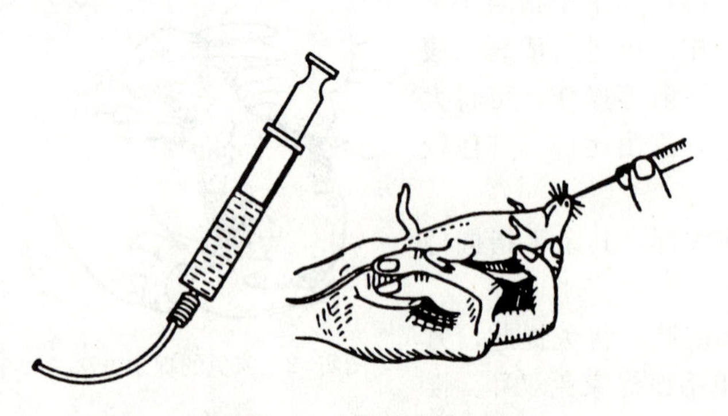

图实-5　小鼠的灌胃方法

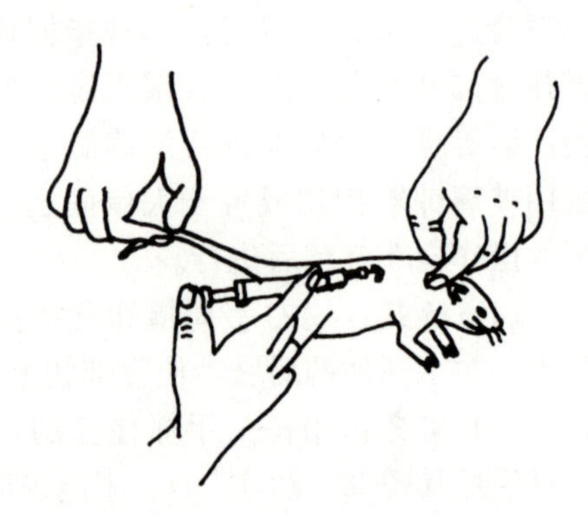

图实-6　小鼠的皮下注射法

③ 肌内注射：一人抓住小鼠头部皮肤和尾巴，另一人持连接 4 号针头的注射器，将针头插入后肢大腿外侧肌肉注入药液（图实-7）。注射量一般不超过 0.1～0.2 mL/只。

④ 腹腔注射：左手仰持固定小鼠，右手持注射器从腹左或右侧（避开膀胱）朝头部方向刺入，深度较皮下注射深，如有落空感，回抽无肠液、尿液或血液后，即可缓缓推入药液（图实-8）。常用注射量为每 10 g 体重 0.1～0.25 mL。

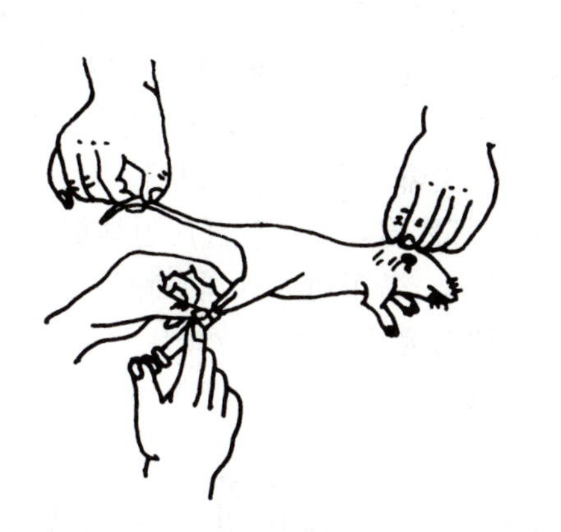
图实-7　小鼠的肌内注射法

图实-8　小鼠的腹腔注射法

⑤ 尾静脉注射：鼠尾静脉共有 3 根，左右两侧和背部正中各 1 根，两侧尾静脉比较容易固定，故常被采用。先将小鼠装入固定器内，露出尾巴，用 45～50 ℃温水浸泡或用 75%酒精擦拭使尾部血管扩张。握住鼠尾两侧，使静脉充盈，注射器针头尽量与鼠尾角度平行，以利于进针，刺入血管后回抽针芯可见回血（图实-9）。如需反复注射，应尽量从鼠尾的远端开始。

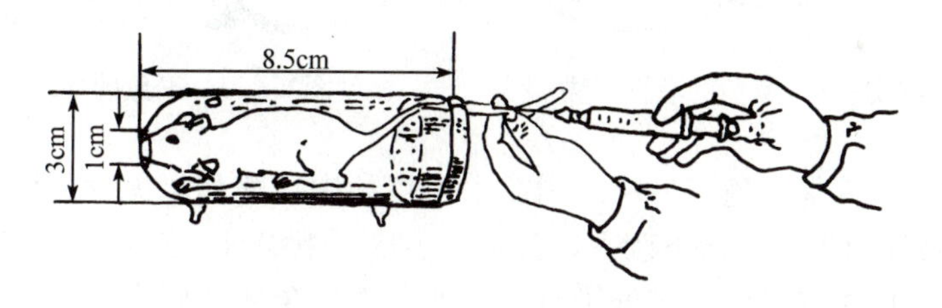

图实-9　小鼠的尾静脉注射法

（3）大鼠：灌胃、腹腔注射、皮下注射及尾静脉注射与小鼠相似。静脉注射也可在麻醉下行舌下静脉注射。

（4）豚鼠：

① 灌胃法：助手抓住豚鼠头颈部和四肢，操作者将开口器放入豚鼠口中，旋转使舌压在其下。再将胃导管从开口器孔插入 8～10 cm，然后注入药液。因豚鼠上颚近咽部有牙齿，易阻止导管插入，故应将豚鼠的躯体拉直，便于导管避开阻碍物而进入食道。

② 静脉注射法：耳静脉注入方法同兔耳，但较难成功。必要时在麻醉状态下进行颈外静脉或股静脉切开注入。

其余方法同鼠类。

（5）家兔：

① 灌胃：a. 一人操作。将兔放置在兔固定箱内，右手固定开口器于兔口中，左手将胃

管（可用 10 号导尿管代替）轻轻插入 15 cm 左右。将胃管口放入一杯水中，如无气泡从管口冒出，表示导管已插入胃中，然后慢慢注入药液，最后注入少量空气，取出导管和开口器。b. 两人合作进行操作。一人坐好，将兔的躯体夹于两腿之间，左手紧握双耳，固定其头部，右手抓住前肢。另一人将兔用开口器插入兔口中，将舌头压在开口器下面，把开口器固定，将胃管经开口器中央小孔慢慢沿上颚壁插入食道 15 cm 左右。其余方法同 a。灌药前家兔要先禁食为宜，灌药量一般不超过 20 mL（图实- 10）。

② 耳静脉注射：将兔放在固定箱内或由助手固定。将耳缘静脉处皮肤的粗毛剪去，用手指轻弹（或以酒精球反复涂擦耳壳），使血管扩张。助手用手指于耳缘根部压住耳缘静脉，待静脉充血后，操作者用左手拇指和食指捏住耳尖部，右手持注射器，从静脉末端刺入血管，如见到针头在血管内，即用手指将针头和兔耳固定，助手放开压迫耳根之手指，即可注入药液。若注液时感觉畅通无阻，则证明在血管内；若阻力大且耳壳肿胀变白，说明注入皮下应拔出针头，再在上次注射针眼前方注射。注射完毕，用棉球按压片刻，以防出血（图实-11）。注药量一般为每千克体重 2 mL，等渗液可达每千克体重 10 mL。

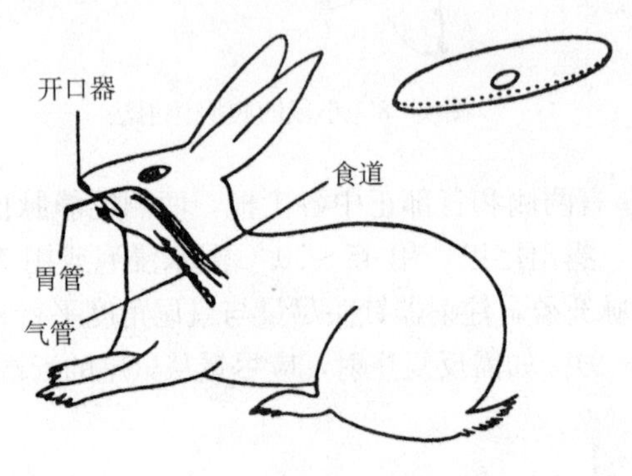

图实- 10 家兔的灌胃方法

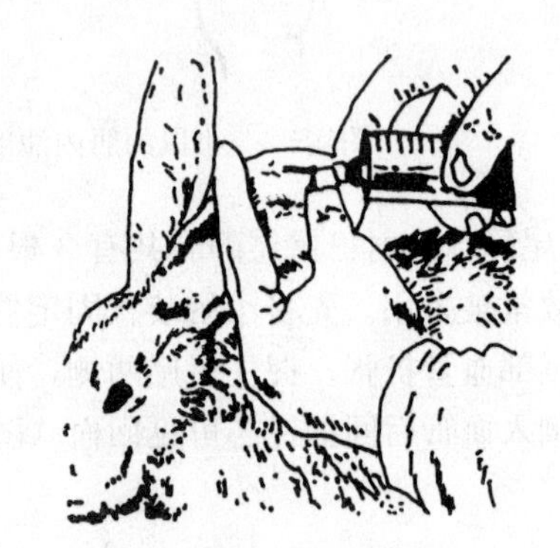

图实- 11 家兔的耳缘静脉注射法

③ 皮下注射：一人保定兔，另一人用左手拇指和中指提起家兔背部或腹内侧皮肤，使成一皱褶，右手持注射器自皱褶下刺入，针头在表皮下组织时，松开皱褶将药液注入。

④ 肌内注射：应选择肌肉丰满处进行，一般兔选用兔的两侧臀肌或大腿肌。一人保定好兔，另一人右手持注射器，使注射器与肌肉呈 60°角刺入肌肉中，为防止药液进入血管，在注射药液前应轻轻回抽针栓，如无回血，即可注入药液。

（6）犬：

① 静脉注射：注射部位一般为后肢外侧小隐静脉或前肢皮下头静脉。注射部剪毛、消毒后，压迫静脉近心端，使之怒张。然后右手持 7～12 号针头或头皮针，与静脉呈 30～35°角，准确、迅速地刺入静脉内，刺入正确时，可见回血。调整针头与血管平行，向血管内推进 0.5～1 cm，然后解除压迫，固定好针头后，缓慢注入药液。若不见回血，应将针头退至皮下找准静脉后再刺入，不可在皮下乱刺，以免引起血肿。注射完毕，拔出针头，用碘酊棉消毒，并轻压针孔片刻。

② 腹腔注射：使犬前躯侧卧，后躯仰卧，进行保定。将两前肢系在一起，两后肢分别向后外方转位，充分暴露注射部位，并保定好头部防止抬头。小型犬可以倒立。注射部位是脐和耻骨前缘连线中点或在腹白线旁一侧。注射前术部应剪毛、消毒，用注射针头垂直皮肤

缓慢刺入，依次穿透腹肌和腹膜。用注射器回抽有阻力，无血，也无腹腔脏器内容物，注入药液无阻力，说明刺入正确。此时可以用注射器或输液吊瓶进行腹腔内注射。注药完毕，拔下针头，局部消毒后松解保定。根据犬体的大小一次注入药液 30～500 mL。

【作业】在教师示教后，同学们分组练习。

二、药物的保管与储存

【目的】通过教师讲解和参观药房，使学生掌握药物保管与储存的基本知识和方法。

【材料】学校兽医院药房、药库，兽药经销店。

【步骤】

1. 讲解 药物的保管、储存与药物的质量关系极大，是一项严肃细致的技术工作。

(1) 药物的保管：要制定严格的保管制度，建立药品消耗和盘存账册，制定药物采购和供应计划，出入库应检查、验收、上账。药物保管人员若有变动，应办理好交接手续。应根据药品的性质不同，分普通药品、毒剧药品、危险药品等分类保管。

① 麻醉药品、毒剧药品的保管：应按国家颁布的有关条例，必须专人、专库（柜）、专账，加锁保管，并在标签上标有明显的标记；称量必须精确，禁止估量取药；无处方不能给药或借药。

② 危险药品的保管：危险药品是指受光、热、空气、水分、撞击等外界因素影响可引起燃烧、爆炸或具有腐蚀性、刺激性、剧毒性、放射性的药品。保管时，应另放置于危险品仓库，按其特性分类存放，并间隔一定距离；要注意遮光、防晒、防潮、防止振动和撞击、防止接近明火，经常检查储放情况，并配备必要的消防安全设备。

(2) 药物储存：为了保证药品的质量和疗效，应严格按照药品储存的有关规定和要求储存药品。药物管理人员应熟悉药品的理化性质，以及空气、温度、湿度、光线、时间等外界因素对药品质量的影响。

① 易潮解的药物：系指吸收空气中的水分后，能自行溶解的药物。如氯化钠、溴化钠、次硝酸铋、碘化钾、葡萄糖等。这些药物应装入密闭的保存瓶中，放置于干燥处保存。

② 易风化的药物：系指含结晶水多的药物，露置空气中会变成不透明或干燥的粉末。如硫酸镁、硫酸钠、咖啡因、阿托品等。这类药物除密封外，还需置于适宜湿度处保存。

③ 易氧化的药物：系指露置在空气中，易与空气中的氧起化学反应而变质的药物。如维生素 A 等。这类药物需严密包装，置阴凉处保存。

④ 易碳酸化的药物：系指露置在空气中，易与空气中的二氧化碳化合而变质的药物。如氢氧化钠、氢氧化钾、氢氧化钙等。这类药物需严密包装，置阴凉处保存。

⑤ 易光化的药物：系指经太阳光照射后，会发生化学变化而变质的药物。如盐酸肾上腺素、维生素等。这类药物应置于有色瓶中或在包装盒（袋）内加黑色纸包装，然后放置阴暗处，并防止光线照射。

⑥ 不能置于常温下的药物：系指在常温下易被破坏变质的药物。如生物制品、动物制品等，宜放置于冰箱、冷库中保存。

(3) 药品批号及有效期：药品批号表示生产日期和批次，一般以 6 位数字表示，如批号“080510”表示生产日期为 2008 年 5 月 10 日。如该日生产有两批以上同种药品，则在 6 位数字后加一短线和 1、2 等数字。如“080510 - 2”，即 2008 年 5 月 10 日第二小批产品。有效期系指药品在规定的储藏条件下能保证其质量的期限，即使用有效期限，如上述的药品，有效期二年，表示该药品可用至2010年5月9日。失效期系指到此日期即超过安全有效范围，一般以何时失效的日期表示，如失效期为2008年5月，表示该药品可用至2008年4月底。

2. 参观 通过到兽医院药房、药库或兽药经销店参观，掌握药物保管与储存的方法。

【作业】综合参观和教师讲解的有关内容，写出实习报告。

三、处方的开写

【目的】了解处方的意义，掌握处方的结构与开写方法。能够结合临床病例熟练准确地开写处方，并能识别处方中的错误。

【材料】场地、临床病例、处方笺、错误处方。

【步骤】

（1）教师讲述处方的结构与正确的开写方法及注意事项，并开写出一例正确处方，供学生参考。

（2）教师提供几例错误处方，让学生指出错误并改正。

（3）结合临床病例，让学生开出正确处方。

【作业】给出几个临床病例或错误处方，让学生开出正确处方或改正错误处方。

四、药物的物理性、化学性配伍禁忌

【目的】观察常见的配伍禁忌现象，使学生掌握正确联合用药的方法，用药时避免配伍禁忌的出现。

【材料】

（1）器材：天平、量杯、吸量管、研钵、试管、试管架、酒精灯、清洁器具。

（2）药品：蓖麻油、蒸馏水、液体石蜡、樟脑、10%樟脑醑、碳酸钠、醋酸铅、水合氯醛、5%氯化钙溶液、5%碳酸氢钠溶液、10%三氯化铁溶液、磺胺嘧啶钠注射液、鞣酸、95%乙醇、高锰酸钾、甘油、青霉素、2%盐酸普鲁卡因、稀盐酸、5%葡萄糖溶液等。

【步骤】

1. 物理性配伍禁忌

（1）分离：指两种液体药物相互混合后，不久又分为两层的现象。

实验：取试管2支，一支试管加入蓖麻油和水各3 mL，另一支试管加入液体石蜡和水各3 mL，充分混合后，静置于试管架上，10 min后观察分离现象。

（2）析出：指两种液体药物相互混合后，其中一种药物析出，产生沉淀或使溶液混浊的现象。

实验：取试管2支，一支试管加入10%樟脑醑和水各3 mL，另一支试管加入磺胺嘧啶钠注射液和5%葡萄糖溶液各3 mL，充分混合后，静置于试管架上，10 min后观察析出现象。

（3）潮解：指两种固体药物相互混合一定时间后，由固体转变为泥糊潮湿状的现象。

实验：取碳酸钠与醋酸铅各3 g，置研钵中共研并观察潮解现象。

（4）液化：指两种固体药物相互混合一定时间后，由固体转变为液体的现象。

实验：取樟脑与水合氯醛各 3 g，置研钵中共研并观察液化现象。

2. 化学性配伍禁忌

（1）沉淀：指两种或两种以上液体药物配伍时，形成不溶性新物质沉淀于试管基层的现象。

实验：取试管 2 支，一支试管加入青霉素钠溶液和 2%盐酸普鲁卡因注射液各 3 mL。另一支试管加入 5%氯化钙溶液和 5%碳酸氢钠溶液各 3 mL，静置后观察沉淀现象。

（2）产气：指两种药物配伍时，产生气体的现象。

实验：取试管 1 支，加入稀盐酸 2 mL，再加入 5%碳酸氢钠溶液 5 mL，观察产生的二氧化碳气体逸出现象。

（3）变色：指两种药物配伍时，颜色发生改变的现象。

实验：取试管 1 支，先加入 10%三氯化铁溶液 3 mL，再加入鞣酸 1 g，充分搅拌后，置火上微热，观察溶液的变色现象。

（4）燃烧：指两种药物混合后，发生燃烧的现象。

实验：取高锰酸钾 5 g，甘油 5 mL，混合放置于金属器物上，一定时间即发生燃烧现象。

3. 处理配伍禁忌的一般方法　处理配伍禁忌是处方调剂的一个重要问题，采取适当的调剂方法，可避免有些药物的配伍禁忌。处理方法有以下几种：

（1）改变药物剂型：如乳酸钙与碳酸氢钠，若加水制成溶液时，可产生碳酸钙沉淀，如果改成散剂，便可避免发生配伍禁忌。

（2）改变混合顺序：如碳酸氢钠和复方龙胆酊配伍时，若先将两者混合后再加入水，则碳酸氢钠不能完全溶解而出现沉淀。如果先以适量的水将碳酸氢钠溶解，再加入复方龙胆酊，则不会出现沉淀（因碳酸氢钠不易溶于乙醇）。

（3）增加溶媒：如水杨酸钠与碳酸氢钠各 10 g，以水 60 mL 作溶媒时不能溶解，如将溶媒增加 1 倍，即可溶解。

（4）添加第三种成分：在配合中添加一些无害的、本身没有明显药效而又不影响原药的成分，可避免配伍禁忌。添加的第三种成分有增溶剂、助溶剂、稳定剂等。如配制咖啡因注射液时，加入苯甲酸钠作助溶剂，配制肾上腺素溶液时加入 0.5%的焦亚硫酸钠作稳定剂等。

（5）处方中有配伍禁忌的成分，分别溶解后再行混合：如最常用的任氏液中的碳酸氢钠和氯化钙有化学性配伍禁忌，如一起溶解可产生沉淀，先将两药分别溶解后，再加到其他已充分溶解稀释的成分中，则不会产生沉淀。

（6）调换成分：以作用相同的药物或制剂代替处方中的某一种成分，以避免产生配伍禁忌是常用的方法。如次硝酸铋 6 g、碳酸氢钠 3 g、薄荷水 60 mL 配成溶液，次硝酸铋在水中可缓缓水解生成硝酸，与碳酸氢钠相遇会产生二氧化碳，如果将次硝酸铋改为次碳酸铋，则可避免。

提示：本实训中处理配伍禁忌的一般方法可由教师示教。

【作业】教师在上述药品中，任意指出几种药品，让学生指出相互间有无配伍禁忌，如有，说出属于哪类配伍禁忌。根据实习过程和结果，写出实习报告。

五、常用剂型的配制

【目的】掌握溶液剂、酊剂、搽剂、乳剂的配制方法。

【材料】

(1) 器材：天平、量筒、量杯、烧杯、漏斗、漏斗架、滤纸、玻璃棒、小磨口玻璃瓶、细口瓶、研钵、药膏刀、纱布等。

(2) 药品：高锰酸钾、碘、碘化钾、甘油、蒸馏水、70%酒精、75%酒精、氨水、亚麻仁油、樟脑、松节油、精制敌百虫、阿拉伯胶等。

【步骤】

1. 溶液剂的配制 称量所需药品与稀释液，将被稀释药品放置于适当刻度的容器内，加入适量稀释液彻底溶解（可搅拌或震荡）后，再加入所需稀释液至所需刻度。

(1) 1%高锰酸钾溶液的配制。

处方：高锰酸钾1 g、蒸馏水加至100 mL。

制法：取高锰酸钾1 g置100 mL烧杯中，加入蒸馏水约80 mL，搅拌使溶解，过滤后再添加蒸馏水至100 mL，即得。

(2) 复方碘溶液的配制。

处方：碘5 g、碘化钾10 g、蒸馏水加至100 mL。

制法：取碘化钾10 g溶于约10 mL蒸馏水中，加碘搅拌溶解后，加蒸馏水约70 mL稀释，过滤，再加水至全量。为加速碘的溶解，可用研钵进行，于碘化钾溶解后加碘在研钵中研磨，边研磨边加入少量蒸馏水，待碘溶解后，倒入烧杯中，然后以少量蒸馏水洗涤研钵，洗液倒入烧杯中，过滤，加水至全量，即得。

(3) 1%碘甘油的配制。

处方：碘1 g、碘化钾1 g、蒸馏水1 mL、甘油加至100 mL。

制法：取碘化钾1 g溶于1 mL蒸馏水中，再加入碘1 g，搅拌溶解后，加甘油至100 mL，即得。

注意：碘甘油不宜过滤，故所有用具必须洗刷干净，并以蒸馏水冲洗，晾干备用，操作过程避免异物落入容器内；量取甘油时，宜先将甘油及容器加热至50 ℃左右。

2. 酊剂的配制 酊剂的配制有浸渍法和渗滤法，个别为溶解法。

5%碘酊的配制。

处方：碘片5 g、碘化钾2.5 g、蒸馏水2.5 mL、75%乙醇加至100 mL。

制法：取碘化钾2.5 g置于研钵中，加蒸馏水2.5 mL，使完全溶解，再加入碘片5 g，研磨溶解后，逐次加入少量乙醇洗涤研钵，倒入烧杯中，最后加入乙醇至100 mL，即得。

3. 搽剂的配制 易溶性药物或易混合药物，可直接混合于溶剂或溶媒中，经一定时间震荡即得。固体难溶性药物，必须先于研钵中研磨成细粉末，然后逐渐加入溶剂或溶媒中不断搅拌或震荡，即得。

(1) 氨搽剂的配制。

制法：将亚麻仁油30 mL置于烧杯中，再取10 mL氨水，边加入量杯边搅拌，至呈乳白色无油滴时，即得。

(2) 樟脑搽剂的配制。

制法：取樟脑 10 g 置于量杯中，加 70%乙醇至 100 mL，搅拌溶解，即得。

(3) 四三一搽剂的配制。

制法：取氨搽剂 30 mL 倒入细口瓶内，加入 10 mL 松节油，充分振摇，再分次加入樟脑擦剂 40 mL，用力振摇，即得。

4. 乳剂的配制　乳剂一般是按油 2 份，乳化剂 1 份、水 17 份混合制得。配制方法常分两个步骤，先制成初乳，再制成乳剂成品。所制成的乳剂为均匀一致的乳状液，其表面应无脂肪油滴。

敌百虫乳剂的配制。

处方：精制敌百虫 2 g、阿拉伯胶 5 g、亚麻仁油 10 mL、蒸馏水 85 mL，制成乳剂。

制法：第一步，取精制敌百虫 2 g，溶于 30 mL 蒸馏水中。另取阿拉伯胶 5 g 置于研钵中仔细研磨，然后加入亚麻仁油 10 mL 再研，直至二者充分混合均匀。此时，边强力研磨边逐渐加入敌百虫溶液约 7 mL，研磨至产生特殊的折裂声，即制成初乳。第二步，将初乳以药膏刀清理至研钵中部，再边研磨边加入剩余的敌百虫溶液和蒸馏水至成为均匀的乳状液，经两层纱布过滤，即得。

【作业】根据操作过程和实习结果，写出实习报告。

附录一 动物药理基本技能考核项目

动物药理基本技能考核项目见附表1。

附表1 动物药理基本技能考核项目

序号	考核项目	考核要点	考核方法
1	药物的保管与储存	保管制度、储存要求、影响药物质量的主要因素、眼观变质药物的主要表现	药房实地抽查提问，让学生指出保管方法及注意事项
2	处 方	各类处方的开写、处方的改错	老师命题，学生写出处方；另给一错误处方，让学生分析并改错
3	药物配伍禁忌	常用药物的物理性、化学性配伍禁忌及处理方法	老师任意列出几种药物，让学生指出有无配伍禁忌并实验操作
4	调剂器械的使用、保管与维护	常用调剂器械的使用方法及保管、维护的要求	老师任意给出几种调剂器械，让学生实际操作
5	调剂技术	比例溶液、百分浓度溶液的配制；浓溶液的稀释；碘酊、散剂、软膏剂的配制	老师任意选择几种制剂，让学生操作或计算；另给一浓溶液，指定需稀释的浓度，让学生计算、操作

附录二 常用药物的配伍禁忌

常用药物的配伍禁忌见附表2。

附表2 常用药物的配伍禁忌

类别	药物	禁忌配用的药物	变化
防腐消毒药	漂白粉	酸类	分解放出氯
	酒精	氯化剂、无机盐等	氧化、沉淀
	硼酸	碱性物质	生成硼酸盐
		鞣酸	药效减弱

（续）

类别	药物	禁忌配用的药物	变化
防腐消毒药	碘及其制剂	氨水、铵盐类	生成爆炸性碘化氮
		重金属盐	沉淀
		生物碱类药物	析出生物碱沉淀
		淀粉	呈蓝色
		龙胆紫	药效减弱
		挥发油	分解失效
	阳离子表面活性剂	阴离子如肥皂类、合成洗涤剂	作用相互颉颃
		高锰酸钾、碘化物	沉淀
	高锰酸钾	氨及其制剂	沉淀
		甘油、酒精	失效
		鞣酸、甘油、药用炭	研磨时爆炸
	过氧化氢溶液	碘及其制剂、高锰酸钾、碱类、药用炭	分解、失效
	过氧乙酸	碱类如氢氧化钠、氨溶液	中和失效
抗生素	青霉素	酸性药液如盐酸氯丙嗪、四环素类抗生素的注射液	沉淀、分解失效
		碱性药液如磺胺药、碳酸氢钠注射液	沉淀、分解失效
		高浓度酒精、重金属盐	破坏失效
		氧化剂如高锰酸钾	破坏失效
		快效抑菌剂如四环素、氟苯尼考	疗效减低
	红霉素	碱性溶液如磺胺药、碳酸氢钠注射液	沉淀、析出游离碱
		氯化钠、氯化钙	混浊、沉淀
		林可霉素	出现颉颃作用
	链霉素	较强的酸、碱性溶液	破坏、失效
		氧化剂、还原剂	破坏、失效
		利尿酸	肾毒性增大
		多黏菌素 E	骨骼肌松弛
	多黏菌素 E	骨骼肌松弛药	毒性增强
		先锋霉素 Ⅰ	毒性增强
	四环素类药物	中性及碱性溶液如碳酸氢钠注射液	分解失效
		生物碱沉淀剂	沉淀、失效
		阳离子（一价、二价或三价离子）	形成不溶性难吸收的络合物
	先锋霉素 Ⅰ、Ⅱ	强效利尿药、丙磺舒、氨基糖苷类抗生素	增大对肾的毒性

（续）

类别	药物	禁忌配用的药物	变化
合成抗菌药	磺胺类药物	酸性药物	析出沉淀
		普鲁卡因	疗效降低或无效
		氯化铵	增加肾毒性
	氟喹诺酮类药物	呋喃类药物	疗效降低
		金属阳离子	形成不溶性难吸收的络合物
		强酸性药液或强碱性药液	析出沉淀
抗蠕虫药	左旋咪唑	碱类药物	分解、失效
	敌百虫	碱类、新斯的明、肌松药	毒性增强
	硫双二氯酚	乙醇、稀碱液、四氯化碳	增强毒性
抗球虫药	氨丙啉	维生素 B_1	疗效减低
	二甲硫胺	维生素 B_1	疗效减低
	莫能菌素、盐霉素、马杜霉素或拉沙洛菌素	泰妙霉素、竹桃霉素	抑制动物生长，甚至中毒死亡
麻醉药与化学保定药	水合氯醛	碱性溶液、久置、高热	分解、失效
	戊巴比妥钠	酸类药液 高热、久置	沉淀 分解
	苯巴比妥钠	酸类药液	沉淀
	普鲁卡因	磺胺药 氧化剂	疗效减弱或失效 氧化、失效
	赛拉唑	碱类药液	沉淀
镇静药	氯丙嗪	碳酸氢钠、巴比妥类钠盐 氧化剂	析出沉淀 变红色
	溴化钠	酸类、氧化剂 生物碱类	游离出溴 析出沉淀
	巴比妥钠	酸类 氯化铵	析出沉淀 析出氨、游离出巴比妥酸
中枢兴奋药	咖啡因（碱）	盐酸四环素、盐酸土霉素、鞣酸、碘化物	析出沉淀
	尼可刹米	碱类	水解、混浊
植物神经药物	硝酸毛果芸香碱	碱性药物、鞣质、碘及阳离子表面活性剂	沉淀或分解失效
	硫酸阿托品	碱性药物、鞣质、碘及碘化物、硼砂	分解或沉淀
	肾上腺素、去甲肾上腺素等	碱类、氧化物、碘酊 三氯化铁 洋地黄制剂	易氧化变棕色、失效 失效 心律不齐

（续）

类别	药物	禁忌配用的药物	变化
健胃与助消化药	胃蛋白酶	强酸、强碱、重金属盐、鞣酸溶液	沉淀
	乳酶生	酊剂、抗菌剂、鞣酸蛋白、铋制剂	疗效减弱
	干酵母	磺胺类药物	疗效减弱
	稀盐酸	有机酸盐如水杨酸钠	沉淀
	人工盐	酸性药液	中和、疗效减弱
	胰酶	酸性药物如稀盐酸	疗效减弱或失效
	碳酸氢钠	酸及酸性盐类	中和失效
		鞣酸及其含有物	分解
		生物碱类、镁盐、钙盐	沉淀
		次硝酸铋	疗效减弱
祛痰药	氯化铵	碳酸氢钠、碳酸钠等碱性药物	分解
		磺胺药	增强磺胺肾毒性
	碘化钾	酸类或酸性盐	变色游离出碘
强心药	毒毛花苷 K	碱性药液如碳酸氢钠、氨茶碱	分解、失效
	洋地黄毒苷	钙盐	增强洋地黄毒性
		钾盐	对抗洋地黄作用
		酸或碱性药物	分解、失效
		鞣酸、重金属盐	沉淀
止血药	肾上腺素色腙	脑垂体后叶素、青霉素 G、盐酸氯丙嗪	变色、分解、失效
		抗组胺药、抗胆碱药	止血作用减弱
	酚磺乙胺	磺胺嘧啶钠、盐酸氯丙嗪	混浊、沉淀
	亚硫酸氢钠甲萘醌	还原剂、碱类药液	分解、失效
		巴比妥类药物	加速维生素 K_3 代谢
抗凝血药	肝素钠	酸性药液	分解、失效
		碳酸氢钠、乳酸钠	加强肝素钠抗凝血
	枸橼酸钠	钙制剂如氯化钙、葡萄糖酸钙	作用减弱
抗贫血药	硫酸亚铁	四环素类药物	妨碍吸收
		氧化剂	氧化变质
平喘药	氨茶碱	酸性药液如维生素 C，四环素类药物盐酸盐、盐酸氯丙嗪等	中和反应，析出茶碱沉淀
	麻黄素（碱）	肾上腺素、去甲肾上腺素	增强毒性
泻药	硫酸钠	钙盐、钡盐、铅盐	沉淀
	硫酸镁	中枢抑制药	增强中枢抑制作用

（续）

类别	药物	禁忌配用的药物	变化
利尿药	呋塞米（速尿）	氨基糖苷类如链霉素、卡那霉素、新霉素、庆大霉素	增强耳毒性
		头孢噻啶	增强肾毒性
		骨骼肌松弛剂	骨骼肌松弛加重
脱水药	甘露醇	生理盐水或高渗盐	疗效减弱
	山梨醇	生理盐水或高渗盐	疗效减弱
糖皮质激素	强的松、氢化可的松、强的松龙	苯巴比妥钠、苯妥英钠	代谢加快
		强效利尿药	排钾增多
		水杨酸钠	消除加快
		降血糖药	疗效降低
性激素与促性腺激素	促黄体素	抗胆碱药、抗肾上腺素药	疗效降低
		抗惊厥药、麻醉药、安定药	疗效降低
	绒促性素	遇热、氧	水解、失效
影响组织代谢药	维生素 B_1	生物碱、碱	沉淀
		氧化剂、还原剂	分解、失效
		氨苄西林、头孢菌素Ⅰ和Ⅱ、多黏菌素	破坏、失效
	维生素 B_2	碱性药液	破坏、失效
		氨苄西林、头孢菌素Ⅰ和Ⅱ、多黏菌素、四环素、金霉素、土霉素、红霉素、链霉素、卡那霉素、林可霉素	破坏、灭活
	维生素 C	氧化剂	破坏、失效
		碱性药液如氨茶碱	氧化、失效
		钙制剂溶液	沉淀
		氨苄西林、头孢菌素Ⅰ和Ⅱ、四环素、土霉素、多西环素、红霉素、新霉素、链霉素、卡那霉素、林可霉素	破坏、灭活
	氯化钙	碳酸氢钠、碳酸钠溶液	沉淀
	葡萄糖酸钙	碳酸氢钠、碳酸钠溶液	沉淀
		水杨酸盐、苯甲酸盐溶液	沉淀
解热镇痛药	阿司匹林	碱类药物如碳酸氢钠、氨茶碱、碳酸钠等	分解、失效
	水杨酸钠	铁等金属离子制剂	氧化、变色
	安乃近	氯丙嗪	体温剧降
	氨基比林	氧化剂	氧化、失效
解毒药	碘解磷定	碱性药物	水解为氰化物
	亚甲蓝	强碱性药物、氧化剂、还原剂及碘化物	破坏、失效
	亚硝酸钠	酸类	分解成亚硝酸
		碘化物	游离出碘
		氧化剂、金属盐	被还原

（续）

类别	药物	禁忌配用的药物	变化
解毒药	硫代硫酸钠	酸类	分解、沉淀
		氧化剂如亚硝酸钠	分解、失效
	依地酸钙钠	铁制剂如硫酸亚铁	干扰作用

注：氧化剂：漂白粉、过氧化氢、过氧乙酸、高锰酸钾等。

还原剂：碘化物、硫代硫酸钠、维生素C等。

重金属盐：汞盐、银盐、铁盐、铜盐、锌盐等。

酸类药物：稀盐酸、硼酸、鞣酸、醋酸、乳酸等。

碱类药物：氢氧化钠、碳酸氢钠、氨水等。

生物碱类药物：阿托品、安钠咖、肾上腺素、毛果芸香碱、氨茶碱、普鲁卡因等。

有机酸盐类药物：水杨酸钠、醋酸钾等。

生物碱沉淀剂：氢氧化钾、碘、鞣酸、重金属等。

药液显酸性的药物：氯化钙、葡萄糖、硫酸镁、氯化铵、盐酸、肾上腺素、硫酸阿托品、水合氯醛、盐酸氯丙嗪、盐酸金霉素、盐酸土霉素、盐酸普鲁卡因、糖盐水、葡萄糖酸钙注射液等。

药液显碱性的药物：安钠咖、碳酸氢钠、氨茶碱、乳酸钠、磺胺嘧啶钠、乌洛托品等。

附录三 不同动物用药量换算

1. 不同畜禽用药剂量比例 见附表3。

附表3 不同畜禽用药剂量

畜别	马（400 kg）	牛（300 kg）	驴（200 kg）	猪（50 kg）	羊（50 kg）	鸡（1岁以上）	犬（1岁以上）	猫（1岁以上）
比例	1	$1\sim1\frac{1}{2}$	1/3～1/2	1/8～1/5	1/6～1/5	1/40～1/20	1/10～1/16	1/16～1/32

2. 家畜年龄与用药比例 见附表4。

附表4 家禽年龄与用药比例

畜别	年龄	比例	畜别	年龄	比例	畜别	年龄	比例
猪	1岁半以上	1	羊	2岁以上	1	牛	3～8岁	1
	9～18个月	1/2		1～2岁	1/2		9～15岁	3/4
	4～9个月	1/4		6～12个月	1/4		15～20岁	1/2
	2～4个月	1/8		3～6个月	1/8		2～3岁	1/4
	1～2个月	1/16		1～3个月	1/16		4～8个月	1/8
马	3～12岁	1	犬	6个月以上	1		1～4个月	1/16
	15～20岁	3/4		3～6个月	1/2			
	20～25岁	1/2		1～3个月	1/4			
	2岁	1/4		1个月以上	1/16～1/8			
	1岁	1/12						
	2～6个月	1/24						

3. 给药途径与剂量比例关系 见附表5。

附表5 给药途径与剂量比例关系

途径	内服	直肠给药	皮下注射	肌内注射	静脉注射	气管注射
比例	1	1.5～2	1/3～1/2	1/3～1/2	1/4～1/3	1/4～1/3

附录四 食品动物禁用的兽药及其化合物清单

食品动物禁用的兽药及其化合物清单见附表6。

附表6 食品动物禁用的兽药及其化合物清单

序号	兽药及其他化合物名称	禁止用途	禁用动物
1	β-兴奋剂类：克仑特罗、沙丁胺醇、西马特罗及其盐、酯及制剂	所有用途	所有食品动物
2	性激素类：己烯雌酚及其盐、酯及制剂	所有用途	所有食品动物
3	具有雌激素样作用的物质：玉米赤霉醇、去甲雄三烯醇酮、醋酸甲羟孕酮，Acetate及制剂	所有用途	所有食品动物
4	氯霉素及其盐、酯（包括：琥珀氯霉素 Chloramphenicol Succinate）及制剂	所有用途	所有食品动物
5	氨苯砜及制剂	所有用途	所有食品动物
6	硝基呋喃类：呋喃唑酮、呋喃它酮、呋喃苯烯酸钠及制剂	所有用途	所有食品动物
7	硝基化合物：硝基酚钠、硝呋烯腙及制剂	所有用途	所有食品动物
8	催眠、镇静类：安眠酮及制剂	所有用途	所有食品动物
9	林丹（丙体六六六）	杀虫剂	水生食品动物
10	毒杀芬（氯化烯）	杀虫剂、清塘剂	水生食品动物
11	呋喃丹（克百威）	杀虫剂	水生食品动物
12	杀虫脒（克死螨）	杀虫剂	水生食品动物
13	双甲脒	杀虫剂	水生食品动物
14	酒石酸锑钾	杀虫剂	水生食品动物
15	锥虫胂胺	杀虫剂	水生食品动物
16	孔雀石绿	抗菌、杀虫剂	水生食品动物
17	五氯酚酸钠	杀螺剂	水生食品动物
18	各种汞制剂 包括：氯化亚汞（甘汞）Calomel，硝酸亚汞、醋酸汞、吡啶基醋酸汞	杀虫剂	动物
19	性激素类：甲基睾丸酮、丙酸睾酮、苯丙酸诺龙、苯甲酸雌二醇及其盐、酯及制剂	促生长	所有食品动物
20	催眠、镇静类：氯丙嗪、地西泮（安定）及其盐、酯及制剂	促生长	所有食品动物
21	硝基咪唑类：甲硝唑、地美硝唑及其盐、酯及制剂	促生长	所有食品动物
19	性激素类：甲基睾丸酮、丙酸睾酮苯丙酸诺龙、苯甲酸雌二醇及其盐、酯及制剂	促生长	所有食品动物
20	催眠、镇静类：氯丙嗪、地西泮（安定）及其盐、酯及制剂	促生长	所有食品动物
21	硝基咪唑类：甲硝唑、地美硝唑及其盐、酯及制剂	促生长	所有食品动物

注：农业部于2002年5月15日发布。

附录五 水产养殖常用药物

水产养殖常用药物见附表7。

附表7 水产养殖常用药物

名称	适应证	用法与用量	休药期
甲砜霉素粉	用于防治嗜水气单胞菌、肠炎菌等引起的鱼类细菌性败血症，链球菌病，以及肠炎病、赤皮病等	拌饵投喂：一次量，每千克体重，鱼0.33 g，一天一次，连用3～5 d	15 d（除鳗鲡）
氟苯尼考预混剂（50%）	用于防治嗜水气单胞菌、副溶血弧菌、溶藻弧菌、链球菌等引起的感染。如鱼类细菌性败血症、肠炎、赤皮病等。也可治疗虾、蟹类弧菌病，罗非鱼链球菌病等	以本品计。拌饵投喂：每千克体重，鱼20 mg，一天一次，连用3～5 d	375度日
氟苯尼考注射液	用于治疗鱼类敏感菌所致的疾病	肌内注射：一次量，每千克体重，鱼类0.5～1 mg。一天1次	375度日
噁喹酸散	用于治疗鲈形目鱼类的类结节病，鲱形目鱼类的疖疮病，鲤科鱼类的肠炎，鳗鲡的赤鳍病、赤点病和溃疡病，香鱼的弧菌病，对虾的弧菌病等	拌饵投料：一次量，每千克体重，鲈形目鱼类的类结节病10～30 mg，一天一次，连用5～7 d；鲱形目鱼类疖疮病5～10 mg，一天一次，连用5～7 d；鱼类（香鱼除外）弧菌病5～20 mg，一天一次，连用3～5 d；香鱼弧菌病2～5 mg，一天一次，连用3～7 d；鲤鱼科类肠炎病5～10 mg，一天一次，连用5～7 d；鳗鲡赤鳍病5～20 mg，一天一次，连用4～6 d；赤点病1～5 mg，一天一次，连用3～5 d；溃疡病20 mg，一天一次，连用5 d；对虾弧菌病6～60 mg，一天一次，连用5 d	五条鰤16 d；香鱼21 d；虹鳟21 d；鳗鲡25 d，鲤21 d
噁喹酸混悬液	用于治疗鱼类的细菌性疾病	拌饵投料：一天量，每千克体重，鱼，爱德华菌病0.4 g，一天一次，连用5 d；红点病0.02～0.1 g，一天一次，连用3～5 d；虾，红鳃病0.1～0.4 g，一天一次，连用5 d	25 d
噁喹酸溶液	同噁喹酸散	以本品计。药浴：每立方米水体，鱼、虾10 mL	25 d
盐酸环丙沙星-盐酸小檗碱预混剂	本品为盐酸环丙沙星（10%）、盐酸小檗碱（4%）与淀粉配制而成。用于治疗鳗鱼顽固性细菌性疾病	以本品计。拌饵投喂：一次量，每千克体重，鳗鲡75 mg。一天一次，连用3～5 d	500度日

（续）

名称	适应证	用法与用量	休药期
维生素C、磷酸酯镁、盐酸环丙沙星预混剂	本品为维生素C磷酸酯镁（10%），盐酸环丙沙星（1%）与淀粉配制而成。主要用于杀灭鳖体内外病原菌，促进伤口愈合，加速机体康复。也用于预防细菌性疾病的感染	以本品计。拌饵投喂：一次量，每千克体重，鳖50 mg，连用3～5 d	500度日
氟甲喹粉	用于细菌引起的鱼类疖疮病、竖鳞病、红点病、烂鳃病、烂尾病和溃疡病；蛙红腿病、腹水病、肠炎病和烂肤病；虾腐鳃病	拌饵投喂：一次量，每千克体重，鱼25～50 mg，一天一次，连用3～5 d	500度日
复方甲苯咪唑粉	用于治疗水产养殖动物的指环虫、三代虫、寄生线虫病等	以本品计。浸浴：每立方米水体，鳗鲡2～5 g，浸浴20～30 min（使用前经过甲酸预溶）	500度日
三氯异氰脲酸粉	主要用于预防鱼和虾细菌性疾病及饲养鱼和虾的养殖水体的消毒	全池泼洒：一次量，每立方米水体，用本品0.3～0.4 g，隔日使用，连用2次；养殖水体消毒，每立方米水体，使用本品0.5 g	10 d
蛋氨酸碘粉	用于预防对虾白斑综合征	以本品计。拌饵投喂：每1 000 kg饲料，对虾100～200 g，每天1～2次，2～3 d为一疗程	0
蛋氨酸碘溶液	用于预防对虾白斑综合征；也用于养殖水体和对虾体外消毒	以本品计。虾池水体消毒：一次量，每立方米水体60～100 mg，稀释1 000倍后全池泼洒。虾体消毒，每升水体6 mg，鱼体消毒，每升水体1 g，浸浴20 min	鱼、虾0
注射用促黄体素释放激素A_2	用于鱼类催情，诱发排卵	腹腔注射（雌鱼）：一次量，每千克体重，草鱼5 μg；二次量，每千克体重，鲢、鳙5 μg，第一次1 μg，12 h后注射余量；三次量，第一次提前15 d左右注射，每尾鱼1.0～2.5 μg，第二次，每千克体重，注射2.5 μg；第三次，20 d后，每千克体重5 μg（加鱼脑垂体1～2 mg）。雄鱼剂量为雌鱼的一半	0
注射用促黄体素释放激素A_3	用于鱼类催情，诱发排卵	腹腔注射：一次量，每千克体重，草鱼2～5 μg；鲢、鳙3～5 μg	0
注射用复方鲑鱼促性腺激素释放激素类似物	用于诱发鱼类排卵和排精	胸鳍腹侧腹腔注射：每1瓶加注射用水10 mL制成混悬液，一次量，每千克体重，草鱼、鲢、鳙、鳜0.5 mL，团头鲂0.3 mL；二次注射，青鱼，第一次0.2 mL，第二次0.5 mL，间隔24～48 h。雄鱼剂量酌减。使用本品的鱼类不得供人食用	0
复方磺胺嘧啶混悬液	主要用于治疗淡水鱼由气单胞菌、假单胞菌、弧菌、爱德华菌等引起的细菌性疾病，如细菌性败血症	以磺胺嘧啶计。拌饵投喂：一次量，每千克体重，鱼31.25～50 mg，一天一次，连用3～5 d	500度日

注：凡农业部规定休药期的品种，按规定执行；部分尚未制定休药期的品种，其休药期暂定为28 d（不分动物种类），弃乳期为7 d，用于水产养殖为500度日（表示为温度与时间的乘积）。

主要参考文献

曹礼静，古淑英 . 2004. 兽药及药理基础［M］. 北京：高等教育出版社 .
陈杖榴 . 2009. 兽医药理学［M］. 3 版 . 北京：中国农业出版社 .
贾公孚，谢惠民 2001. 药物联用禁忌手册［M］. 北京：中国协和医科大学出版社 .
梁运霞，宋冶萍 . 2006. 动物药理与毒理［M］. 北京：中国农业出版社 .
林振武 . 1996. 兽医药理学与毒理学基础［M］. 北京：中国农业出版社 .
宋冶萍 . 2009. 动物药理［M］. 北京：中国农业出版社 .
汪晖 . 2005. 药理学实验［M］. 湖北：湖北科学技术出版社 .
王学娅 . 2006. 药理学实验指导［M］. 沈阳：东北大学出版社 .
中国兽药典委员会 . 2010. 中国兽药典兽药使用指南・化学药品卷［M］. 北京：化学工业出版社 .
中国兽药典委员会 . 2011. 中华人民共和国兽药典［M］. 北京：化学工业出版社 .
周新民 . 2001. 动物药理学［M］. 北京：中国农业出版社 .

图书在版编目（CIP）数据

动物药理／宋冶萍主编．—2版．—北京：中国农业出版社，2015.4（2024.7重印）
中等职业教育农业部规划教材
ISBN 978-7-109-20225-2

Ⅰ.①动… Ⅱ.①宋… Ⅲ.①兽医学-药理学-中等专业学校-教材 Ⅳ.①S859.7

中国版本图书馆CIP数据核字（2015）第041442号

中国农业出版社出版
（北京市朝阳区麦子店街18号楼）
（邮政编码 100125）
责任编辑　王宏宇

北京中兴印刷有限公司印刷　　新华书店北京发行所发行
2009年7月第1版　　2015年6月第2版
2024年7月第2版北京第13次印刷

开本：787mm×1092mm　1/16　　印张：15
字数：352千字
定价：42.00元